U0149502

特高压多端混合直流控制保护技术

中国南方电网有限公司超高压输电公司　编著

中国电力出版社

CHINA ELECTRIC POWER PRESS

内 容 提 要

本书基于乌东德电站送电广东广西特高压多端直流输电示范工程的设计、研究和运行经验，系统阐述了特高压多端混合直流基本原理、关键设备结构和性能指标、控制保护系统架构、直流控制系统主要功能、直流保护系统主要功能等，可为特高压多端混合直流控制保护系统设计和研究提供重要参考。

本书可作为从事特高压多端混合直流输电技术运行、检修、试验、研究、培训及管理工作的相关人员的技术参考书。

图书在版编目（CIP）数据

特高压多端混合直流控制保护技术/中国南方电网有限公司超高压输电公司编著 . —北京：中国电力出版社，2022.5

ISBN 978 - 7 - 5198 - 6245 - 9

Ⅰ. ①特… Ⅱ. ①中… Ⅲ. ①特高压输电－直流输电－研究 Ⅳ. ①TM723

中国版本图书馆 CIP 数据核字（2021）第 240909 号

出版发行：中国电力出版社
地　　址：北京市东城区北京站西街 19 号（邮政编码 100005）
网　　址：http：//www. cepp. sgcc. com. cn
责任编辑：匡　野（010-63412786）
责任校对：黄　蓓　王海南
装帧设计：郝晓燕
责任印制：石　雷

印　　刷：三河市万龙印装有限公司
版　　次：2022 年 5 月第一版
印　　次：2022 年 5 月北京第一次印刷
开　　本：787 毫米×1092 毫米　16 开本
印　　张：15.5
字　　数：352 千字
印　　数：0001—1000 册
定　　价：98.00 元

前　言

　　乌东德电站送电广东广西特高压多端直流输电示范工程（以下简称"昆柳龙直流工程"），是国家电力发展"十三五"规划明确的跨省跨区输电通道重点工程、特高压多端柔性直流示范工程和电力领域重大科技示范工程。昆柳龙直流工程的建设，进一步提升了云电外送通道能力，保障了乌东德电站电力电量的可靠送出和消纳，促进了云南清洁水电的消纳，丰富了广东、广西能源供应渠道，有利于保障两省（区）电力供应，促进两省（区）用能结构向清洁化方向发展。并且，工程采用的特高压三端直流、特高压柔性直流技术，推动了柔性直流关键设备的自主研发，提升了我国电力装备制造水平，发挥了工程创新示范的积极作用，为系统解决广东电网多回直流馈入换相失败安全稳定问题奠定了基础。

　　为配合乌东德工程的建设，通过编制特高压多端混合直流控制保护技术方面的专著，给从事特高压多端混合直流输电技术运行、检修、试验、研究、培训及管理工作的相关人员提供参考。本书基于乌东德特高压多端混合直流输电工程的设计和运行经验，详细介绍了特高压多端直流控制保护系统设计原则、装置的基本组成及控制保护功能，可为特高压多端混合直流控制保护系统设计提供重要参考。本书共分为五章，具体如下：

　　第一章概括了特高压多端混合直流系统相关技术及工程应用，分析常规直流基本工作原理、柔性直流基本工作原理、常见多端直流拓扑结构，总结了多端直流工程应用与发展现状。

　　第二章介绍了特高压多端混合直流输电系统主要设备，包括常直换流阀、柔直换流阀、直流场主回路 HSS 等主要设备。

　　第三章介绍特高压多端混合直流控制保护系统结构及主要功能。

　　第四章阐述了特高压多端混合直流控制系统的基本功能，通过详细描述功能原理对功能逻辑进行深入分析，梳理分析直流故障重启、交流故障穿越等重点功能。

　　第五章详细描述了特高压多端混合直流保护系统，基于直流系统的故障特性，梳理保护系统主要功能，重点分析主要保护配置原则和定值整定方法。

　　由于作者水平有限，书中难免存在不足之处，敬请广大读者批评指正。

编　者

2021 年 11 月

目　录

第1章 概　　述

常规高压直流输电又称为电网换相换流器高压直流输电（LCC‐HVDC），采用晶闸管作为换流阀换流器件。与此相对应，电压源换流器高压直流输电（VSC‐HVDC）采用全控型器件作为换流阀换流器件。混合直流输电系统结合了二者的优势，具有广泛的应用前景。同时，为满足受端不同区域的用电需求，可采用多端直流输电技术，通过受端多落点串联拓扑结构，实现向多地区同时送电的需求。本章在分析常规直流、柔性直流、混合直流和多端直流原理的基础上，系统性总结国内外多端混合直流工程应用与发展。

1.1　常规直流基本工作原理

1.1.1　换流站数学模型

直流输电系统通过以换流器控制为核心的直流系统控制实现各种不同运行方式下直流输电系统的启/停、功率传输、故障控制等各种功能。其拓扑主要包括换流器、换流变、交直流滤波器、平波电抗器、直流线路、控制保护装置等，如图1‐1所示。

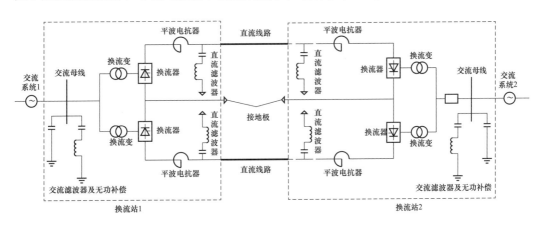

图1‐1　常规直流输电系统示意图

直流工程中应用中，通常采用两个6脉动换流器串联形成一端的单极换流器。两个6脉动换流器共12个触发脉冲每个触发脉冲间隔为30°，12个桥臂在一个周波内的按序轮流导通一次，完成12脉动换流器的换相和换流过程。12脉动换流器原理接线图如图1‐2所示。

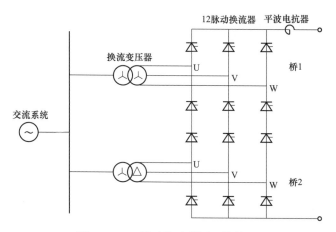

图 1-2 12 脉动换流器原理接线图

包括特高压直流输电工程在内的直流输电工程项目，均以 12 脉动换流器为基本换流单元。单 12 脉动换流单元组成极时，整流、逆变侧极直流电压分别为 6 脉动换流器直流端电压的 2 倍。由于 12 脉动换流器直流电压齿状波形相互错位 30°，直流电压呈 12 脉动，较 6 脉动换流器直流电压谐波分量减小，不再含有 k 为正整数时的 6（$2k-1$）次谐波，如 6、18、30 等次谐波。12 脉动换流器流入交流系统的电流更接近正弦波，其谐波分量较 6 脉动换流器减少了 k 为奇数时的（$6k\pm1$）次谐波，如 5、7、17、19、29、31 等次谐波。

直流输电系统 U_d/I_d 控制特性，即通常所称的直流输电系统外特性，任何一个工程，其基本的外特性均设计为：整流侧定直流电流和最小触发角限制控制；逆变侧则可根据系统情况而具有不同的基本控制特性，在发生小扰动时可采用定关断角控制、定直流电压控制、正斜率控制等，但当整流侧工作在最小触发角限制而失去定电流控制能力时，逆变侧均设计有定电流控制。两侧控制器均设有低压限流控制环节。

整流换流器在某一固定触发角运行时，由于换相阻抗产生压降，其直流端电压随着直流电流的增大而下降，逆变换流器在某一固定熄弧角运行时，其端电压直流电压也随着直流电流增大而下降，如图 1-3 中触发角 5°、15°的曲线、关断角 13°、17°的曲线，斜线的斜率为"$-d\mu$"。当逆变侧以一固定的超前角（β）运行时，电流增大导致换相角增大，如果超前角不变意味关断角减小，其直流电压将随着直流电流增大而升高，其外特性曲线将呈现正斜率特性，其斜率为"$d\mu$"，如图 1-3 中逆变侧 A 点前后的线段所示。

$$U_{dR} = 2U_{di0R}\left(\cos\alpha - d_{xR} \times \frac{I_d}{I_{dN}} \times \frac{U_{di0NR}}{U_{di0R}}\right) \tag{1-1}$$

$$U_{dI} = 2U_{di0I}\left(\cos\gamma - d_{xI} \times \frac{I_d}{I_{dN}} \times \frac{U_{di0NI}}{U_{di0I}}\right) \tag{1-2}$$

$$d\mu = \frac{3X_t}{\pi} \tag{1-3}$$

$$\beta = 180° - \alpha = \gamma + \mu \tag{1-4}$$

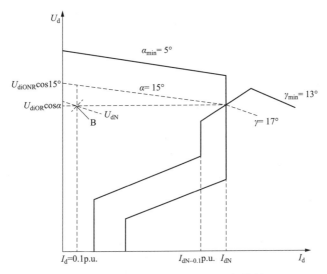

图 1 - 3　直流输电系统的理想运行特性

目前直流输电工程通常采用的图 1 - 3、图 1 - 4 两种特性。其中，定触发角和定关断角的斜率分别取决于整流侧和逆变侧的换相阻抗的大小。

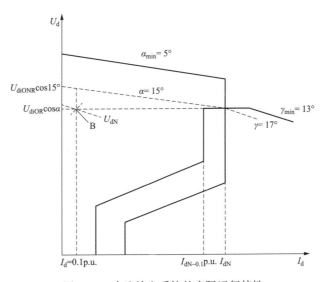

图 1 - 4　直流输电系统的实际运行特性

不同的外特性具有不同的控制过程，主要区别在于逆变侧的控制特性。进行稳态工作点产生小扰动的特性分析可以了解控制系统的动态调节过程。小扰动分析时应考虑的因素至少包括：

（1）直流系统控制可调节的范围和速度。

（2）直流输电系统恢复特性，包括扰动的大小和恢复的时间。

（3）对两端交流系统影响。

图 1 - 3 所示为当任何原因引起直流电流变化时，整流侧控制改变触发角，进而改

变直流电压而达到稳定直流电流或直流功率的目的。逆变侧则随着直流电流变大或变小，而相应调节关断角变小或变大，致使逆变侧直流电压随之变动，即当直流电流有变大趋势，逆变侧减小关断角而升高了逆变侧的直流电压，抑制了直流电流的继续变大；反之亦然。这种调解方式下，关断角调节度受到最小限制值限制，例如12°或13°；关断角调节最大值受到特性的斜线与逆变侧电流控制值交点的限制，超出这个范围控制方式将转换为逆变侧控制直流电流。上述特性中，直流电流变大或变小，逆变侧在呈现正阻尼的控制过程，但逆变侧直流功率将因直流电直流和直流电压的同向变化而波动较大。当定β曲线斜率较大时，表明换相阻抗较大，交流系统相对较弱，则扰动的影响就更为严重。

如图1-4所示为当直流电流因扰动变大或变小时，逆变侧只保持本侧直流电压不变，则直流电流的恢复仅依靠整流侧进行调节。这种调解方式下，关断角调节的调节度受到最小限制值限制，约为12°或13°，这与前种特性相同；关断角调节最大值的范围受到直流额定电压与逆变侧电流控制值交点的限制，超出这个范围控制方式将转换为逆变侧控制直流电流。这种情况下关断角的调节范围显然小于前种。当直流电流变大或变小，逆变侧在呈现零阻尼的控制过程中，逆变侧直流功率将因直流电流的变化而波动。

综合比较，从调节特性和直流输电系统恢复特性看，逆变侧为正斜率控制的正阻尼性能更优，会缩短扰动时间而使直流输电系统恢复加快。但是由于调节过程中逆变侧交流系统的馈入功率波动较大，且关断角的调节范围稍大，可能引起换流器吸收无功的变化较大。因此，通常认为要减小这种波动，或是当逆变侧交流系统为弱系统时，可考虑采用逆变侧为定电压控制特性。具体工程应据系统条件进行深入的计算和研究，最终确定逆变侧的合理外特性控制要求。无论何种特性，均需具备采取低压限流控制功能，以避免换流器的不稳定工作范围，并优化直流输电系统的扰动恢复性能。

1.1.2 基本控制策略

如图1-5所示为常规直流系统控制功能示意图，现代直流输电工程应用的直流系统控制基本功能，包括了运行人员控制（OWS）、双极/极/换流器的顺控（以PSQ代表）、极功率控制（PPC）、直流电压和角度计算（VARC）、功率调制、过负荷限制、换流器触发控制（CFC）、触发脉冲发生器（CPG）、无功功率控制（RPC）以及分接开关控制（TCC）。

从能量变换与传输的角度看，电能在换流器的作用下，在整流侧由交流电变换为直流电，而在逆变侧则由直流电变换为交流电，实现电能从整流侧交流系统向逆变侧交流系统的传输。直流输电系统传输的功率由直流电流和直流电压确定，而直流电流又取决于整流站与逆变站之间的直流电压差值。对于晶闸管换流器而言，从原理上整流站和逆变站都是通过对直流电压的控制实现直流功率或直流电流的控制目标。在实现形式上，逆变站一般以直流电压为直流控制目标，整流站则选择以直流电流为直接控制目标，这种组合方式除了具有两端换流站的控制目标相互独立的解耦控制特性外，还具备快速调节直流功率或防止直流输电系统电流过冲的能力，特别是直流电流因故障增大时整流站控制系统可以迅速增大触发角，减小整流侧直流电压以抑制电流的快速增长。

在实际工程中，换流阀由近百个晶闸管组成，这些晶闸管在触发脉冲的作用下导通

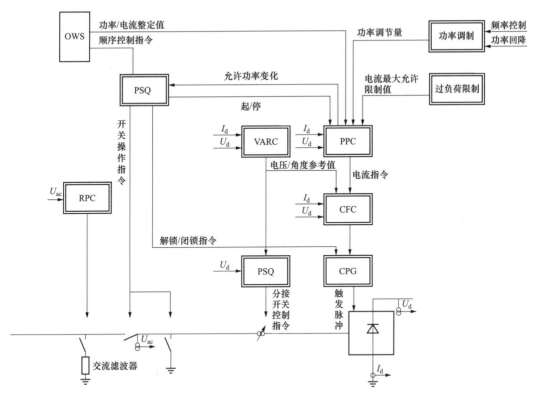

图 1-5　常规直流系统控制功能示意图

120°后关断。因此，实际的直流控制系统的工作任务就是要将电流或功率指令转换为各个换流阀的触发角 α 指令，并按序按时将触发脉冲送至换流器本身的监控设备即阀基电子设备（VBE）。

　　目前无论是整流侧还是逆变侧控制系统，都配置了基于比例积分的电流调节器。当工作于整流器方式时，电流调节器的输入为直流电流指令值与实测值的差值，输出为换流器的触发角，触发角经锁相环处理产生换流阀的触发脉冲。在整流器方式下，如果直流电流实测值偏小则电流调节器会产生负的增量，其输出会减小触发角，进而增大整流侧的直流电压，从而起到增大直流电流的调节效果，反之亦然。当工作于逆变器方式时，电流调节器的输入会附加额外的裕量，通常为−10%的额定直流电流。在稳态运行方式下，直流电流会在整流侧电流调节器的作用下等于指令值，而逆变器的电流调节器会在这一裕量的作用下工作于电流调节器的上限值，而这一上限值对应的是电压调节器的输出或额定关断指令值，即逆变器电流调节器的输出实际为电压调节器的输出。

1.2　柔性直流基本工作原理

1.2.1　多电平换流器（MMC）基本单元

　　柔性直流输电采用电压源型换流器（VSC），按照电平数可分为两电平、三电平和多电平三种类型，由于损耗低、故障处理能力强等优势，工程上广泛使用模块化多电平换流器（MMC）。MMC 桥臂采用子模块（Sub‐Module，SM）级联方式，而非两电平换流器的多个开关串联拓扑。每个子模块采用半桥结构，包括两个 IGBT、两个反并联二极管以及子模块电容。如图 1‐6 所示，三相形式的 MMC 整流器包括 6 个桥臂，各桥臂均包含 N 个子模块（SM）和电抗器 L_0，每一个相单元包含上下两个桥臂。桥臂间的电抗器可以有效抑制相间环流，有利于系统稳定。其中，M 表示零电势参考节点。由于 MMC 换流器采用子模块级联的方式实现高度模块化，能够通过控制子模块个数来实现不同电压及功率的输出要求，整个系统安全性和可靠性较高。

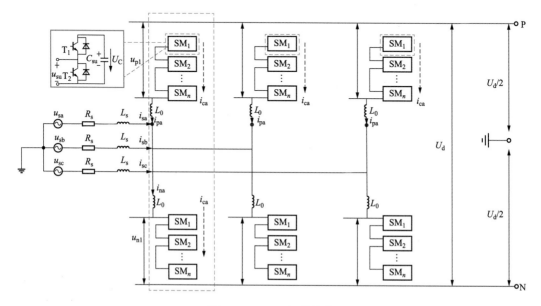

图 1‐6　MMC 拓扑结构

为了说明 MMC 的基本工作原理，先不考虑桥臂电抗器的作用，即将桥臂电抗器短接掉。正常稳态运行时，MMC 具有以下几个特征：

（1）维持直流电压恒定。从图 1‐6 MMC 拓扑结构可以看出，直流电压由 3 个相互并联的相单元来维持。要使直流电压恒定，要求 3 个相单元中处于投入状态的子模块数相等且不变，从而使

$$u_{pa} + u_{na} = u_{pb} + u_{nb} = u_{pc} + u_{nc} = U_{dc} \tag{1-5}$$

当 a 相上桥臂所有子模块都切除时，$u_{pa} = 0$，va 点电压为直流正极电压，这时 a 相下桥臂所有的 N 个子模块都要投入，才能获得最大的直流电压。又因为相单元中处于投入状态的子模块数是一个不变的量，所以一般情况下，每个相单元中处于投入状态的子模块数为 N 个，是该相单元全部子模块数（$2N$）的一半。

（2）输出交流电压。由于各个相单元中处于投入状态的子模块数是一个定值 N，所以可以通过将各相单元中处于投入状态的子模块在该相单元上、下桥臂之间进行分配而实现对 u_{va}、u_{vb}、u_{vc} 3 个输出交流电压的调节。

（3）输出电平数。单个桥臂中处于投入状态的子模块数可以是 0、1、2、3、…、N，也就是说 MMC 最多能输出的电平数为（$N+1$）。通常一个桥臂含有的子模块数 N 是偶

数，这样当 N 个处于投入状态的子模块在该相单元的上、下桥臂间平均分配时，则上、下桥臂中处于投入状态的子模块数相等，且都为 $N/2$，该相单元的输出电压为零电平。

（4）电流的分布。由于 3 个相单元的对称性，总直流电流 I_{dc} 在 3 个相单元之间平均分配，每个相单元中的直流电流为 $I_{dc}/3$。由于上、下桥臂电抗器 L_0 相等，以 a 相为例，交流电流 i_{va} 在 a 相上下桥臂间均分，这样 a 相上、下桥臂电流为

$$i_{pa} = \frac{i_{va}}{2} + \frac{I_{dc}}{3} \tag{1-6}$$

$$i_{na} = -\frac{i_a}{2} + \frac{I_d}{3} \tag{1-7}$$

为了对 MMC 的工作原理有个更直观的理解，考察一个简单的五电平拓扑 MMC。对于五电平拓扑，每个相单元由 8 个子模块构成，上下桥臂分别有 4 个子模块，如图 1-7 所示。图中，实线表示上桥臂电压，虚线表示下桥臂电压，粗实线表示总的直流侧电压。MMC 在运行时，首先需要满足如下两个条件：

1）在直流侧维持直流电压恒定。根据图 1-7 五电平 MMC 工作原理图，要使直流电压恒定，要求 3 个相单元中处于投入状态的子模块数目相等且不变，即满足图 1-7 五电平 MMC 工作原理图中粗实线的要求：

$$u_{pa} + u_{na} = U_{dc} \tag{1-8}$$

2）在交流侧输出三相交流电压。通过对 3 个相单元上、下桥臂中处于投入状态的子模块数进行分配而实现对换流器输出三相交流电压的调节，即通过调节图 1-7 中实线 u_{pa} 和虚线 u_{na} 的长度，达到交流侧输出电压 u_{va} 为正弦波的目的。

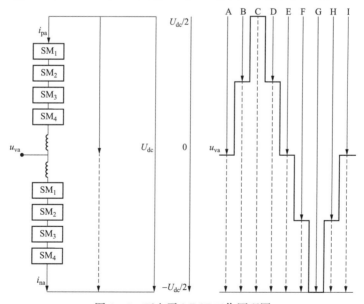

图 1-7　五电平 MMC 工作原理图

为了满足上述两个条件，对于图 1-7 所示的五电平拓扑 MMC，一个工频周期内 u_{va} 需要经历 A、B、C、D、E、F、G、H 8 个不同的时间段。设直流侧两极之间的中点电位为电压参考点，则对应 u_{va} 的 8 个不同的时间段，上下桥臂投入的子模块数目变

化情况如表 1-1 所示。

表 1-1 u_{va} 8 个不同的时间段所对应的子模块投入模式

时间段	A	B	C	D	E	F	G	H
u_{va} 电压值	0	$U_{dc}/4$	$U_{dc}/2$	$U_{dc}/4$	0	$-U_{dc}/4$	$-U_{dc}/2$	$-U_{dc}/4$
上桥臂投入的 SM 数	2	1	0	1	2	3	4	3
下桥臂投入的 SM 数	2	3	4	3	2	1	0	1
相单元投入的 SM 数	4	4	4	4	4	4	4	4
直流侧电压大小	U_{dc}	U_{dc}	U_{dc}	U_{dc}	U_{dc}	U_{dc}	U_{dc}	U_{dc}

由图 1-7 和表 1-1 可以清楚地看到，输出电压 u 总共有 5 个不同的电压值，分别为 $-U_{dc}/2$、$-U_{dc}/4$、0、$U_{dc}/4$ 和 $U_{dc}/2$，即有 5 个不同的电平。一般地，在不考虑冗余的情况下，若 MMC 每个相单元由 $2N$ 个子模块串联而成，则上下桥臂分别有 N 个子模块，可以构成 $N+1$ 个电平，任一瞬时每个相单元投入的子模块数目为 N，即投入的子模块数目必须满足下式：

$$n_{pj} + n_{nj} = N \tag{1-9}$$

式中，n_{pj} 为 j 相上桥臂投入的子模块个数；n_{nj} 为 j 相下桥臂投入的子模块个数。假设子模块电容电压维持均衡，其集合平均值为 U_C，则 MMC 的直流侧电压与每个子模块的电容电压之间的关系为

$$U_C = \frac{U_{dc}}{n_{pj} + n_{nj}} = \frac{U_{dc}}{N} \tag{1-10}$$

而该 MMC 的 $N+1$ 个电平分别为 $\frac{N}{2}U_C$、$\left(\frac{N}{2}-1\right)U_C$、$\left(\frac{N}{2}-2\right)U_C$、$\cdots$、$\left(-\frac{N}{2}+2\right)U_C$、$\left(-\frac{N}{2}+1\right)U_C$、$-\frac{N}{2}U_C$。随着子模块数目的增多，其电平数就越多，交流侧输出电压越接近于正弦波。

进一步分析图 1-7 的拓扑结构可知，各子模块按正弦规律依次投入，构成的上下桥臂电压可以分别用一个受控电压源 u_{pj} 和 u_{nj}（j=a，b，c）来等效。为了满足式（1-9）的要求，在不考虑冗余的情况下，一般要求上下桥臂的子模块对称互补投入。如果定义某一时刻 a 相上桥臂投入的子模块个数为 n_{pa}，下桥臂投入的子模块个数为 n_{na}，则在任意时刻 n_{pa} 和 n_{na} 应满足：

$$n_{pa} + n_{na} = N \tag{1-11}$$

式（1-15）说明，任意时刻都应保证一个相单元中总有一半的子模块投入。直流侧电压在任何时刻都需要由 N 个子模块的电容电压来平衡：

$$U_{dc} = \sum_{i=1}^{n_{pa}} u_{C,i} + \sum_{l=1}^{n_{na}} u_{C,l} \tag{1-12}$$

式中，$u_{C,i}$ 和 $u_{C,l}$ 表示上桥臂和下桥臂投入的子模块电容电压。

1.2.2 调制策略

由于柔性直流输电采用全控型器件，通过对柔性换流器施加开通和关断信号便可输

出符合控制目标的交流电压波形，这种开通和关断的控制方式便是调制策略。调制策略加大了柔性换流器的控制难度，调制效果影响着柔性换流器输出波形的直流和开关损耗。MMC调制策略的本质是使MMC输出所期望的多电平波形，目前主流的调制方式三角载波移相调制方式（CPS - SPWM）和阶梯波调制方式（Staircase Modulation）。

PWM方式被认为是VSC的两大核心技术之一，其原理就是利用半导体器件的开通和关把直流电压变成一定形状的电压脉冲序列，以实现变频、变压、控制或消除谐波的目的。目前已经提出并得到应用的PWM控制方案不下十种，相对来说，开关频率过高会增加开关损耗，降低换流器效率，而三角载波移相调制能够较低开关损耗。载波移相的原理如图1-8所示。

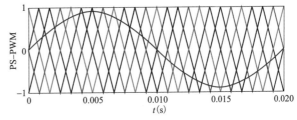

图1-8　载波移相调制原理

首先，设MMC的每个桥臂含n个子模块，各子模块对应的三角载波相差$1/n$个周期；接着，将n个三角载波与正弦调制波进行比对，进而输出n组子模块触发信号；最后，将触发信号输送给各个子模块，从而控制n个子模块的开通和关断，输出目标电压波形。这种调制方式在不增加开关频率的同时，显著降低了交流侧的谐波电压。由于MMC子模块采用同一频率的三角载波，故模块的能量分布比较均匀。

阶梯波调制的具体实现方式包括特定谐波消去阶梯波调制（SHESM）和最近电平逼近调制（NLM）。SHESM的原理是利用基波和谐波解析表达式设定调制波幅值对应的开关叫，从而使得基波跟随调制波并且使得指定的谐波幅值为0。SHESM的优点是可以很好地控制谐波，但是动态性能较差，且实现的计算量较大，所以SHESM适用于电平数不多的场合。NLM属于等间隔控制方式，其基本原理为：根据正线调制波的瞬时值选择最接近的输出电压，即选择最合适的子模块开通个数，进而输出所需电压波形。

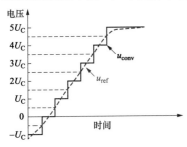

图1-9　最近电平逼近调制原理

图1-9中，U_C为子模块电容电压，u_{ref}为正弦调制波。N（通常是偶数）为上桥臂含有的子模块数，也等于下桥臂含有的子模块数，这样每个单元任一瞬间总是只投入N个子模块。如果这N个子模块由上、下桥臂平均分担，则该相单元的输出电压为0。随着调制波瞬时值的升高，该相单元下桥臂处于投入状态的子模块需要逐渐增加，而上桥臂处于投入状态的子模块需要相应的减少，使得该相单元输出的电压跟随调制波升高。理论上，NLM将MMC输出的电压与调制波电压之差控制在$\left(\pm\dfrac{U_C}{2}\right)$以内。

这样在每个时刻，下桥臂需要投入的子模块数可以表示为：$n_{down}=\dfrac{N}{2}+round\left(\dfrac{u_{ref}}{U_C}\right)$

上桥臂需要投入的子模块数可以表示为：

$$n_{\mathrm{up}} = N - n_{\mathrm{down}} = \frac{N}{2} - round\left(\frac{u_{\mathrm{ref}}}{U_{\mathrm{C}}}\right)$$

式中，$round(x)$ 表示取与 x 最接近的整数。

受子模块的限制，有 $n_{\mathrm{up}} \geqslant 0$，$n_{\mathrm{down}} \leqslant N$。如果 n_{up} 和 n_{down} 总在边界之内，则称 NLM 工作在正常工作去。若超出，则只能取相应的边界值。这意味着当调制波升高到一定程度后，由于电平数有限，NLM 已经无法将 MMC 输出的电压与调制波电压之差控制在 $\pm\dfrac{U_{\mathrm{C}}}{2}$ 之内，这种情况称为 NLM 工作在过调制区。

设 K 为子模块的开通个数，则有：

$$K = [u_{\mathrm{ref}}/U_{\mathrm{C}}] \tag{1-13}$$

由此可见，当换流器采用最近电平逼近调制时，输出的电压为阶梯波，且电平数越高，输出波形越接近正弦调制波，逼近误差越小。

1.2.3 基本控制策略

控制系统对柔性直流输电系统功能的实现至关重要。早期电压源换流器（VSC）采用间接电流控制策略，即根据 abc 坐标系下 VSC 的数学模型和当前的有功、无功功率设定值，计算需要 VSC 输出的交流电压的幅值和相角。间接电流控制策略通过控制 VSC 输出交流电压的幅值和相位，间接控制交流电流，存在电流动态响应慢，受系统参数影响大的问题。

针对间接电流控制的问题，现代电力电子技术采用以快速电流反馈为特征的直接电流控制策略，通过矢量控制技术获得高品质的电流响应。矢量控制策略可以分解为内环电流控制器和外环控制器，其中，内环电流控制器通过调节换流器输出电压，使 dq 轴电流快速跟踪其参考值；外环控制器可根据有功和无功功率，以及直流电压等参考值，计算内环电流控制器的 dq 轴电流参考值。

电流内环的控制器结构如图 1-10 所示，其采用电流状态反馈和电网电压前馈，提高了电流控制器的跟踪响应特性，并由 PI 调节器消除了电流跟踪的稳态误差。电流控制器输出的 $u_{\mathrm{cd\text{-}ref}}$，$u_{\mathrm{cq\text{-}ref}}$ 分别对应正弦参考电压的 d 轴、q 轴分量，可以用于产生控制脉冲。

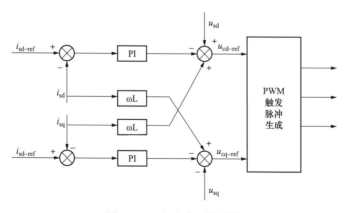

图 1-10 电流内环控制器

VSC-HVDC 系统外环输入信号主要包括直流电压、频率、有功功率、无功功率和交流电压，其控制器的基本结构如图 1-11 所示。其中定有功功率和定直流电压控制产生内环 d 轴电流参考信号，定无功功率和定交流电压控制产生内环 q 轴电流参考信号。解耦处理后的参考值送入 PWM 控制器，PLL 为三相锁相环，它可对输入的 a、b、c 相电压进行跟踪并生成同步变化的实时相角 ωt 输入 PWM，进而生成 VSC 换流器的六路驱动控制信号。

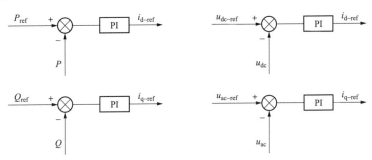

图 1-11 外环控制器

1.3 直流输电技术发展现状与应用前景

1.3.1 混合直流输电技术发展现状

目前，国内外很多学者提出了多种不同拓扑结构的混合直流输电系统，主要有三种结构：①并联混合多馈入直流输电系统；②一端 LCC 一端 VSC 的混合直流输电系统；③含 STATCOM 的 LCC-HVDC 系统等。

并联混合双馈入直流系统向有源网络输电的系统结构如图 1-12 所示，将 VSC-HVDC 子系统与 LCC-HVDC 子系统馈入同一交流母线上。

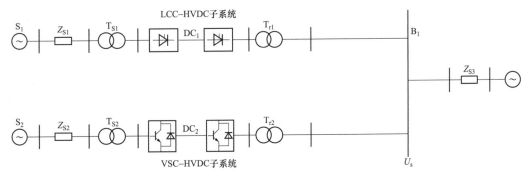

图 1-12 并联混合双馈入直流系统向有源网络输电的系统结构

其中，LCC-HVDC 子系统由等值送端交流系统 S_1、等值系统阻抗 Z_{S1}、整流器、逆变器、换流变压器 T_{S1} 和 T_{r1}、滤波器和传输线 DC_1 组成。VSC-HVDC 子系统由等值送端交流系统 S_2、等值系统阻抗 Z_{S2}、整流器、逆变器、换流变压器 T_{S1} 和 T_{r1}、滤波器和传输线 DC_2 组成。B_1 为公共受端交流母线，公共受端系统的等值交流系统为 S_3，等值系统阻抗为 Z_{S3}。

整流侧采用定直流电压和定交流电压的控制方式；逆变侧采用定有功功率和定交流电压的控制方式。

一端 LCC 一端 VSC 的混合直流输电系统，其结构如图 1-13 所示，其整流侧采用常规换流器，逆变侧采用柔性换流器。系统整流侧采用 12 脉动 LCC 换流器，逆变侧采用 MMC 换流器。

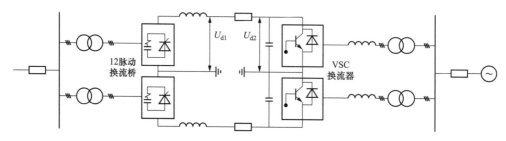

图 1-13　混合两端直流输电系统拓扑结构

这种混合直流输电系统的特点有：

（1）受端 VSC 电流具有自关断的能力，可在无源逆变方式下运行，由于不需要外加的换向电压，所以可以不靠交流系统去维持电压和频率的稳定。正常工作时 VSC 可更加灵活方便的同时且独立控制有功和无功。

（2）VSC 不需要交流侧提供无功功率，所以它还能起到动态补偿交流母线的无功功率的作用，稳定了交流母线电压。

（3）由于 VSC 交流侧电流可以控制，系统的短路容量不会改变，因此新加入混合直流输电线路后，交流系流的保护整定可以保持基本一致。

含 STATCOM 的 LCC-HVDC 系统结构如图 1-14 所示，包括 LCC-HVDC 系统和 STATCOM 系统两部分。LCC-HVDC 系统包括送端交流系统 S_1 及等效阻抗 Z_1、受端交流系统 S_2 及等效阻抗 Z_2、送端换流变压器 T_1 和受端换流变压器 T_2、整流器、逆变器、直流线路以及交流滤波器和电容器等无功补偿设备。STATCOM 系统包括 STATCOM、连接变压器 T_3 以及换流电抗 X_3。STATCOM 经连接变压器 T_3 和换流电抗 X_3 连接于 LCC-HVDC 逆变侧的交流母线。

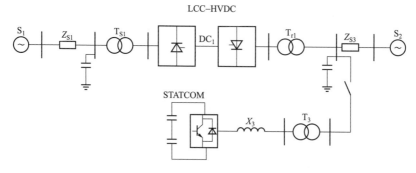

图 1-14　含 STATCOM 的 LCC-HVDC 系统结构

在稳态运行条件下，LCC-HVDC 整流侧和逆变侧分别采取定直流电流和定关断角的控制策略。STATCOM 连接于 LCC - HVDC 系统逆变侧的交流母线处，为其提供无功功率和电压支撑。为提高 LCC - HVDC 系统的运行稳定性和抗干扰能力，更好地发挥 STATCOM 抑制电压波动的作用，STATCOM 的控制方式采用定直流电压控制和定交流电压控制。

1.3.2 多端直流输电技术发展现状

多端直流系统包含 3 个及 3 个以上换流站，拓扑形式多样。多个换流站通过串联、并联或混联方式构成多端系统，能够实现多电源供电和多落点受电的电网格局。按照接线方式的不同，拓扑结构大致可分为并联型和串联型。

1. 并联型多端直流输电系统拓扑结构

在并联方案中，换流器并联连接，而且运行于一个公共的电压，其接线形式灵活多变，直流输电网络既可以是网状的，也可以是放射状的，或者两者相结合成为网络形式。

放射式连接形式的实质是两端直流输电系统的拓展，正负极线路各一回，各个换流站有两个换流器，且分别于正极线路与负极线路相连；环网式连接形式中各换流站的正极、负极分别依次相连形成环网；网络式接线形式更为灵活，各换流站的正负极分别相互不规则相连，直流线路形成形式不定的网络，如图 1 - 15 所示。

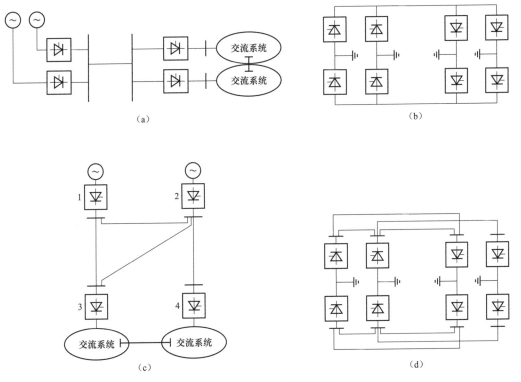

图 1 - 15 并联型多端直流拓扑

(a) 反射式输电网络的系统接线图；(b) 反射式网络的换流站连接图；

(c) 环网式输电网络系统接线图；(d) 环网式输电网络换流站连接图

并联型多端直流输电系统多用于新能源并网、孤岛供电、交流系统互联等方面，各个换流站的直流电压均一致，有更小的线路损耗，更容易控制，是目前使用最多的多端直流拓扑结构。

2. 串联型多端直流输电系统拓扑结构

在串联方案中，换流器是串联的，一个公共的电流流过所有的换流端，直流线路在一处接地，换流站之间的功率分配主要靠改变直流电压实现。典型接线方式如图1-16所示。

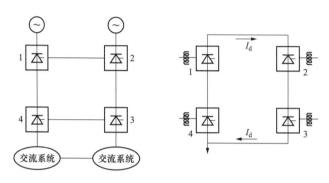

图1-16　串联型多端直流输电网络的系统接线图与换流站连接图

串联型多端直流输电系统直流线路适用于低压系统组合成高压直流系统的场合，如风电场并网等，目前使用较少。

多端系统的控制思想源于两端系统，但由于系统各换流站之间需要进行协调控制，多种运行方式的优点一定程度上增加了直流系统控制器设计的难度。多端直流的各个换流站之间存在耦合关系，任何一站出现故障或不稳定运行情况，都可能导致系统失稳，严重时还可能导致系统崩溃。

目前，国内有两个典型的多端直流工程建成运行：舟山五端柔性直流输电工程和南澳三端柔性直流输电工程。通常采用的控制策略分为四类：直流电压主从控制策略、直流电压偏差控制策略、直流电压下垂控制策略以及电压裕度控制策略。主从控制策略又可分为单点直流电压控制策略和多点直流电压控制策略。

主从控制策略是一种需要站间通信的控制策略，这种控制策略通过换流站之间的通信系统将多端柔性直流输电系统的主换流器和从换流器的位置和作用进行设置，对主换流器和其余的从换流器采取不同的控制策略。其中，单点直流电压控制技术策略将一个换流站作为直流电压控制站，其余换流站负责控制其他的变量，例如交流功率、交流频率、交流电压等；多点直流电压控制策略则时使得直流系统中的多个换流站具备直流电压控制能力。

直流电压偏差控制策略是一种无需站间通信的控制策略，其实质是在直流电压站故障退出运行后，后备定直流电压站能过够检测到直流电压的较大偏移并转入定直流电压运行模式，保证直流电压的稳定性。

直流电压下垂控制策略是把多端柔性直流输电系统中的各个换流器的直流侧的输出电压设置成固定的数值，结合有功功率，对多端柔性直流输电系统进行控制。电压型的下垂控制策略需要调整下垂系数来分配多端柔性直流输电系统中的直流电压和有功功率。下垂系数的取值对电压质量有着重要影响：如果对下垂系数设置的数值大于平均值，就会使多端柔性直流输电系统中输出的直流电压比实际电压低；而如果下垂系数的数值小于平均值，则会降低多端柔性直流输电系统功率的分配性能。因此，传统的电压型下垂控制策略中最重要的一步就是准确选取下垂系数。

电压裕度控制是主从控制的一种扩展，相当于一种改进的具有多个可选择功率平衡节点的定直流电压控制，当一端功率平衡节点故障或达到系统限制时，电压调节控制由另一换流站接替。该控制是定直流电压和定有功/电流控制的结合，换流站正常运行在定有功/电流控制下，当直流电压偏差达到电压裕度的限制后，换流站切换为定直流电压控制，使直流电压保持在电压裕度限制值以内，防止直流电压偏差进一步增大。

1.3.3 多端直流工程应用与发展

据统计，截至目前，世界上共有14项多端直流工程，如表1-2所示，其中10项工程投入运行，4项工程在建。其中，7项工程使用LCC技术，占比50%。5项工程使用MMC技术，占比35.7%。2项工程使用混合直流技术，占比14.3%。意大利—科西嘉—撒丁岛3端直流输电工程是世界上第1个正式运行的多端直流输电工程，其运行方式以调频为主。我国已有广东南澳岛三端直流工程、浙江舟山三端直流工程、昆柳龙特高压混合直流输电工程（三端）、禄高肇三端直流输电工程、张北柔性直流输电工程（四端）投入运行，其中，禄高肇直流是国内首个将两端直流改为三端直流的±500kV直流输电工程，而昆柳龙特高压混合直流工程投运后，已成为世界上首个特高压多端混合直流工程。

表1-2 多端直流工程统计

序号	工程名称	拓扑结构	端数	运行电压（kV）	额定功率（MW）	投运时间
1	意大利—科西嘉—撒丁岛	LCC	3	±200	200	1987年
2	加拿大的纳尔逊河	LCC	4	±500	3800	1985年
3	美国的太平洋联络线	LCC	4	±500	3100	1989年
4	加拿大魁北克—新英格兰	LCC	5	±500	2250	1992年
5	日本的的新信浓	LCC	3	±10.6	153	2000年
6	广东南澳岛	MMC	3	±345	200	2014年
7	浙江舟山	MMC	5	±200	400	2014年
8	美国Super Station	MMC	3	±345	750	2015年
9	瑞典—挪威	MMC	3	±300	2×700	2016年
10	印度东北至阿格拉工程	LCC	3	±800	6000	2016年
11	美国GBX	2个LCC，1个MMC	3	±600、±345	3500	在建
12	张北柔性直流输电工程	MMC	4	±500kV	3000	2020年
13	禄高肇直流工程	LCC	3	±500kV	3000	2020年
14	昆柳龙直流工程	1个LCC，2个VSC	3	±800kV	8000	2020年

1.3.3.1 国内外典型多端直流工程介绍

1. 意大利—科西嘉—撒丁岛三端直流输电工程

1967年，连接撒丁岛和意大利本土的单极直流线路投入运行，额定功率为200MW，额定电压为200kV。1987年1月，科西嘉换流站投入运行，从而使该工程成为世界上第一个正式运行的多端直流输电工程。

该工程控制及保护的总体设计符合最简单原则：3个站的保护相互独立，不依赖于远程通信系统，安全性显著提高，任一交流系统发生故障，所引起的交流电网间相互作用最小。

考虑到发展的需要，科西嘉换流站的额定功率选为50MW，即额定电流为250A，额定电压为200kV，图1-17所示是科西嘉并联抽能方案示意图。为保证科西嘉换流站的直流功率方向不受直流线路极性变化的影响，在换流器直流侧装设了两对快速极性反转隔离开关。换流站采用一组12脉动换流器，三台单相三绕组换流变压器与科西嘉岛90kV的交流母线电压相连。

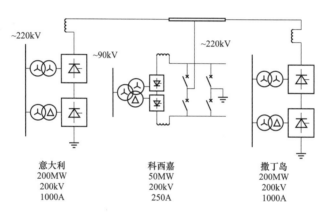

图1-17 科西嘉并联抽能方案示意图

2. 纳尔逊河直流输电工程

纳尔逊河直流输电工程是由纳尔逊河双极1和双极2两个双极直流输电系统维成。双极1为±450kV、1620MW，1977年建成，是世界上最后一个采用汞弧阀换流的直流输电工程，1993年，已用晶闸管换流阀取代了汞弧阀。同时也将其额定参数提高到±500kV、2000MW。双极2为±500kV、1800MW（最大可到2000MW）。该输电系统在可靠性方面要求当线路发生倒塔故障时，仍能输送额定功率。为满足此要求，在双极1工程中架设了两条双极直流输电线路、每条线路都可输送3600A的电流。

双极1的整流站为拉底松换流站，逆变站为多尔塞换流站，输电距离约895km。双极2的整流站为亨得换流站，其逆变站也建在多尔塞整流站内。正常情况下，两个双极系统可独立运行，必要时也可以将两个双极线路并联运行；当一条输电线路故障检修时，可将两个双极的换流器并联，输送额定功率，以提高输电系统的可用率。图1-18所示为纳尔逊河直流输电系统示意图。该输电系统也可以认为是两个整流站向一个逆变站送电的三端直流输电系统。

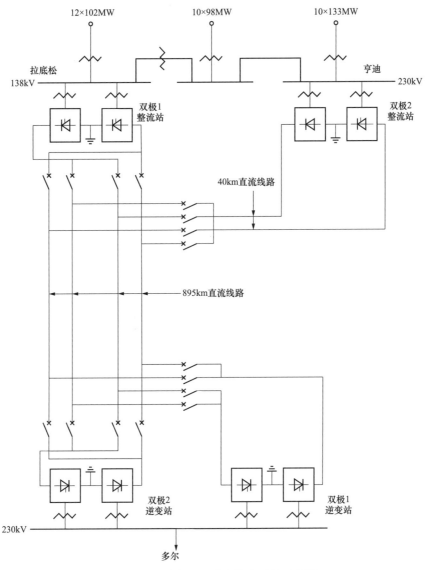

图 1-18 纳尔逊河直流输电系统示意图

3. 太平洋联络线工程

太平洋联络线工程是美国西部太平洋沿岸建成的规模最大的直流输电工程。美国太平洋联络线直流输电工程分为 4 个建设阶段。

第一阶段：在 1965 年进行二期直流输电工程的设计，于 1970 年正式投入运行，工程北起便勒河州的塞里罗换流站，南至加利福尼亚州的希尔玛换流站，换流站每极由 3 组 6 个汞弧阀串联组成，每组额定电压为 133kV，额定电流为 1800A。双极额定电压为 ±400kV，额定功率为 1400MW。

第二阶段：1973 年，经过研究和试验，把额定电流提高到 2000A，额定功率增至 1600MW。1985 年，由于负荷增长的需要，工程进行了增容，即在每极原有 3 个汞弧阀组的基础上，再串联 1 个 100kV、2000A 的 6 脉动晶闸管阀组，从而使直流线路电压升

17

至±500kV，额定容量增至 2000MW。

第三阶段：为了充分利用此工程直流线路的载流能力，满足南部地区负荷增长的需要，开展太平洋直流联络线的扩建工程，每端增加 1 个新的双极换流站，每极 1 组 12 脉动晶闸管换流器，额定电压为±500kV，额定电流为 1100A。新站与老站并联运行，构成并联接线的四端直流系统，可传输额定功率 3100MW。

第四阶段：1995 年 11 月修复投运，是一个并联接线的四端直流输电系统。图 1－19 为该直流输电系统示意图。

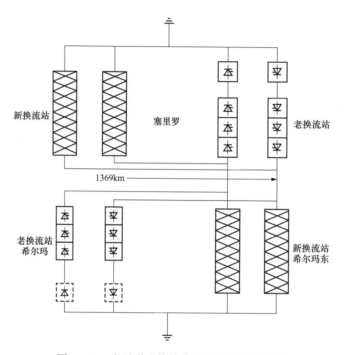

图 1－19　太平洋联络线直流输电系统示意图

4. 加拿大魁北克—新英格兰五端直流输电系统

加拿大魁北克—新英格兰五端直流输电系统工程由拉迪森、尼克莱、迪斯凯通、康姆福、桑地庞 5 个换流站组成。除拉通森只能作为整流站运行外，其他换流站兼备整流站和逆变站运行功能。工程建成分为两期：第一期为±450kV、690MW，从迪斯凯通到康姆福，距离为 172km 的两端直流工程，1986 年投入运行；第二期为±450kV（送端最高电压可到±500kV）的三端直流工程，包括拉迪森（2250MW）、尼克莱（2138MW）和桑地庞（1800MW）3 个换流站和 1315km 的架空线路，1992 年 11 月建成。

该五端直流输电系统只有 3 个接地极。第一期工程的 2 个换流站（迪斯凯通、康姆福）分别有自己的接地极。第二期工程的 3 个换流站，只在送端拉迪森换流站附近建了 1 个接地极。尼克莱换流站和桑地庞换流站的中性点则通过金属回线与迪斯凯通换流站的接地极相连，公用 1 个接地极。

在拉迪森、尼克莱和桑地庞 3 个换流站的单台容量分别为 404、401MVA 和

353MVA，其交流侧电压分别为 315、230kV 和 345kV，变压器的总重量为 410～430t。上述三站的无功补偿量分别为 1234、1710Mvar 和 1620Mvar，由交流滤波器和静电电容器提供。此外，在尼克莱站还装有三台 180Mvar 的并联电抗器，平波电抗器每极有两台串联，每台为 150mH。在设计之初，该直流系统拟采用两端、三端、四端或五端运行，送端和受端交流系统可以同步（与 735kV 交流输电并联）运行或异步（直流单独送电）运行，但由于一期工程的退出，目前，最常用的有 8 种运行方式，其中，包括 2 个三端方式，4 个两端方式，以及 2 个混合方式。

5. 南澳多端柔性直流输电示范工程

南澳多端柔性直流输电示范工程（简称南澳柔直工程）于 2013 年 12 月 25 日正式投入运行，工程建成电压等级为 ±160kV，输送容量为 200MW 的三端柔性直流输电系统，服务于青澳、牛头岭和云澳风电场，待塔屿风电场投产后将扩建成四端柔性直流输电系统。

南澳柔直工程采用树枝式并联接线，如图 1-20 所示。在南澳岛上建设 2 个送端换流站（金牛站和青澳站），在澄海区塑城站近区建设 1 个受端换流站（塑城站）。牛头岭和云澳风电场通过金牛换流站送出，青澳风电场接入青澳换流站，并通过青澳—金牛的直流线路汇集至金牛换流站，然后将汇集至金牛换流站的电力通过直流架空线—电缆混合线路送出至大陆塑城换流站。

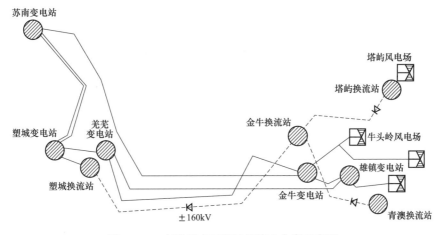

图 1-20　南澳柔直工程系统接入方案示意图

6. 舟山多端柔性直流工程系统

为提高舟山群岛各岛供电能力和供电可靠性，解决电能质量偏低、风电等可再生能源接入电网等一系列问题，国家电网有限公司在舟山建设多端柔性直流输电工程，工程建设历时 15 个月，2014 年 7 月 4 日投运。工程采用最新型的模块化多电平换流器（Modular Multilevel Converter，MMC），在舟山本岛、岱山岛、衢山岛、泗礁岛及洋山岛，各建设 1 座换流站，直流电压等级为 ±200kV，设计容量分别为 400、300、100、100、100MW。

舟定换流站（简称舟定站）通过定云 2R38 线接入 220kV 云顶变电站、舟岱换流站

（简称舟岱站）通过岱蓬 2R37 线接入 220kV 蓬莱变电站；舟衢换流站（简称舟衢站）通过衢大 1934 线接入 110kV 大衢变电站、舟洋换流站（简称舟洋站）通过洋沈 1933 线接入 110kV 沈家湾变电站、舟泗换流站（简称舟泗站）通过泗嵊 1932 线接入 110kV 嵊泗变电站。舟山多端柔性直流输电系统的交直流耦合电网，如图 1-21 所示。

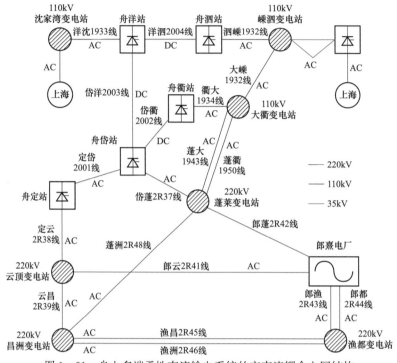

图 1-21　舟山多端柔性直流输电系统的交直流耦合电网结构

7. 北美 TresAmigasSuperstation 三端柔性直流输电工程

北美 TresAmigasSuperstation 三端柔性直流输电工程，用以实现东部电网、西部电网、得克萨斯州电网三个主要电网的互联。该工程换流站容量为 750MW，直流电压为 ±345kV。3 个 AC/DC 换流站均采用 VSC，在每个换流站内还安装有大型储能设备，除作备用外，还可以用来平衡相连交流系统中的间歇性能源发电及向系统提供辅助服务。投运后，将有助于改善由风能、太阳能和地热等间歇性可再生能源发电引起的供电可靠性和电压稳定问题。

8. 瑞典—挪威的 South West Link 三端柔性直流输电工程

在 Oslo、Barkeryd、Hurva 这 3 地各建 2 个换流站，为保证运行可靠，该工程采用两条独立的线路，每条直流线路传输容量为 720MW，直流电压等级为 ±300kV，该柔性直流工程计划的输电总容量为 1440MW。用以提高挪威奥斯陆地区电网和瑞典西海岸电网之间的电力传输能力以及传输系统的灵活性，并兼顾日益增长的风电并网需要。

9. 美国 GBX 多端直流输电系统

美国建设的多端混合直流输电工程，即 GBX 多端直流工程，结构如图 1-22 所示。该工程输送距离为 750km，总容量为 3500MW，电压等级为 ±600kV；两端采用 LCC 换流站，中间落点采用 ±345kV 的 VSC 换流站。工程旨在将美国西南电力联营的可再生能源传输至中西部区域电力市场和 PJM 公司的电力市场。

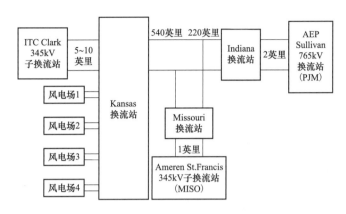

图 1-22　GBX 混合多端直流输电拓扑结构示意图

10. 印度 NEA800 多端直流输电工程

印度东北—阿格拉输电线路将是全球首条采用 3 座换流站的特高压直流线路。其中，两座送端换流站负责将交流电转换为直流电，然后通过一条输电线路，穿过狭长的西里古里走廊输送到位于阿格拉的第三座受端换流站，在那里将直流电再转换成交流电，最后输送到终端用户。整条输电线路的电压为 800kV，输电容量为创纪录的 8000MW。该线路在全负荷运行时输送的电力可以满足 9000 万印度人口的正常电力需求。

11. 新信浓三端背靠背直流输电系统

新信浓 A、B、C 三端背靠背直流输电系统的 A 端频率为 60Hz，B、C 两端均为 50Hz。三端的容量均为 53MVA，额定直流电压为 10.6kV，额定直流电流为 3.6kA，采用可关断晶闸管 GTO-6kV-6kA 组成自换相换流器，如图 1-23 所示，给出其系统单线图。

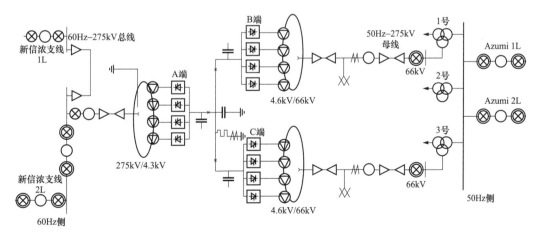

图 1-23　新信浓换流站自换相 GTO 三端直流输电系统单线图

12. 禄高肇直流工程

禄高肇直流是国内首个将两端直流改为三端直流的±500kV直流输电工程，新建云南±500kV禄劝换流站，新建禄劝—高坡±500kV直流输电线路约390.9km，改造贵州±500kV高坡换流站，接入已建成的高肇直流，形成跨云南—贵州—广东的三端超高压直流输电通道，成为解决云南弃水问题的有效措施。工程具备"一送二""二送一"两种送电模式，即高坡换流站既可做整流站，也可做逆变站，可实现云贵两省直接互济互补和水火电资源优化配置，成为弥补贵州外送电力不足的有效途径。

13. 昆柳龙直流工程

"昆柳龙直流工程"全称"乌东德电站送电广东广西特高压多端直流示范工程"，是国家《能源发展"十三五"规划》及《电力发展"十三五"规划》明确的跨省区输电重点工程。昆柳龙直流工程是世界上首个±800kV特高压混合多端直流工程，送电距离约1489km，采用±800kV特高压多端混合直流输电方案，送端云南建设±800kV、8000MW常规换流站，受端广东建设±800kV、5000MW柔性直流换流站，受端广西建设±800kV、3000MW柔性直流换流站。工程示意图如图1-24所示。

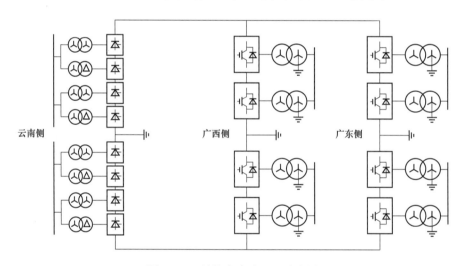

图1-24 昆柳龙直流工程示意图

14. 张北工程

±500kV张北柔性直流电网工程（以下简称张北工程）是世界首个直流电网工程，也是世界上单换流单元容量最大的在运柔性直流工程。大容量柔性直流电网不仅可发挥柔性直流在新能源开发、利用上的技术优势，而且可实现多电源供电及多落点受电，有效平抑新能源的功率波动并提供更好的通路冗余性和供电可靠性，构成多种形态能源灵活互补的能源互联网。

张北工程采用四端环形拓扑，如图1-25所示，各换流站的基本信息见表1-3所示。工程采用双极金属回线接线方式，在站4和站3分别设置有主、备接地点。直流极线和金属回线分别配置了直流断路器和金属回线开关，从而实现直流线路故障的清除。

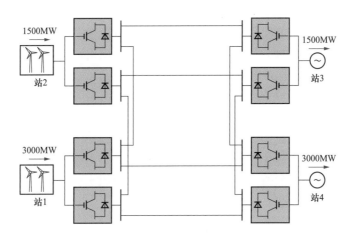

图 1-25　张北柔性直流电网工程示意图

表 1-3　　　　　　　　　　　　　各换流站基本信息

换流站	定位	容量（MW）	交流侧	控制方式
站 1	送端站	3000	孤岛新能源场站	定交流电压、定频率控制
站 2		1500		
站 3	调压站	1500	交流电网	定直流电压、定无功功率
站 4	受端站	3000		定有功功率、定无功功率

1.3.3.2　多端直流控制保护特点及发展前景

相较于传统的两端直流输电，多端直流输电系统可以实现多电源供电、多落点受电，提供一种更为灵活、快捷的输电方式。但是随着直流系统接入的端数增多，系统的运行方式会更为多样，这对系统的控制保护也提出了更高的要求。从控制层面上来说，多端直流输电系统的控制器与两端直流输电系统最大的不同在于协调控制。多端直流输电系统涉及多个换流站控制器的设计，需要考虑各站在启停、正常工况以及故障工况下的功率配合、控制模式的切换、相关电气量的控制方式等问题。从保护层面上来说，多端直流输电的保护系统更为复杂，主要体现对故障类型和故障位置的准确判断以及故障后，特别是直流线路和汇流区故障情况下，各保护动作相互配合等问题。

和常规两端直流输电工程相比较，并联三端直流输电控制保护系统有以下特点：

（1）并联三端直流输电系统的整体架构功能需按三个站进行配置，设置协调控制层。

（2）三端直流输电系统每个换流站需同时与另外两个换流站进行信息交互，在中间换流站进行极性转换时站间通信配置依然有效。

（3）并联三端直流输电系统的运行方式更加复杂，可以运行在三端（一送二、二送一）模式，也可以运行在两端模式。

（4）三端直流输电系统的解闭锁需要三站之间进行协调，以保证系统启停的平稳性。同时并联三端直流系统可以进行换流站计划性的在线投入/退出，也可以在某一换流站发生故障时根据运行方式仅停运故障换流站，而不影响其他两个站的正常运行。

（5）不同于两端直流输电系统整流侧控制直流电流，逆变侧控制直流电压运行方式，并联三端三个换流站之间需要进行协调控制，保证其中一个站控制直流电压，另两个站控制直流电流，同时对三个站之间的功率分配及功率升降速率等进行协调。

（6）不同于两端直流输电系统在线路故障重启时重启不成功闭锁整个直流系统，三端直流输电系统在线路故障重启重启不成功时可以根据故障发生的位置选择闭锁整个直流或仅闭锁与线路故障相关的换流站而保证剩余两端换流站正常运行。

我国能源与经济中心成逆向分布，大型电源远离负荷中心，随着经济发展和电网的建设，为实现电网能够实现多电源供电以及多落点受电，多端直流输电技术在我国西南水电、北部煤电以及远期的西藏水电的远距离、大容量电力输送中发挥重要作用，具有重大的发展潜力和应用前景。

"昆柳龙直流工程"全称"乌东德电站送电广东广西特高压多端直流示范工程"，是国家《能源发展"十三五"规划》及《电力发展"十三五"规划》明确的跨省区输电重点工程，是国家特高压多端直流的示范工程。昆柳龙直流工程采用更加经济、运行更为灵活的多端直流系统，将云南水电分送广东、广西，送端的云南昆北换流站采用特高压常规直流，受端的广西柳北换流站、广东龙门换流站采用特高压柔性直流。

昆柳龙工程作为国家重大电力行业科技创新工程，通过特高压多端直流技术创新，将云南水电分送广东、广西，有助于发挥多个受端电网在消纳能力、调峰能力、资源互济、系统安全稳定风险方面的优势，从而保障了水电资源的可靠消纳。特别是在受端采用柔性直流技术，可避免本回直流换相失败，导致 9 回及以上直流同时换相失败的交流三相短路故障范围减少 48%，有助于改善多直流集中落点带来的受端电网风险问题，为将来系统解决广东电网多回直流馈入相关问题奠定基础。作为示范工程，对未来西南水电及大规模新能源的开发外送有积极的示范作用。

本书将以昆柳龙直流工程为例，介绍特高压多端混合直流控制保护关键技术及其应用。

第 2 章　特高压多端混合直流输电系统主要设备

对于送端为常规直流换流站、受端为柔性直流换流站的特高压多端混合直流输电系统，柔性直流换流站直流回路主设备主要包括换流阀、变压器、直流穿墙套管、桥臂电抗器、直流高速开关、直流电压电流测量装置等，其性能和功能要求不同于常规特高压直流设备，控制保护系统必须充分考虑其特点，并以此进行控制功能和保护配置的优化设计。

2.1　特高压多端混合直流系统主回路结构

昆柳龙直流工程主回路结构如图 2-1 所示，站 1 昆北站为常规直流换流站，站 2 柳北站和站 3 龙门站为柔性直流换流站，采用真双极接线方式，电压等级为 ±800kV，昆北站作为唯一送端站，额定输出功率为 8000MW，受端站柳北站额定功率为 3000MW，龙门站额定功率为 5000MW，常规直流换流站每极采用特高压直流双 12 脉动换流器串联结构，为与常规直流换流站电压等级匹配，柔性直流换流站每极也采用两个柔直换流器串联结构。

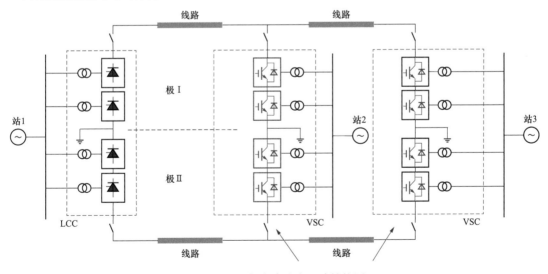

图 2-1　昆柳龙直流主回路结构图

已经投运的柔性直流输电工程一般采用半桥功率模块构成的换流阀，此种技术在直流侧故障时凭借换流器控制无法清除故障，必须通过跳开交流开关来清除故障，停电时间长。因此，已经投运的大多数低电压等级柔直工程采用了故障率非常低、但是成本高昂的电缆线路。对于远距离大容量输电，直流线路采用造价高昂的电缆是不现实的，必须采用架空输电线路。而架空输电线路暂时性故障率高，需要具备故障自清除能力，目前有效的手段之一是采用基于全桥功率模块的换流器，通过直流电压的大范围调节，输出一定的负电压，能够实现直流侧故障自清除和快速恢复运行。

本工程是高电压、大容量、远距离送电工程，必须采用架空线作为输电线路。线路沿途地形、气候复杂，易发生直流对地故障。为保证本工程的可靠性，直流系统需要具备快速清除直流线路故障并且再启动的能力。当线路对地绝缘下降后，一般还要求直流系统具备70%降压、80%降压运行能力。另外，由于本工程送端和受端均采用"400kV＋400kV"阀组串联结构，为进一步提高运行的可靠性和灵活性，还要求每个400kV阀组可以实现在线投入和退出。

针对柔性直流采用架空线自清除直流线路故障难题，研究了不同类型具备故障清除能力的柔直拓扑，经过对比研究半桥型、类全桥型、半压箝位型等多种拓扑结构，并经过详细分析对比和仿真、试验测试，提出了在工程中受端柔直换流阀采用"全桥＋半桥"混合拓扑技术方案，在满足直流线路故障自清除、降压运行、阀组投退要求的条件下，较全桥拓扑成本低、损耗小。

2.2 柔直换流阀

换流阀是直流输电工程的核心设备，通过依次将三相交流电压连接到直流端得到期望的直流电压，实现对功率的控制，是实现电能交直流变换的核心。当前的柔性直流输电工程基本采用损耗更低、输出电能质量更高的模块化多电平换流器拓扑结构。随着柔性直流输电工程电压等级、输送容量持续提升，已有的换流阀技术已经难以满足日益复杂的应用场景和技术需求，尤其是特高压柔性直流的输电电压、输电容量需要在已有技术基础上大幅提升，更需要适应上千公里架空线输电的超高可靠性要求，满足阀组投退、降压运行等方式需求，换流阀的接线设计、拓扑设计、元件选型等都需要突破升级。

2.2.1 特高压柔直换流阀阀本体结构与功能

现有柔性直流换流器一般采用半桥功率模块构成，在直流侧故障时凭借换流器控制无法清除故障，必须通过跳开交流开关来清除故障，停电时间长。因此，目前投运的绝大多数柔直工程均采用了故障率非常低的电缆线路。对于高电压、大容量、远距离送电工程，宜采用架空线作为输电线路，但线路沿途地形、气候复杂，易发生直流对地故障。为保证工程的可靠性，直流系统需要具备快速清除直流线路故障并且再启动的能力。当线路对地绝缘下降后，一般还要求直流系统具备降压运行能力。同时，对于采用"400kV＋400kV"阀组串联结构的特高压柔性直流换流阀结构，为进一步提高运行的可靠性和灵活性，还要求每个阀组具备在线投入和退出的功能。

柔直换流阀采用一定比例的"全桥＋半桥"功率模块混合结构，具备直流线路故障清除、阀组投退、降压运行等能力，且与全部采用全桥功率模块的拓扑结构相比，具有一定的经济性。综合功能要求和经济性要求考虑，通过对比研究，考虑一定的设备裕度，目前工程上特高压柔直换流阀混合拓扑采用的全桥功率模块比例不低于 70%，如图 2-2 所示。

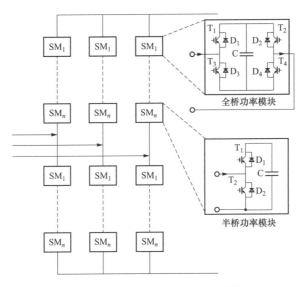

图 2-2 单个柔直换流阀拓扑结构

1. 换流阀塔结构

换流阀塔中主要包含了阀功率模块、阀段组件、支撑及斜拉绝缘子、导电母排、屏蔽均压结构、阀配水管路、光缆/光纤等部分。昆柳龙直流工程龙门站阀塔如图 2-3 所示。

换流阀的总体设计采用环抱式阀塔结构，设计原则是将功率模块集中布置，并且需要结构简单、坚固、可靠，同时应维修方便、便于清扫、便于更换换流阀的各种元部件及组件。阀塔的设计中应重点考虑如爬电距离、空气净距、内部干扰、杂散电感、分布电容、水压要求、重量分布等属性参数。

图 2-3 昆柳龙直流工程龙门站阀塔实物图

典型的特高压换流阀设计由 6 个桥臂构成，每个桥臂由 2 个阀塔组成，每个阀塔由 2 个面对面单塔串联组成（阀塔 A 和阀塔 B），每个单塔设置 3 层或 4 层，每层设置 6 个阀段。当单塔设置为 3 层时，则每个阀段包含 6 个功率模块；当单塔设置为 4 层时，则每个阀段包含 4～5 个功率模块。一个单塔包含 108 个功率模块，每个阀塔包含 216 个功率模块。功率模块分为全桥功率模块和半桥功率模块，他们在阀塔中交叉错层排列。阀塔一般选择实心支柱复合绝缘子支撑，层与层之间也直接采用实心绝缘子支撑。

阀塔水路一般设计为2进2出，阀塔每列同侧采用1进1出的结构。阀塔双列塔内部两个单列塔水路并联，进、出水接口和阀门各自独立，阀塔功率模块、阀塔层间水路采用并联水路，且阀塔层间水路布置在检修平台两侧。阀塔面对面之间设置检修通道，面对面2个阀段对应一组，18个阀段共9组检修通道，每层检修通道一侧设有层间爬梯，方便人员上下检修。通过升降平台车进入检修通道后，可以对功率模块、阀段水管、光纤等部件进行检修更换，检修通道的设计可以实现在阀塔上面将功率模块拆分，方便阀塔组装与维护。

2. 功率模块结构及功能

半桥功率模块和全桥功率模块原理图如图 2-4、图 2-5 所示，主要由 IGBT、直流电容、旁路开关、均压电阻等一次部件和控制板、取能电源、驱动板等二次板卡组成，各元件功能说明如下。

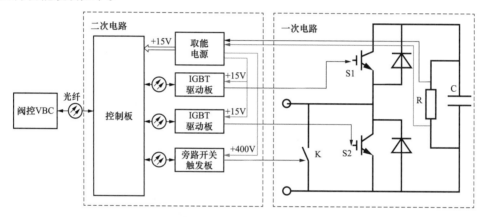

图 2-4 半桥功率模块电气原理示意图

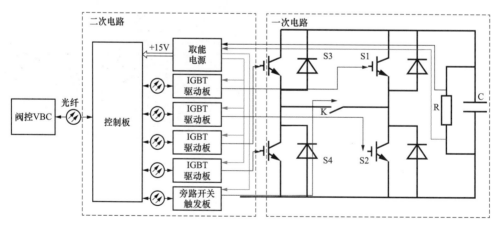

图 2-5 全桥功率模块电气原理示意图

——全控开关器件（S1～S4）：IGBT 器件，通过控制可以完成能量的传输和电容的充放电功能；

——直流电容（C）：为功率模块单元提供端口输出电压；

——均压电阻（R）：对功率模块电容进行均压，并实现停机后的放电功能；

——旁路开关（K）：当功率模块故障退出运行时，通过此开关将其快速旁路；

——驱动单元：IGBT 驱动板，为开关器件提供驱动信号；

——控制板：功率模块控制单元，功率模块的控制枢纽，连接阀基控制单元，并对功率模块相关元件进行控制与检测；

——供电单元：取能电源，为 IGBT 驱动板（IDU）和控制板（SCE）提供供电电源；

——晶闸管：旁路拒动后，通过过压击穿晶闸管旁路功率模块。

（1）IGBT 选型。IGBT 是功率模块的核心器件，特高压柔直换流阀采用平板压接式封装形式，压接式器件双面散热，热阻小，通流能力强，功率密度大，具有较强的防爆性能。且内部不含绑定线，器件杂散电感小，可靠性高。另外，压接式器件在失效后呈长期短路状态，可为故障旁路的功率模块提供通流路径。

针对 5000MW 和 3000MW 容量的柔直换流站，分别选取 4500V/3000A 和 4500V/2000A 压接式封装 IGBT 器件。IGBT 在运行过程中需要保证器件的结温在器件允许的范围内，考虑换流器最大运行工况，器件需具有较大的结温裕度。4500V/3000A 和 4500V/2000A IGBT 器件的最大运行结温为 125℃，最大允许结温为 150℃。

（2）直流电容选型。直流电容器是换流器的储能元件，为换流阀提供直流电压支撑。每个功率模块包含功率模块电容，通过功率模块电容器充电、放电控制来满足系统功率交换的需求。电容器采用干式金属氧化膜电容器，杂散电感低、耐腐蚀，且具有自愈能力、寿命周期长。电容参数设计的合理与否直接影响到换流阀的经济性和运行可靠性。

功率模块电容的选取，需要兼顾功率模块稳态情况下电压的波动、暂态电压波动、直流系统动态响应特性及直流双极短路时的设备安全裕度等多方面考虑。在稳态下，抑制功率模块电容电压波动不超过 ±10％；当直流系统的有功功率定值发生变化时，功率模块电容值需满足系统有功功率调节动态响应要求；交流系统发生不对称故障时，换流器中出现负序分量导致功率模块电容电压波动增大，必须选择合适的功率模块电容值，使功率模块电压不超过允许值；发生直流双极短路故障时，功率模块电容迅速放电，为了使保护动作前功率模块元件不致损坏，功率模块电容和桥臂电感值应合理配合，使桥臂电流上升到上限的时间大于保护动作时间。为满足所有稳态运行工况下电容电压波动不高于 ±10％的需求，并考虑工程阀侧短路吸收能量的影响，工程选取 18mF/（0～＋5％）和 12mF/（0～＋5％）的干式金属化聚丙烯薄膜电容。考虑电容散热、生产、运输和维护，昆柳龙直流工程选择采用 2 只 9mF 电容并联方案和 2 只 6mF 电容并联方案，额定电压取 2800V。

（3）旁路开关选型。功率模块中快速旁路开关，用于实现运行期间故障功率模块的高速旁路隔离，功率模块故障发生时通过闭合旁路开关使故障功率模块短路，退出运行。

快速旁路开关的电气参数一方面要满足换流阀正常工作期间的电压及电流要求，旁路开关的额定电压值应满足功率模块工作电压需要，其工作电压为功率模块直流电压。旁路开关的额定电流值应满足桥臂通态情况下通流量的要求，工作电流为有偏置的正弦波电流。

（4）晶闸管选型。晶闸管的作用主要在于，当旁路开关拒动时，通过击穿晶闸管以实现功率模块旁路。晶闸管选型设计需核实闸管 du/dt 耐受值、泄漏电流、击穿电压等参数，柔性直流换流阀用旁路晶闸管用于在某些故障情况下旁路功率模块，安装在功率模块的输出端口。

（5）均压电阻选型。均压电阻主要起两个作用：①为直流电容提供放电回路，因此有时也称之为放电电阻；②作为换流阀启动时的均压电阻。除了关注电阻的阻值及其精度，由于电阻工作时一直会发热，还需考虑其功率选型及散热设计。

均压电阻阻值设计的原则是保证换流阀在预充电时的均压功能以及检修时的快速放电功能，除了关注电阻的阻值及其精度，由于电阻工作时一直会发热，还需考虑其功率选型及散热设计。

（6）取能电源选型。取能电源可以实现在功率模块的宽电容电压范围，给各板卡提供稳定的 15、400V 供电电压，并能够在出现输入电压异常、输出电压异常、内部故障时，可以通过光耦次级的通断信号给功率模块控制板报出故障。

（7）IGBT 驱动板选型设计。驱动板的作用是按控制命令开通或关断压接型 IGBT，同时检测及反馈 IGBT 的状态，若出现驱动故障，驱动板需及时关断器件以保护器件免受损坏。驱动板主要电路功能应包括触发电路、电源及其监测电路、有源钳位电路、保护电路。

（8）功率模块控制板选型设计。控制板作为功率模块的控制核心，在功率模块中实现单元的控制、保护、监测及通信功能。在整个阀控系统中，控制板属于最底层控制单元，直接控制驱动板驱动功率器件完成功率模块工作状态切换，同时采集功率模块电容电压、驱动板、取能电源和旁路开关触发板的状态并反馈给上层控制系统。主要由板卡供电电路、主控芯片 FPGA（CPID）信号处理及模数转换电路、数字量输入输出电路、存储及其读写电路、光纤通信电路几部分组成，模拟和数字部分设计有专用的隔离芯片隔离。之所以选用 FPGA 作为主控芯片，是基于其运行处理速度快、工作稳定性高、配置简单、集成度高、低功耗、使用寿命长的特点。

2.2.2 特高压柔直换流阀阀控结构与功能

1. 特高压柔直换流阀阀控结构

柔直阀控连接换流器控制和换流阀本体，是保障柔性直流安全稳定运行的核心环节。特高压柔性直流换流站高、低压阀组阀控屏柜均采用双冗余配置，包含 4 个阀控制保护屏、12 个脉冲分配屏、2 个录波和状态评估屏。以高压阀组为例，工程控制器拓扑结构如图 2-6 所示，低阀与该结构相同。其中每个阀组 2 面互为冗余的阀组控制保护屏通过基于光纤的 IEC 60044—8 和脉冲调制信号连接控制保护层，通过 LAN 网接监控单元，另外 6 面脉冲分配柜通过高速光纤接 6 组阀塔，还有一面录波及换流阀状态评估屏，负责对整个系统上出现的故障进行触发录波，并将数据传输给监控系统；此外，该屏柜中还含有一套换流阀状态评估装置，负责对每个功率模块的状态监视，通过功率模块电压波动、开关频率、器件温度变化、功率模块与阀控通信故障率等信息实现对功率模块健康状态进行在线评估和预测。阀塔漏水检测机箱也安装在该柜体内。

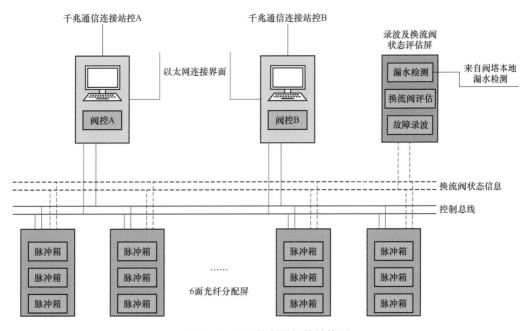

图 2-6　工程控制器拓扑结构图

　　为提升阀控可靠性，阀控系统与换流器控制装置（CCP）采用垂直冗余方式连接，阀控主机与脉冲分配屏柜间通信采用交叉冗余或直连冗余连接，如图 2-7 所示。

　　（1）阀控系统与 CCP 的垂直冗余。阀控主机与 CCP 间采用垂直冗余方案，即阀控与 CCP 的值班系统时刻保持一致。当值班阀控主机中存在故障时，需要切换到备用阀控主机。该逻辑包含主备切换逻辑判断、向上层换流器控保系统发出切换请求、接收新的主备信号等步骤。此种方案的特点是：

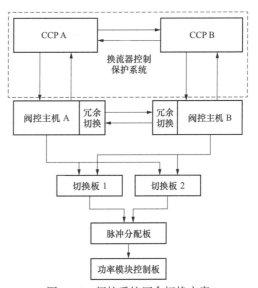

图 2-7　阀控系统冗余切换方案

　　1）阀控主机系统的主备信号由 CCP 下发，单套阀控主机只能接收单套 CCP 下发的主备信号。

　　2）当值班阀控主机发生故障后，该阀控系统首先上传阀控切换请求信号，CCP 收到阀控切换请求信号后将自身系统进行主备翻转，同时将新的主备命令下发给对应的阀控主机系统。

　　（2）阀控系统与脉冲分配系统的交叉冗余。阀控主机与下层脉冲分配机箱采用交叉冗余连接方案，可增强脉冲分配机箱的脉冲接收能力、提高阀控主机系统的利用率。任一阀控系统发生故障或系统维护时，不影响正常系统的运行，阀控（含脉冲分配屏）硬件任何单一元件或板卡故障不影响阀控及换流阀的正常运行，同时除脉冲分配板外其他板卡均能够在换流阀不停运的情况下进行更换等故障处理。此种方案的特点是：

1) 脉冲分配机箱中设有两块切换板卡，可同时接收阀控主机 A/B 系统的脉冲数据；

2) 脉冲切换板通过对阀控主机系统的状态进行判断，并输出处于有效状态的脉冲数据到下层光纤分配板卡。默认使用脉冲切换板 1 的数据，当脉冲切换板 1 故障时，并且脉冲切换板 2 正常时，切换到脉冲切换板 2。

与此前柔性直流工程不同，特高压柔直阀控系统保护采用"三取二"的策略，如图 2-8 所示。每个阀主控屏的三个光纤通信板分别接收三个合并单元（MU）的桥臂电流输入，然后分别在各自对应的光纤通信板上进行桥臂过流和桥臂电流上升率的保护判断，再由主控可编程逻辑门阵列（FPGA）进行"三取二"的保护判断。值班阀主控系统检测到任意两个合并单元输入的电流值或电流上升率超过对应保护限值，则进行保护出口；若某一路合并单元故障，则执行"二取一"的保护策略。对于出口闭锁的保护，脉冲分配机箱的切换板接收处于主用阀控的保护出口并执行出口闭锁动作。备用阀控的保护只上传 CCP，切换板不执行。对于出口跳闸的保护，只有主用阀控屏输出跳闸出口。备用阀控的保护只上传 CCP，不输出跳闸出口。若保护板卡和三取二板卡出现问题，阀控均可以上报轻微或紧急故障，由 CCP 决定是否切换阀控系统，提高换流阀保护的可靠性。

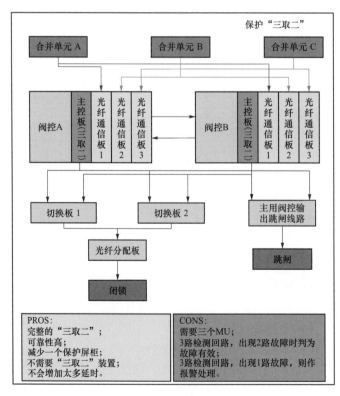

图 2-8 阀控系统保护功能三取二逻辑示意图

2. 特高压柔直阀控功能

(1) 环流控制功能。特高压柔直换流阀桥臂负序二倍频环流的存在增大了桥臂电流有效值，增加了功率模块器件的功率损耗，同时也增加了功率模块电容电压的波动范围，因此必须对桥臂负序二倍频环流进行抑制。一般采用的环流抑制策略为，将三相桥臂的环流计算值与目标值 0 相减经两个 PI 环控制，再与 dq 坐标系下环流产生的电压叠加，并经过 dq 反变换，得到可抑制二倍频环流抑制的三相桥臂电压调制波，叠加至换流器控制系统下发的调制信号，作为最终换流阀级的调制信号，实现环流抑制。

(2) 电容电压平衡控制功能。针对全半桥混合串联的拓扑结构，由于需要全桥模块输出负电压，在传统的电容电压平衡控制策略基础上进行了优化，若输出均为正电压，则不区分半桥模块和全桥模块，对所有模块统一进行排序；若需要输出负电压，对所有全桥模块进行排序，和半桥模块排序相比，当输出负电压时其电流方向对排序的影响正好相反。

(3) 功率模块旁路功能。阀控接收到功率模块旁路请求数与实际旁路数之和未超过保护限制定值，则下发旁路命令，当功率模块故障时将生成旁路请求，只有当功率模块在非停运状态，才能执行旁路。功率模块收到旁路命令后闭合接触器，若在 15ms（可配置）内旁路开关返回闭锁状态，则上传旁路成功，否则上传路故障。若阀控接收到功率模块旁路请求个数加实际旁路个数超过冗余保护定值，则阀控系统直接闭锁换流阀并请求跳闸。

(4) 可控充电功能。换流阀交流侧断路器合闸后，由交流侧电流对换流阀子模块进行充电，通过可控充电策略将子模块平均电压充电至额定。交流侧可控充电分为两个阶段：第一阶段，触发全桥功率模块 T4，使得全桥功率模块外特性等效为半桥功率模块外特性；第二阶段，在半桥功率模块带电并完成所有功率模块的配置、自检及复位后，切除部分功率模块，并启动电容电压平衡控制，阀控实时对所有全桥半桥功率模块进行排序，将电容电压低的功率模块闭锁进行充电，电容电压高的功率模块全桥触发模块 T2 和模块 T4，半桥触发模块 T2。

为实现特高压柔性直流阀组在线投入和退出，换流阀必须具备直流侧短接工况下的充电功能，换流阀直流侧正负极短接，交流侧断路器合闸后，换流阀由交流侧对子模块进行充电，通过可控充电策略将子模块平均电压充电至额定。直流短接可控充电分为两个阶段：第一阶段，闭合 BPS，高阀组换流阀从交流侧对全桥功率模块进行充电，待模块带电后，触发部分电压较高的全桥模块 T3，使得充电电流强迫流经半桥模块；第二阶段，在半桥模块带电，所有功率模块完成模块比对、配置、复位自检后，进入可控充电状态对全半桥功率模块进行可控充电排序，电容电压高的半桥模块触发模块 T2，电容电压高的全桥模块触发模块 T3。

(5) 阀控电气量保护功能。阀控电气量保护功能主要有：桥臂过流暂时性闭锁段、桥臂过流跳闸段、桥臂电流上升率保护、桥臂电容电压平均值过压保护。

1) 桥臂过流暂时性闭锁段。当连续多个采样点检测到桥臂电流瞬时值超过暂时闭锁保护定值，并满足保护三取二逻辑，则暂时闭锁换流阀。

2) 桥臂过流跳闸段。当连续多个采样点检测到桥臂电流瞬时值超过过流速断保护定值时，并满足保护"三取二"逻辑，则闭锁换流阀并出口跳闸。

3）桥臂电流上升率保护。桥臂电流大于保护启动阈值，且桥臂电流上升率 d_i/d_t 大于保护定值，达到延时，且满足保护"三取二"逻辑，则闭锁换流阀并出口跳闸。

4）桥臂电容电压平均值过压保护。桥臂电容电压平均值过压保护包括：全桥模块电容电压平均值过压保护、半桥模块电容电压平均值过压保护。全桥或半桥电容电压平均值超过保护定值，并持续设定时间，则闭锁跳闸。

2.2.3 对直流控制保护系统的技术要求

CCP 与阀控系统之间的所有信号均通过光纤连接，其连接示意图如图 2-9 所示，采用 IEC 60044—8 通信协议，共 3 根光纤连接实现通信，其中一根光纤传输信号均为阀控系统上传的阀控相关信息，一根为 CCP 下发至阀控的信息，还有一根单独传输 CCP 的主备信号。

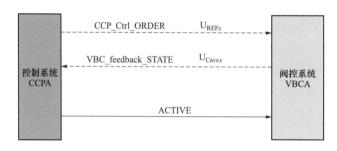

图 2-9 CCP 与阀控连接示意图

主用系统由控制保护系统确定，主备信号采用光调制信号，5MHz 表示该系统为主用系统，50kHz 表示该系统为备用系统。

CCP 下发至阀控的信息包含控制命令（CCP_ORDER）及各桥臂输出电压参考值 U_{REFx}（$x=1\sim6$）。控制命令包括解锁/闭锁信号（DEBLOCK）、运行/停运状态（EnergizeMode）、充电模式（ChargeMode）[含交流侧充电模式（AC-Charge）、直流侧充电模式（DC-Charge）、直流短路下交流侧充电模式（DCSC-Charge）]、可控充电指令（CTRL-Charge）等。

解锁/闭锁信号（DEBLOCK），用于指示换流阀的解锁或闭锁，DEBLOCK 值为 0x5555 为换流阀闭锁运行指令，DEBLOCK 值为 0xAAAA 为换流阀解锁运行指令。

运行/停运状态（EnergizeMode），用于指示换流阀的带电或不带电状态，与换流站的顺控状态处于对应关系，EnergizeMode 值为 0xAAAA 时代表顺控状态处于"闭锁"或"运行"，EnergizeMode 值为 0x5555 时代表其余的顺控状态。

充电模式（ChargeMode），用于指示换流阀充电的模式选项，与换流站的启动方式处于对应关系。

ChargeMode 值为 0x5555 表征交流侧充电模式 AC-Charge，指本站交流侧向换流阀充电的模式。ChargeMode 值为 0xAAAA 表征直流侧充电模式 DC-Charge，指换流阀由对站直流侧进行充电的模式。ChargeMode 值为 0x3333 表征换流阀直流短路下交流侧充电模式 DCSC-Charge，指换流阀在直流侧短接情况下由本站交流侧向换流阀进行充电的模式。

可控充电指令（CTRL‑Charge），控制保护系统下发给阀级控制系统的可控充电指令，阀级控制系统收到后根据充电模式执行相应的可控充电逻辑。CTRL‑Charge 为 0xAAAA 作为阀级控制系统进行可控充电的起始允许信号。CTRL‑Charge 为 0 作为阀级控制系统进行可控充电的禁用信号。在控制保护系统下发解锁信号后，或系统由"闭锁"退回至"备用"状态后，CTRL‑Charge 变位为 0x5555。

临时性闭锁再解锁允许信号（TB_DEBLOCK），0xAAAA 为 CCP 下发 VBC 重新解锁允许信号，0x5555 为 CCP 下发 VBC 重新解锁禁止信号，正常情况下发 0xAAAA。CCP 收到阀控 TB 信号后，该信号由 0xAAAA 变为 0x5555，此后阀控不允许解锁；经过一段时间后，CCP 认为可以重新解锁了，就由 0x5555 变为 0xAAAA。

桥臂输出电压参考值 U_{REFx}（$x=1\sim6$），各桥臂输出电压参考值 U_{REFx}（$x=1\sim6$）是控制保护系统下发给阀级控制系统六个桥臂应投入电压参考值。

阀控系统上传的阀控相关信息包含阀控返回状态信号和桥臂子模块电容电压平均值 U_{Cavex}（$x=1\sim6$），阀控返回状态信号包括换流阀就绪信号 VAVLE_READY，阀控可用信号 VBC_OK，请求跳闸信号 Trip，暂停触发信号 Temporary Block，正在可控充电信号 CTRL‑CHARGE‑ING，阀运行状态 VBC_STATE。

阀组就绪信号（VAVLE_READY），反映换流阀工作状态及换流阀至阀级控制系统的通道状况。AVLE_READY 值为 0xAAAA 表示阀组系统就绪，可以执行解锁，VAVLE_READY 值为 0x5555 表示换流阀系统不可解锁。

阀控可用信号（VBC_OK），阀控可用信号 VBC_OK 反映阀级控制系统的"装置性"故障及控制保护系统至阀级控制系统的信号通道状况。VBC_OK 为 0x5555 代表无效，为 0xAAAA 代表有效。

当处于"备用"状态阀级控制系统的 VBC_OK 值无效时，相应的控制保护系统退出至服务状态（Service）。当处于"主用"状态阀级控制系统的 VBC_OK 无效时，相应的控制保护系统执行切系统，如果切换系统成功后，"主用"状态阀级控制系统的 VBC_OK 仍为无效信号，则相应的控制保护系统立即执行停运操作。

请求跳闸（Trip）信号，Trip 信号反映换流阀本体的保护、主回路故障、子模块冗余不足、阀控失去冗余等故障。Trip 为 0xAAAA，表示阀级控制系统请求系统闭锁停运。Trip 为 0x5555，表示阀级控制系统请求跳闸信号无效。当处于"备用"状态的阀级控制系统发出 Trip 信号时，相应的控制保护系统退出至服务状态（Service），不得出口闭锁换流器。

暂停触发信号 Temporary_Block，表示阀级控制系统上报给控制保护系统换流阀自主起动暂停触发功能。Temporary Block 为 0xAAAA 代表有效，为 0x5555 代表无效。

正在可控充电信号 CTRL‑CHARGE‑ING，CTRL‑CHARGE‑ING 为 0xAAAA 代表阀级控制系统正在执行可控充电逻辑，阀级控制系统已发送触发脉冲给功率模块。CTRL‑CHARGE‑ING 为 0x5555 代表换流阀不在可控充电状态。

六个桥臂子模块电容电压平均值 U_{Cave}，六个桥臂子模块电容电压平均值 U_{Cave}，实际物理含义是模块电压平均值的标幺化。宜采用的计算方式为：六个桥臂非旁路模块的全部子模块电容电压取和，除以六个桥臂非旁路模块个数和，得到子模块电容电压平均值，并进行标幺化处理。

2.2.4 换流阀设备测试试验

1. 柔直阀控系统全链路试验

柔直阀控系统全链路试验重点对阀控脉冲分配屏和功率模块高电位控制板块环节功能进行检验，同时兼顾阀控主控功能的检验，试验完成后实现相关阀控功能固化，为FPT 试验开展提供基础。

对于阀控系统重、难点技术策略，通过全链路试验提早比对验证各类方案的优劣点，为方案的确定提供依据，也避免 FPT 试验阶段因为方案修改所带来的试验反复。

（1）试验系统的构成和原理。试验系统为基于 RT-LAB 的半实物仿真平台。给出了一个阀组 AB 套阀控设备与仿真平台连接的结构，如图 2-10 所示。主要包含四个部分：一套简化的换流器控制系统、一个阀组完整的阀控系统（AB 套冗余配置）、全链路试验功率模块模拟与接口装置、RTLAB 仿真器。

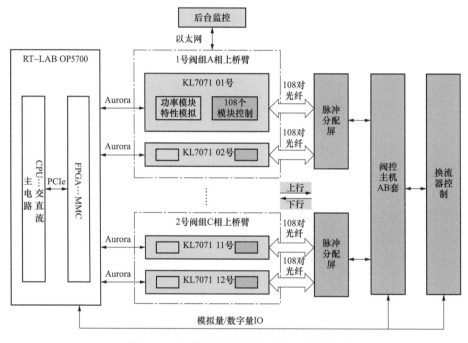

图 2-10 阀控全链路试验平台结构示意图

根据昆柳龙工程系统结构与电气参数，在 RT-LAB 中搭建一个 400kV 阀组单端系统的仿真模型。

仿真平台配备功率模块接口装置 KL7071，用于与实际控制装置的光纤连接，以及实现阀控供应商的功率模块级控制保护逻辑。

KL7071 与阀控相连光纤的最大通信速率为 50Mbps，可选 ST 或 LC 型接口，通信协议依照昆柳龙工程相关要求执行。

KL7071 中的模块控制由阀控系统供应商提供，具体集成步骤为：

1）阀控供应商根据 KL7071 接口规范将其模块级控制保护程序编译成可供 Xilinx FPGA 使用的 ＊.ngc 网表程序，并提供给测试单位；

2）测试单位将功率模块控制 ＊.ngc 网表程序，如图 2-11 所示，集成到 KL7071 中，并由阀控供应商配合完成阀控功能的测试。

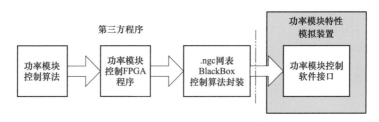

图 2-11　集成第三方功率模块控制程序流程图

（2）试验项目设置。阀控全链路试验项目分为 10 类试验项目。详细试验项目如表 2-1 所示。

表 2-1　　　　　　　　　　昆柳龙直流输电工程柔直阀控全链路试验项目

序号	试 验 项 目	
1.1	换流阀启动过程自检功能检验	阀组解锁、闭锁
1.2		阀组主动充电控制
1.3		半桥-全桥功率模块互换
2.1	功率模块均压	有功功率控制（0→1p. u. →0p. u. →－1p. u. →0）
2.2		无功功率控制（0→1p. u. →0p. u. →－1p. u. →0）
3.1	阀组投入/退出	最小电流（312.5A）下的直流电压控制 （1p. u. →0.5p. u. →0→－0.5p. u. →0→0.5p. u. →1p. u. ）
3.2		额定电流（3125A）下的直流电压控制 （1→0.5p. u. →0→－0.5p. u. →0→0.5p. u. →1p. u. ）
3.3		零电压下电流升降试验 （0→1p. u. →0→－1p. u. →0）
4.1	阀控保护功能校验阀控装置的物理链路冗余方案验证	桥臂快速过流保护功能试验校验
4.2		桥臂电流上升率保护功能试验
4.3		模块整体过压保护逻辑校验
4.4		阀控主控 AB 套之间通信光纤插拔
5.1	阀控装置的物理链路冗余方案验证环流抑制	改变运行状态后阀控 AB 套切换试验
5.2		光纤分配屏内部板卡热插拔试验
5.3		环流抑制投退（分别在有功 1.0p. u. 、无功 150Mvar 时，设置环流抑制切除与投入，比较两种工况下的模块电压，桥臂电流波形）
6.1	冗余模块退出	上行光纤通信故障（半桥全模块逐个、交替递增至超过冗余数）
7.1	冗余模块退出黑模块检测识别及处理策略	下行光纤通信故障（半桥全模块逐个、交替递增至超过冗余数）
7.2		上行光纤故障（半桥、全桥模块各一个）

序号		试 验 项 目
8.1	黑模块检测识别及处理策略阀控三项延时测试	下行光纤故障（半桥、全桥模块各一个）
8.2		旁路开关误动（半桥、全桥模块各一个）
8.3		旁路开关拒动（半桥、全桥模块各一个）
8.4		模块电压测量偏高（半桥、全桥模块各一个）
8.5		模块电压测量偏低（半桥、全桥模块各一个）
8.6		取能电源异常（半桥、全桥模块各一个）
8.7		快速保护延时测试
9.1	阀控至换流阀全链路系统时延测试	换流器电压参考下发延时测试
10.1	直流侧短接下阀组主动充电功能	功率模块电压上传 PCP 延时测试

（3）试验开展情况及发挥作用。根据工程进展，分批次完成了昆柳龙直流四家柔直换流阀厂商所供货阀控系统的全链路试验，试验期间邀请第三方机构对部分重要试验进行了现场见证。

试验根据《乌东德送电广东广西特高压多端直流示范工程柔性直流换流阀控功能规范书》等技术文件的要求，主要结果如下：

1）完成 4 批次、每批次 10 大项 28 小项试验项目，所有试验结果均满足规范书要求；

2）完成参数与功能类考核指标检测共计 4 批次、每批次 33 项，考核指标测试结果符合功能规范书要求；

3）试验期间发现的问题均已查明原因，并完善了相关设计。

2. 换流阀背靠背对拖试验平台

±10.5kV/40MW 换流阀背靠背全实物对拖试验平台是使用工程供货功率模块及换流阀阀控系统构建成的对拖平台，具备对昆柳龙直流工程柔直换流阀功率模块及阀组件进行全电压、全电流验证及工程供货的柔直换流阀一次系统与二次系统互联互通性验证的能力。

基于该试验平台开展的换流阀背靠背对拖试验可在投运前对昆柳龙直流工程柔性直流换流阀及阀控系统的长期可靠稳定运行进行深度验证，确保昆柳龙直流工程能一次性投运成功并长期安全稳定运行。

（1）试验系统的构成和原理。±10.5kV/40MW 换流阀背靠背全实物对拖试验平台为昆柳龙直流工程等比例缩小的换流阀系统，包含两个阀塔（每个阀塔含 72 个功率模块），每个阀塔为一个三相六桥臂的 MMC 换流阀，两个换流阀分别作为整流器、逆变器，共用一套交流系统，共同组成了一个背靠背全实物对拖试验平台。该平台的电气主回路示意图如图 2-12 所示。

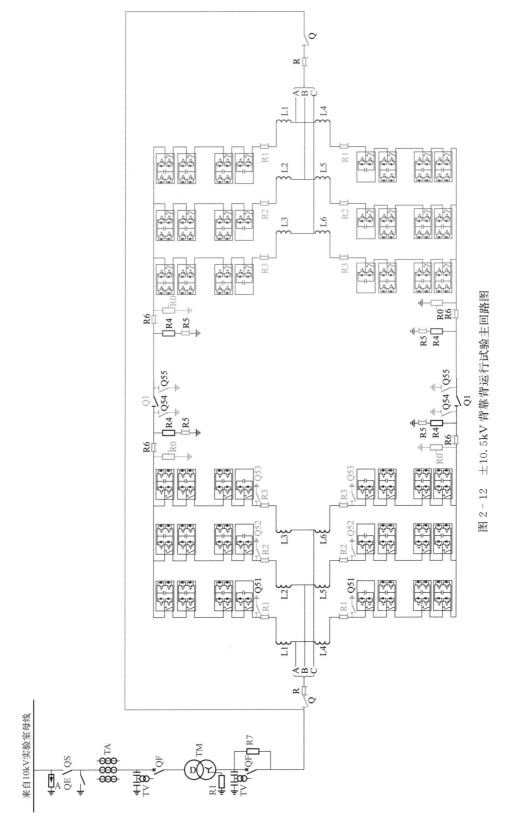

图 2 - 12　±10.5kV 背靠背运行试验主回路图

该平台借用昆柳龙直流工程柳北换流站的柔直换流阀搭建而成，保持换流阀主体结构不变，每层减少1对阀段，由单阀塔108个功率模块减少为72个功率模块。更改后，每个阀塔由两列构成，分别为上、下桥臂，从上到下为3层，分别为A、B、C三相，每层有四个阀段，每个阀段含6个功率模块，其中靠近交流侧安装半桥模块（6个），直流侧安装全桥模块（18个）。该平台的实物图如图2-13所示，主要参数如表2-2所示。

图2-13 背靠背阀塔实物图

表2-2　　　　　　　　　　换流阀背靠背全实物对拖试验平台主要参数

项　目	关　键　参　数
交流母线电压（kV）	11
额定直流电压（kV）	±10.5
额定直流电流（kA）	1.875
功率模块数量（半桥）	18（每个桥臂3个）
器件额定电压（V）	4500
器件额定电流（A）	2000
功率模块额定运行电压（V）	2100
模块电容值（mF）	12
每桥臂全桥模块数量（含2个冗余）	9
每桥臂半桥模块数量	3
柳北站极1额定桥臂电流	625A/DC+1028A/AC+290A/100Hz
柳北站极1额定桥臂电流峰值（不含二倍频）	2079A

（2）试验项目设置。基于该试验平台开展的换流阀背靠背对拖试验项目主要分为单端测试项目、双端测试项目两大类，其中单端测试项目包含充电试验、解锁试验等12项试验，双端测试项目包含紧急停运试验、满载稳定运行测试等6项试验，总计18项试验项目。试验项目的具体信息如表2-3所示。

表2-3　　　　　　　　　换流阀背靠背全实物对拖试验平台试验项目

序号	试　验　项　目		试　验　描　述
1	单端测试项目	停机停运试验	不控充电态、可控充电态、解锁态后不同时间CCP通过I/O控制进线断路器跳闸

续表

序号	试验项目		试验描述
2	单端测试项目	静态自均压 1h 试验	单阀组不控整流（导通 T4）充电完成后静态均压，模块电压稳定
3		充电试验	通过模块投切使子模块电压升高且子模块电压均衡
4		解锁试验	通过排序控制子模块充放电及投切使直流电压和子模块电容电压达到指令值
5		45 天 STATCOM 稳定性运行试验	换流阀 STACOM 运行模式直流电压稳定为 ±10.5kV 持续运行，运行稳定无异常告警
6		控制器冗余控制	系统解锁运行后手动进行值班/备用切换，切换过程无异常且可切换成功
7		子模块冗余控制	运行中触发上行通信故障和下行通信故障查看故障模块的旁路情况
8		跳闸类试验	不控充电态、可控充电态和解锁态断开交流断路器、解锁运行中触发桥臂过流和电流上升率保护（三取二保护）查看保护情况
9		A/B 套之间通信光纤插拔试验	依次将阀控 A/B 套主机之间的两对通信光纤拔掉，手动进行主备套切换
10		黑模块故障试验	系统停机态下设置一个全桥和一个半桥上行通信故障黑模块，验证充电后黑模块状态
11		阀控故障主备自动切换冗余	解锁运行中主用控制器发生切换类故障时转为备用，备用控制器转为主用
12		切换板冗余	一个切换板故障后，系统可继续运行，阀控系统报切换板故障，不停机更换切换板后，切换板故障消失
13	双端测试项目	解锁试验	双端均通过排序控制子模块充放电及投切使直流电压和子模块电容电压达到指令值
14		紧急停运试验	解锁态双端拍下急停，CCP 通过 I/O 控制进线断路器跳闸
15		满载稳定运行测试	双端稳态满载持续运行 168h 验证稳定性
16		模块整体过压保护功能试验	双端阀组运行，改模块过压保护定值为 1800V（空载）
17		直流电压升降试验	双端直流电压升降（直流电压指令 10.5kV→8.4kV→2.1kV→2.1kV→8.4kV→10.5kV）
18		环流抑制试验	解锁出功率对拖运行后，通过控制环流抑制投入和退出，查看环流抑制对桥臂电流的改善效果及对系统正常运行的影响

（3）试验开展情况及发挥作用。2020 年 5 月 13 日该对拖试验平台完成了实验方案规定的全部试验项目，包含单端停机停运试验、静态均压试验、充电试验、解锁试验、控制器冗余试验、功率模块冗余控制试验、保护跳闸试验、阀控 A/B 套间光纤插拔试验；双端解锁试验、紧急停运试验、模块整体过压保护试验、直流电压升降试验、环流抑制试验；双端满载 168h 实验；单端 45 天连续不间断运行实验。

上述开展的试验对工程供货的换流阀功率模块、阀组件、阀控系统的功能完备性与产品可靠性做了充分的试验验证，并检验了硬件本体与二次控制系统间的互联互通性，为后续开展的昆柳龙直流工程正式调试、投运提供了有力的试验支撑。

（4）试验的技术创新。本试验主要有以下几点技术创新：

1）首次验证了柔性直流输电相邻功率模块的冗余旁路通信功能，在单个模块下行通信链路失效时，故障模块能够通过相邻模块转发的旁路指令成功旁路，避免了因单个功率模块下行通信链路、功率模块控制板失效而导致该功率模块旁路失效，进而引起换流阀系统跳闸。

2）首次开展了针对昆柳龙直流工程供货换流阀功率模块及阀控系统的连续 45 天 STATCOM 稳定性运行试验，试验结果显示昆柳龙直流工程供货换流阀功率模块及阀控系统在连续运行 45 天试验期间，系统运行正常，无任何旁路模块，有效的验证了昆柳龙直流工程供货换流阀功率模块及阀控系统长期运行的稳定性。

3）提出精细到元部件级的柔直换流阀功率模块实时仿真建模方法，解决了涵盖光纤故障、测量偏差等现场典型元部件级故障的精确模拟难题，实现柔直阀外特性级整体模拟真正迈入内部核心元部件级个体模拟，推动柔直实时仿真技术跨越式发展。

4）研发并建成了具有自主知识产权的首个柔直阀控全链路试验平台，攻克了被测阀控系统组屏、一对一光纤连接、功率模块独立控制、用户自定义通信协议等与现场完全一致的测试难题，实现了不同技术路线的混合拓扑柔直换流阀阀控系统定制化测试。

2.3 柔性直流变压器

在柔性直流输电系统中，柔直变压器安装在换流站交流侧和换流器之间，特高压柔性直流变压器实物如图 2-14 所示。柔直变压器主要功能包括：

（1）在交流系统和电压源换流站间提供换流电抗的作用。

（2）将交流系统的电压进行变换，使电压源换流站工作在最佳的电压范围之内以减少输出电压和电流的谐波量，进而减小交流滤波装置的容量。

（3）将不同电压等级的换流器进行连接。

（4）阻止零序电流在交流系统和换流站之间流动。

图 2-14　特高压柔性直流变压器实物图

2.3.1 阀侧套管选型

特高压柔性直流工程柔直变压器的绝缘水平要求较高：阀侧套管内绝缘雷电冲击和操作冲击电压绝缘水平为 1.1 倍相应换流变压器绕组的绝缘水平，阀侧套管内绝缘外施交流耐受电压、外施直流耐受电压和极性反转耐受电压水平为 1.15 倍相应换流变压器绕组的绝缘水平。详细的技术参数要求如表 2-4 所示。

表 2-4 　　　　　　　　　　　　阀侧套管的耐受水平

项　目	龙门换流站		柳北换流站	
	HY 柔直变	LY 柔直变	HY 柔直变	LY 柔直变
2h 直流外施耐受电压（kV）	1422	718	1385	681
1h 交流外施耐受电压（kV）	1006	509	980	482
雷电冲击耐受电压（kV）	1980	1045	1980	1045
操作冲击耐受电压（kV）	1760	825	1760	825
爬电比距户内（mm/kV）	17		17	
爬电比距户外（mm/kV）	50DC+53.7AC		50DC+53.7AC	

对柔直变压器阀侧套管，充分考虑额定电流、机械应力等的裕度，保证长期运行过程中热稳定性和动稳定性。重点考虑阀侧套管的防火灾性能，采用安全性能更高的成熟设计套管，防止套管绝缘液进入换流站阀厅内部引发火灾。因此，采用胶浸纸干式套管，套管由环氧树脂浸纸电容芯子、复合外套、连接法兰及载流导电杆组成，其中载流导电杆为整体式结构，套管内部无表带对接、汇流对接等中间连接，阀侧套管内充 SF_6 气体。

另外，针对在建工程和投运工程中暴露出质量隐患（如：内部放电、油中溶解气体含量异常、过热、易产生石蜡状物质、伞套易损易裂、燃爆等），对柔直变压器阀侧套管的设计、选材、工艺等方面进行特殊考虑，保证套管的长期安全可靠运行。

2.3.2 有载分接开关选型

有载分接开关是柔直变压器在运行过程中唯一可动组件，有载分接开关的安全可靠性对于柔直变压器的安全稳定运行具有重要的影响。近年来，国内高压直流系统接连发生 5 起有载分接开关引起的换流变压器（柔直变压器）故障，有载分接开关的选型是一个突出问题。

对于柔直变压器额定容量为 290MVA，网侧额定电压为 525kV，调压范围为 $-5\%\sim+5\%$，调压级数为 9 级，有载分接开关基本参数：

额定级电压：$525000/\sqrt{3}\times0.0125=3788V$；

变压器额定最大通过电流：$290000/(525/\sqrt{3}\times0.95)=1007A$；

有载分接开关额定通过电流：$1007/2=503.5A$（2 柱强制分流）；

有载分接开关额定级容量：$3788\times503.5/1000=1908kVA$；

考虑安全系数，有载分接开关最大电流：$503.5\times1.3=655A$；

考虑安全系数，有载分接开关最大开断容量：$1908\times1.3=2480kVA$。

经技术经济比较，最终采用的真空有载分接开关额定级电压4500V，最大通过电流700A，额定开断容量3000kVA，完全满足工程要求。

该型有载分接开关每相配有4个真空泡，取消了旧型开关中的MTF及TTF转换回路，有载分接开关的额定开断电压、开断电流、开断容量均有大幅提高，同时避免了旧型号存在的回路绝缘问题，从理论上具有更高的开断能力和可靠性。

2.3.3 消防设计

（1）加强换流变压器水喷雾灭火系统设计。在变压器防火墙内设置水喷雾灭火系统，水雾可均匀包络换流变压器整体，可迅速、有效地进行灭火，故水喷雾灭火系统是目前国内、外换流变压器普通采用的主要灭火系统。在常规设计的基础上，送、受端三个换流站均对其进行了加强设计。

（2）新增换流变压器消防炮灭火系统。为进一步提升换流变压器灭火系统的灭火能力，相比以往工程，送、受端三个换流站均在变压器广场增加泡沫消防炮灭火系统对变压器进行加强保护，可作为水喷雾灭火系统的有效补充，即使在全站水喷雾灭火系统由于缺水或者爆管等不利因素影响下失去消防功能时，仍可利用泡沫消防炮进行灭火。

（3）优选顶板、侧板熔断式BOX-IN。针对BOX-IN可对换流变进行降噪，但同时也会对泡沫消防炮喷射的消防介质造成遮挡的缺点，对BOX-IN进行重点研究，优选顶板、侧板熔断式BOX-IN：顶部采用熔断板支撑构造，熔断板在200℃左右融化后顶盖直接掉落；靠近广场BOX-IN侧采用新型材料消防模块，该材料高温下失稳后掉落，从而为消防介质从不同方向直接作用于换流变压器创造了条件。配合泡沫消防炮使用，可大大提高泡沫消防炮的灭火效果。

（4）加强换流变压器防火墙阀侧套管洞口防火抗爆。根据换流站交直流整流/逆变工艺的要求以及节省换流站占地面积的要求，变压器需紧靠阀厅布置，且变压器阀侧套管需伸入阀厅。变压器是换流站内含油量最大的单体设备，而换流阀是全站造价最高的设备，为防止变压器发生事故波及换流阀，本工程采取三大措施对阀厅、变压器进行隔离。

1）优化换流变阀侧套管选型、优化换流变器身结构与总体布置，杜绝换流变任何含油的部位或部件进入阀厅。

2）开展真型耐火试验，根据试验结果，换流变阀侧套管穿墙处孔洞优选100mm厚无磁化不锈钢面硅酸铝复合防火板＋40mm×40mm不锈钢龙骨＋100mm厚无磁化不锈钢面岩棉复合防火板进行防火封堵，保证阀侧套管封堵整体耐火时间高于3h。

3）为抵抗极端情况下换流变压器爆炸直接破坏阀厅防火墙洞口防火封堵，造成防火失效，换流变压器与洞口防火板之间新增一块抗爆板，大小与洞口相同，用于抵抗换流变压器爆炸力；防爆板与防火板之间留取200mm左右缓冲空间，防止防爆板变形破坏后方防火板。

通过以上措施，可将换流变与阀厅内设备有效隔离，切实保障阀厅内设备安全。

（5）优化电缆选型及电缆敷设，提高电缆防火安全。针对电缆选型和敷设开展专项优化，多措并举保障电缆运行安全。

1）相比以往工程仅消防回路选用耐火电缆，全站低压电缆均选用耐火电缆（国内首次），在电缆着火 90min 内，仍能正常工作，在发生火灾的情况下，为运行人员留出处置灾情的时间，提高全站运行可靠性；

2）10kV 及以上电缆采用专沟敷设，避免与低压电缆共沟；低压动力电缆、控制电缆分层敷设，动力、控制电缆之间设置防火隔板进行隔离，有效保障各种型式的电缆之间相互独立、减少火灾情况下互相影响；

3）户外电缆沟内每隔 50m 设置防火墙，相比规程规定的 100m 设置防火墙，可更有效地控制火灾范围，减少损失；

4）全站电缆沟内敷设感温光纤，发生火灾时自动报警，有助于运行人员及时发现电缆沟内的火灾，采取灭火措施，防止火灾范围扩大。

2.4　特高压桥臂电抗器

柔性直流输电系统中，串接在换流器的每个桥臂上的桥臂电抗器是特高压柔直工程中的关键设备，桥臂电抗器与联接变压器的漏抗共同构成换流站的换流电抗，主要起控制功率传输、滤波和抑制交流侧电流波动的作用，此外还能抑制桥臂间环流和短路时上升过快的桥臂故障电流。

经前期充分的计算验证，特高压柔性直流换流站桥臂电抗器布置在户外阀厅直流侧，共装设 6 台 ±800kV 桥臂电抗器、12 台 ±400kV 桥臂电抗器和 6 台 120kV 桥臂电抗器。桥臂电抗器如图 2-15 所示，主要技术参数如表 2-5 所示。

图 2-15　桥臂电抗器实物图

表 2-5　　　昆柳龙直流输电工程龙门站、柳北站桥臂电抗器主要技术参数

项　　目	单位	±800kV 桥臂电抗器（站 1）	±800kV 桥臂电抗器（站 2）
型式	—	干式、空心、自冷	干式、空心、自冷
每个电抗器的额定电感值	mH	40	55
设备额定电压 U_d	kV	800	800
设备最高电压 U_{dmax}	kV	816	816

续表

项　　目	单位	±800kV 桥臂电抗器（站1）	±800kV 桥臂电抗器（站2）
额定直流电流 I_{dc}	A	1042	625
50Hz 交流电流 $I_{ac}50Hz$	A	1472	1028
100Hz 交流电流 $I_{ac}100Hz$	A	357	291
端对端雷电冲击耐受水平	kV	650	650
端对端操作冲击耐受水平	kV	550	550
端对地雷电冲击耐受水平	kV	1950	1950
端对地操作冲击耐受水平	kV	1600	1600
端对地直流湿耐受电压	kV	1224	1224
端对地交流耐受试验水平	kV	866	866
绕组平均温升限值（1.05 倍过负荷电流）	K	70	62
绕组热点温升限值（1.05 倍过负荷电流）	K	88	85
绕组过电流情况下温升限值	K	105	102
金属结构件温升限值	K	100	100

桥臂电抗流过的额定电流为 1042A/DC＋1472A/50Hz＋393A/100Hz，柔性直流穿墙套管负荷电流中含有较大比例的交流分量与直流分量，桥臂电抗具有以下技术特点：

（1）为保证各种运行工况下桥臂电抗器电感值稳定可靠，特高压柔性直流桥臂电抗器选用干式空心自冷式结构。

（2）干式空心桥臂电抗器线圈采用同轴多包封并绕式结构，整体绝缘耐热等级 F 级，匝间绝缘耐热等级 H 级。

（3）桥臂电抗器线圈采用单丝换位线绕制，同一包封层不同并联导线间直流电阻最大偏差按±2％进行控制。

（4）为降低桥臂电抗器端间绝缘设计要求，电抗器端间采用并联避雷器保护。端对地之间采用复合支柱绝缘子柱支撑设计。

（5）桥臂电抗器承受电流幅值较大的交直流复合大电流，需重点控制桥臂电抗器分别在交、直流电流下电感、电阻分布，使交、直流电流下线圈各包封电流分配均匀、平衡。

（6）桥臂电抗器汇流排、过渡支座等金属结构件在交变电流下的涡流发热水平需控制在合理范围内。

（7）为避免线圈激发较大交变磁场引发的周围金属结构件涡流发热隐患和对阀厅内的磁场干扰，桥臂电抗器布置于阀厅直流侧户外。

2.5　特高压柔性直流穿墙套管

柔性直流穿墙套管可实现柔直阀厅与外部直流场的连接，存在交直流叠加的电流、电压运行工况，运行工况复杂，对设备的绝缘要求水平较高，特别是 800kV 柔性直流穿墙套管，此前无相关的生产运行经验，存在诸多需要攻克的技术难题。柔性直流穿墙套管外观如图 2 - 16 所示。

图 2 - 16　柔性直流穿墙套管外观图

为了抑制系统短路电流，特高压柔直换流站桥臂电抗器设置在桥臂直流侧，穿墙套管安装在柔直阀厅与户外侧桥臂电抗器之间，换流站双极共安装±800kV 穿墙套管 6 支、±400kV 穿墙套管 12 支、中性线穿墙套管 6 支，具体参数见表 2 - 6。

表 2 - 6　　　　　　　　　　桥臂侧穿墙套管技术规范

项　　　目		技术参数响应		
		HB	MB	LB
运行状态		户内-户外	户内-户外	户内-户外
套管安装角度［与水平面间的夹角，单位为（°）］		0～10	0～15	0～15
额定连续直流电压（kV）		816	408	120
额定峰值电压（kV）		816/DC+20/ AC_rms_50Hz+10/ AC_rms_100Hz	408/DC+20/ AC_rms_50Hz+10/ AC_rms_100Hz	120
额定连续运行电流（A）		1042/DC+1472/50Hz+393/100Hz		
热短时耐受电流（kA，1s）		30	30	30
雷电冲击耐受电压（kV）	内绝缘	1950	1300	850
	外绝缘	1950	1300	850
操作冲击耐受电压（kV）	内绝缘	1600	1050	750
	外绝缘	1600	1050	750

其中±800kV 柔性直流穿墙套管最高运行电压 861kV，额定电流 1042A/DC+1472A/50Hz+393A/100Hz。由此可知，柔性直流穿墙套管负荷电流中含有较大比例的交流分量与直流分量，电压中直流分量为主，并含有比例固定的谐波分量。

柔性直流穿墙套管具有以下技术特点：

（1）设备接线板应具有承受连续及短时的综合荷载的能力，连续综合荷载包括施加在设备接线板上的水平纵向荷载、水平横向荷载、垂直荷载、设备最大风荷载和设备自重等荷载组合。

（2）直流穿墙套管的内外绝缘电场应分布均匀，避免因污秽、淋雨或下雪等引起的电压不均匀分布导致击穿，防止由于外绝缘表面的泄漏电流损坏套管内绝缘。

（3）直流穿墙套管应能够承受由于谐波及浪涌电流造成的直流电流及相应的机械载荷，并保留一定裕度。

（4）套管设计应保证运行时任何部分都不出现异常的机械或电应力，同时还应使外表面的电场分布均匀。应提供能容纳导线膨胀和散热的方法。所有套管都应满足环境条件的要求，便于现场更换，并有坚实的机械结构以便能安全承受运输、安装和运行中的震动。

（5）套管末屏及电压抽头（若有）接地须可靠牢固，套管末屏与地电位之间连接不宜采用螺柱弹簧压紧结构，并应方便试验。

（6）套管顶部若采用螺纹载流的导电头（将军帽）结构，需采取有效的防松动措施，防止运行过程中导电头（将军帽）螺纹松动导致接触不良引起发热。直流穿墙套管的充气接口及其连接管道应采用黄铜制造。

（7）穿墙套管应在跳闸气压下开展 30min，1.2 倍额定直流电压试验。

2.6　特高压直流高速开关

直流高速开关（High Speed Switch，HSS）是多端直流输电系统中关键设备，主要应用在多端直流输电系统中，实现直流系统的第三站在线投退及直流线路故障快速隔离，提高整个直流系统的可靠性和可用率。HSS 实物如图 2-17 所示。

图 2-17　HSS实物图

对于特高压多端直流系统，HSS 的布置如图 2-18 所示，两个柔直换流站内均布置有 HSS 开关，在汇流母线处连接另一受端处也布置有 HSS 开关，所有的 HSS 开关的电压等级都是 800kV，具体的技术参数，如表 2-7 所示。

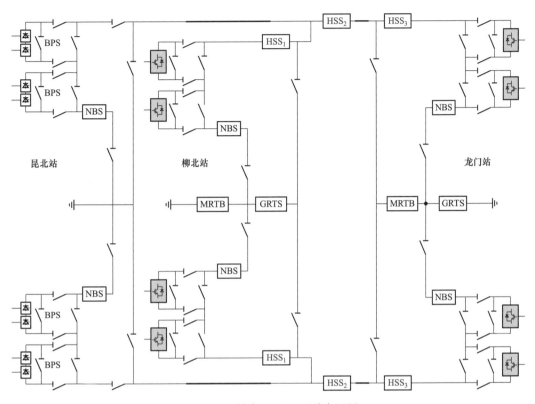

图 2-18　特高压 HSS 开关布置图

表 2-7　　　　　　　　特高压直流高速开关主要技术参数

项　目	关　键　参　数
额定工作电压（kV）	816
额定连续运行电流（A）	3496
额定短时耐受电流（3s）（kA）	50
额定峰值耐受电流（kA）	125
最大对地直流电压（长期，湿试）（kV）	816
最大对地直流电压（1h，湿试）（kV）	1224
最大端间电压（1min，湿试）（kV）	1224
额定对地操作冲击电压耐受水平（kV）	1600
额定端间操作冲击电压耐受水平（kV）	1050
额定对地雷电冲击电压耐受水平（kV）	1950
额定端间雷电冲击电压耐受水平（kV）	1425
合闸时间（ms）	＜60
分闸时间（ms）	20±2
合闸速度范围（m/s）	4.8～5.1
分闸速度范围（m/s）	9.2～9.6

项　　　目	关　键　参　数
转移空充电流能力	单断口 500V/DC，20A/DC
燃弧耐受能力	3125A，400ms，不少于 5 次
单次储能的操作循环	2×CO（CO 指合闸一次、分闸一次）

HSS 开关具有以下技术特点：

（1）直流系统运行于多端模式，需要进行检修或站内发生故障等情况下，退出对应端换流站，不影响其他换流站运行，直流系统转为两端模式。

（2）直流系统运行于两端模式，需要将已退出的换流站重新投入运行，不影响其他换流站运行，直流系统转为三端及以上的模式。

（3）发生直流线路永久故障或检修，对应换流站闭锁、直流线路电流降到一定值后，通过断开 HSS 开关实现直流线路故障隔离。

（4）HSS 安装在直流极线上，在正常运行时，HSS 流过额定连续运行电流，如果 HSS 发生偷跳，则 HSS 合位消失，并且有运行电流流过，偷跳保护根据此故障特征进行设计，动作策略是重合 HSS 开关，故需具备完成两次完整开断操作循环的能力。

（5）重合失败则闭锁三站相应极，一旦开关误动跳闸，由于开关不具有直流灭弧能力，HSS 将无法开断直流电弧，直流电弧释放巨大的能量，系统偷跳保护时间一般为 300ms。在这段时间内 HSS 开关灭弧室应不炸裂，且不出现 SF_6 气体泄漏，在此严苛工况下要求 HSS 应具备有直流燃弧耐受能力。综合考虑设计裕度和制造能力，要求应具备额定直流电流下 3125A，400ms 直流燃弧耐受能力，且不小于 5 次。

（6）直流系统运行于三端模式，在一端换流站需要检修或发生故障（单极或双极）等情况下，需断开该换流站对应的 HSS 开关（单极或双极），端对地电压由于极线 PT 电阻放电等原因，直流极线仍存在直流空充电流，HSS 开关需要可靠开断。考虑设计裕度 HSS 开关在 500V 恢复电压下应具备转移 20A 直流空充电流能力，且正负极性各 10 次。

2.7　直流测量装置

为了完成直流输电系统各项控制保护功能，必须配置准确、可靠的直流测量设备。在电气性能上，最主要的是其测量量程及测量精度，频率响应特性、阶跃响应特性，以及抗干扰能力等；从其结构上看，我们更为关心的是测量装置的二次回路冗余配置要与直流控制保护系统冗余系统匹配配置。

2.7.1　直流电流测量装置

目前换流站使用的直流电流测量装置从原理上划分主要有：电子式电流互感器和全光纤电流互感器。

（1）电子式电流互感器。电子式电流互感器结构如图 2-19 所示，主要包括一次传感器、远端模块、光纤绝缘子、合并单元等。其中，一次传感器主要包括一个分流器，分流器设计为全对称鼠笼式结构，双引线输出，保证散热、抗干扰，分流器通过电阻条分流测量流过电流互感器的直流电流。远端模块接收并处理分流器及空心线圈的输出信号（中间经电阻盒转换），进行滤波、采样、电光转换，输出为串行数字光信号。多个独立的远端模块的工作电源分别由位于控制室的合并单元内的激光器提供，每个远端模块通过两根光纤（数据和供电）与合并单元连接。光纤绝缘子为内嵌光纤的复合绝缘子（悬式或支柱式），采用先进工艺技术使光纤免受损伤，绝缘可靠。合并单元置于控制小室，一方面为远端模块提供供能激光，另一方面接收并处理多个不同测点远端模块下发的数据，并将多路测量数据合并打包、按 IEC 60044—8 标准协议输出给直流控制保护，每台合并单元最多接收 12 个测点（包括电流、电压）远端模块的采样数据。

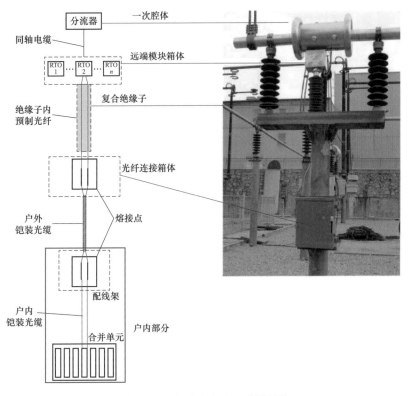

图 2-19 电子式电流互感器结构

（2）全光纤电流互感器。为确保满足控制保护系统，特别是阀控快速保护的性能要求，桥臂电流测量系统阶跃响应上升时间＜30μs，测量系统处理传输延时＜30μs，在0.1%～1%下的测量误差不大于 1.5A，在 1%～10%下的测量误差不大于 3%，在 10%～134%下的测量误差不大于 0.2%，在 134%～300%下的测量误差不大于 0.5%，在300%～1500%下的测量误差不大于 2%。目前，经全光纤电流互感器满足要求。

全光纤电流互感器测量装置，是基于 Faraday 磁光效应和安培环路定理，Faraday磁光效应是全光纤光学电流互感器的核心原理。当一束线偏振光沿着某一方向在磁光介质中传播时，在传播方向上存在磁场或者磁场分量，这束线偏振光的振动平面在传播的过程中会发生偏转，偏转方向取决于介质性质和磁场方向。实验表明，线偏振光振动平面的偏转角的大小与磁场强度以及光与磁场相互作用的距离成正比，Faraday 磁光效应原理示意图如图 2-20 所示。当沿任何一个区域边界对磁场矢量进行环路积分，其数值等于通过这个区域边界内电流的总和，与区域的形状，距离以及材质无关。因此，当磁光介质，如传感光纤，盘绕在一次通电导体时，在由传感光纤构成的闭合环路进行积分时，通电导体电流产生的磁场与旋转角有对应的数学关系，只要测得圆偏振光改变的相位差或者线偏振光旋光角的大小和正负，就可以求得载流导体中电流的大小和方向。

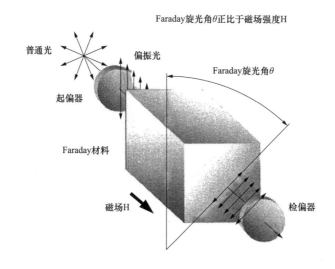

图 2-20 Faraday 磁光效应原理

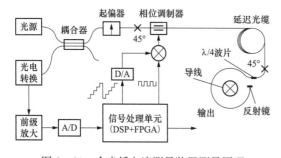

图 2-21 全光纤电流测量装置测量原理

通过测量由被测电流引起的磁场强度的线积分来间接测量电流，全光纤电流测量装置测量原理示意图见图 2-21。光源发出的光经起偏器变换为线偏振光，线偏振光经 45°分束器后分成两束正交的线偏振光，分别沿保偏光纤的 X、Y 两个模式传输至传感头，经 λ/4 波片后两束线偏光分别被转换为左旋圆偏光和右旋圆偏光，进入传感光纤。在被测电流产生的磁场作用下，两束圆偏光的传输速度不同，产生 Faraday 相位差。两束圆偏光在传感光纤末端发生全反射并沿原光路返回，返回的两束圆偏光模式发生了互换（左旋变右旋、右旋变左旋），由于 Faraday 效应具有非互易性，因此两束圆偏光的相位差将加倍，实际产生的相位差两束携带了被测电流信息的线偏振光在起偏器处发生干涉，然后经耦合器耦合进光电探测器，信号处理电路解调处理后便可得到被测直流电流。

直流全光纤电流互感器主要由 3 部分构成：光纤电流传感环、光纤绝缘子及采集单元。光纤电流传感环由 λ/4 波片、传感光纤及反射镜组成，传感环环绕一次导体固定，用于感应一次导体中被测电流；光纤绝缘子为内嵌保偏光纤的复合绝缘子，用于保证高压绝缘并传输偏振光信号；采集单元由光路模块及信号解调电路组成，其中光路模块由光源、耦合器、起偏器、调制器、延时线及光电转换器等光学器件构成。采集单元的主要作用是向光纤传感环发送偏振光信号并对传感环返回的调制偏振光信号进行解调求得被测电流信息。采集单元输出信号通常经合并单元送给直流保护及直流控制设备使用。直流全光纤电流互感器的结构示意图如图 2-22 所示。

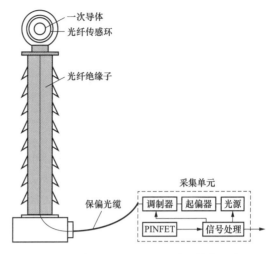

图 2-22　直流全光纤电流互感器结构示意图

电流光纤电流传感环的主要作用是感应被测电流，将被测电流的变化转换为两束正交偏振光相位差的变化。光纤电流传感环由 λ/4 波片、传感光纤及反射镜构成，光纤电流传感环的结构示意图见图 2-23。光纤传感环通常运行于户外，温度变化范围大，传感环的 λ/4 波片、传感光纤及成环工艺对温度及振动均较敏感。

全光纤电流互感器具有以下技术特点：

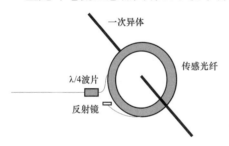

图 2-23　光纤电流传感环的结构示意图

1）光纤传感环，采用反射式 Sagnac 干涉仪结构，光源发射出的光首先经过耦合器，在起偏器的作用下变成了线偏振光，在 45°熔接点的作用下两束线偏振光在偏振方向上保持互相正交，之后按照保偏光纤的两个形式分别传播；λ/4 波片把两道线偏振光各自变为左旋式以及右旋式圆偏振光，之后两道光线进入到传感光纤并且在载流导线产生的磁场影响下，两道圆偏振光在 Faraday 效应的作用下产生 Faraday 相位移。再之后传送到反射镜处产生镜面反射现象，会把左旋式圆偏振光转变成右旋式，同理会将右旋式圆偏振光转变成左旋式，后在传感光纤逆时针的方向上返回并且在途中两道偏振光在磁场影响下又各自经历 Faraday 效应的作用产生 Faraday 相位移，最后借助 λ/4 波片的作用转换为两道线偏振光，且在偏振方向保持互相正交。再经过 45°熔接点后，在起偏器处发生干涉后进入探测器，最终得到光波反射干涉型全光纤电流互感器的返回偏振光在反射镜的作用下回至线圈时，恰好旋转了 90°，这样可使偏振光保持相互垂直，从而抵消了光纤中的线性双折射效应，降低了温度、振动、应力等对光路的影响，使得光路稳定性提高，受环境变化的影响更小。

2）利用波片消光比对轴及显微切割技术，有效提高了波片的对轴精度及长度切割精度，从而精确控制波片的技术参数以确保波片温度特性的可重复性，实现对传感光纤全温范围内的 Verdet 系数变化进行自洽补偿，玻片对互感器温度特性的影响与传感光纤对互感器温度特性的影响具有互补性，选择合适的玻片相位延迟角，可使玻片对互感器温度特性的影响与传感光纤对互感器温度特性的影响大小接近，起到自补偿作用。传感光纤采用膏状介质保护技术，实现了对传感光纤、反射镜及波片的保护，同时可有效防止光纤抖动以及支持骨架的热胀冷缩及应力等影响，提高了光纤传感环的抗振性能，从而提高互感器的稳定性。反射干涉型全光纤电流互感器如图 2-24 所示。

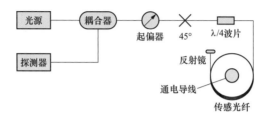

图 2-24　反射干涉型全光纤电流互感器

3）全光纤电流互感器采用硅橡胶复合光纤绝缘子，保偏光缆穿过复合绝缘子并填充介质胶以保证绝缘子的内绝缘。采用性能可靠的固体绝缘介质填充套管和光纤之间的空间，同时解决了光纤的固定和套管的密封问题，使保偏光纤绝缘子可同时满足绝缘（直流耐压、雷电冲击、操作冲击及局部放电等）及保偏光纤的损耗和保偏性能不受影响的要求。

4）采用基于倍频调制的高速闭环调制解调技术，基于倍频方波调制技术使探测器输出信号相差信息产生 $\pm \pi/2$ 偏置，提高系统的灵敏度同时简化了信息解调难度。当一次导体有电流时外加调制信号时探测器输出如图 2-25 所示。

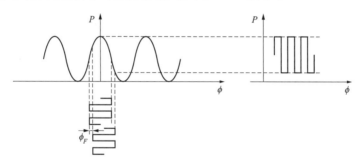

图 2-25　一次导体有电流时外加调制信号时探测器输出

通过解调出的开环信号作为一个误差信号进行积分，然后通过相位调制器反馈回系统中，产生一个附加的反馈相位差，该相位差旋转引起的相位差大小相等，符号相反，使得总相位差被控制在零附近，降低了直流光学电流互感器的延时。数字闭环反馈控制原理如图 2-26 所示。

5）采集单元采取了多种硬件和软件监控措施，以便及时发现互感器光学器件运行异常状态，或者合并单元和采集单元的硬件、软件故障，并按预定的方案对采样数据进行正确处理，使得保护和测控等装置能始终获得正确数据而正确动作。装置在整体结构设计上采用了强弱电空间隔离的方法，同时每个单板采取了完善的电磁兼容优化措施，装置整体抗干扰能力更强。

6）采集单元计算出电流值后，通过光纤以 IEC 60044—8 标准定义的 FT3 格式通

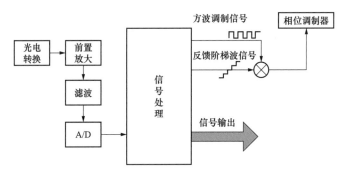

图 2-26　数字闭环反馈控制原理

用数据帧将采样数据送给合并单元。合并单元以 IEC 60044—8 标准或 TDM 总线方式发送数据，接口符合国际标准，具有良好的兼容性，便于系统集成。

2.7.2　直流电压测量装置

如图 2-27 所示，为阻容式直流电压测量装置，主要分为一次本体部分、低压分压板、远端模块、合并单元，经过一次本体的电阻分压，再经过低压分压板的处理，转化为光信号传输至远端模块，远端模块再将数据传输至各控制保护装置。

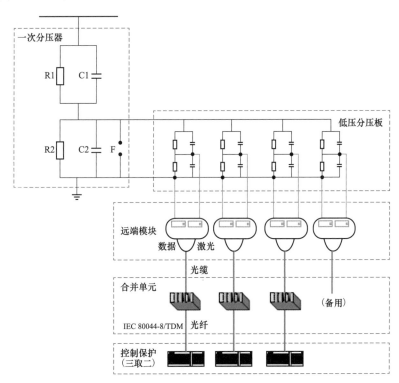

图 2-27　直流 TA 原理示意图

直流分压器的外绝缘一般采用复合绝缘子，内绝缘一般采用 SF_6 绝缘。设计、试验、运行期间要注意复合绝缘子的憎水性指标。特高压工程中厂家使用氮气而不是 SF_6 作为分压器内绝缘介质，因为 SF_6 曾易导致分压器高压臂放电，分压比改变，直流电压测量错误。

2.7.3 特高压多端混合直流测量系统配置特殊要求

2.7.3.1 汇流母线区域测量装置配置

昆柳龙工程在柳北换流站设置直流汇流母线区，需要配置直流线路测量系统，测点布置如图 2-28 所示。

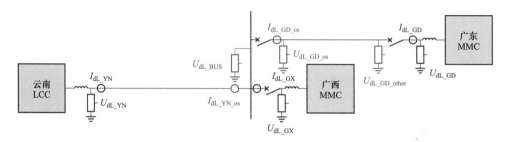

图 2-28 柳北换流站直流线路测量系统布置

图 2-28 中，红色部分为除站内测点外，线路新增测点。

$I_{dL\_YN\_os}$ 性能要求：采样频率不低于 10kHz、采样精度不低于 0.2P。

U_{dL_BUS}、$I_{dL\_YN\_os}$、$U_{dL\_GD\_os}$ 性能要求：采样频率不低于 10kHz、采样精度不低于 0.2P。

$U_{dL\_GD\_other}$：采样频率不低于 10kHz、采样精度不低于 0.2P。

2.7.3.2 柔直桥臂电流测量装置配置

（1）大电流特性。用阶跃电流测试测量设备的大电流特性，电流波前应是接近线性的。一次侧阶跃电流等于短路电流，持续时间应大于或等于 20ms，阶跃上升时间为 4ms。如只进行电流阶跃试验，则应检查 300%~600% 标称电流下的测量精度。对于一次电流高于 6p.u. 的试验，直流测量装置的输出电压将超过 10V（此时限压装置断开），要求使一次电流达到 12p.u. 并维持 20ms 以上。

（2）频率要求。采样频率不小于 100kHz，额定范围内测量精度不低于 0.2P。经采集单元送至阀控系统、故障录波系统采样频率不应低于 100kHz，经合并单元送至阀组控制保护系统采样频率不应低于 50kHz。

（3）配置要求。每台全光纤电流互感器应至少配置 3 套互为冗余的传感光纤环、光纤复合绝缘子（内嵌保偏光纤）、采集单元及其所需配件，并配置 1 套作为备用。任何一个传感光纤故障不应影响其他传感光纤信号输出。

每台全光纤电流互感器将采集单元输出的测量数据直接送至 3 套阀控系统、2 套故障录波系统，同时经独立通道接入 3 台独立的合并单元，分别对应三套直流控制保护系统。

装置的传输光缆中应有 100% 的备用光纤芯，且数量上不少于 3 芯。

（4）测量回路应具备：

1）完善的自检功能，当测量回路或电源异常时，应能够给控制或保护装置提供防止误出口的信号；

2）光纤回路应具备实时检测功能，便于出现告警后能迅速判断具体的故障位置。

2.7.3.3　柔直启动回路测量装置配置

（1）大电流特性。同柔直桥臂电流测量装置配置。

（2）频率要求。采样率不小于 50kHz，额定范围内测量精度不低于 0.2P。

（3）配置要求。每台全光纤电流互感器应至少配置 3 套互为冗余的传感光纤环、光纤复合绝缘子（内嵌保偏光纤）、采集单元及其所需配件，并配置 1 套作为备用。任何一个传感光纤故障不应影响其他传感光纤信号输出。

每台全光纤电流互感器将采集单元输出的测量数据直接经独立通道接入 3 台独立的合并单元，分别对应三套直流控制保护系统。

装置的传输光缆中应有 100％的备用光纤芯，且数量上不少于 3 芯。

（4）测量回路应具备：

1）完善的自检功能，当测量回路或电源异常时，应能够给控制或保护装置提供防止误出口的信号。

2）光纤回路应具备实时检测功能，便于出现告警后能迅速判断具体的故障位置。

2.7.3.4　柔直网侧电压测量装置配置

（1）互感器的结构便于现场安装，不允许在现场进行装配工作。

（2）互感器具有良好的密封性能，不允许有渗漏油（气）现象。

（3）电磁单元装有油面（油位）指示装置，（油位）指示装置要有刻度标示。

（4）金属件外露表面根据需要要求着相颜色，产品铭牌及端子符合图样要求。

（5）接地螺栓直径不得小于 8mm，接地处金属表面平坦，连接孔的接地板面积足够，并在接地处旁标有明显的接地符号。

（6）二次出线端子螺杆直径不得小于 6mm，用铜或铜合金制成，二次出线端子板防湿性能良好。同时，二次出线端子有防转动措施。

2.7.3.5　高低阀组间直流电流测量装置配置

（1）配置目的。昆北站增加高端阀组间电流测量装置 IDM，主要是为了提高高低阀组故障的选择性。

柳北站、龙门站增加高端阀组间电流测量装置 IDM，主要用于阀组故障时桥臂电抗差动保护判据，以区分故障阀组。

（2）大电流特性。用阶跃电流测试测量设备的大电流特性，电流波前应是接近线性的。一次侧阶跃电流等于短路电流，持续时间应大于或等于 20ms，阶跃上升时间为 4ms。如只进行电流阶跃试验，则应检查 300％～600％标称电流下的测量精度。对于一次电流高于 6p.u. 的试验，直流测量装置的输出电压将超过 10V（此时限压装置断开），要求使一次电流达到 12p.u. 并维持 20ms 以上，试验时检查饱和监视装置，当一次电流达到 12p.u. 时信号继电器应在 15～20ms 内发出动作信号。

（3）频率要求。采样率不小于 50kHz，额定范围内测量精度不低于 0.2P。

（4）配置要求。装置的传输光缆中应有 100％的备用光纤芯，且数量上不少于 3 芯。

（5）测量回路应具备。

1）完善的自检功能，当测量回路或电源异常时，应能够给控制或保护装置提供防止误出口的信号；

2）光纤回路应具备实时检测功能，便于出现告警后能迅速判断具体的故障位置。

2.8 直流线路、接地极引线及接地极

2.8.1 直流线路

2.8.1.1 直流线路设计要求

昆柳段直流线路沿线海拔为 50～3100m，海拔越高，导线的电晕可听噪声和无线电干扰等电磁环境问题尤为突出。沿线地形复杂，交通条件较差，在云南、贵州段经过地段高山大岭较多，全线高山大岭占 52.53%，一般山地占 36.21%，对导地线的机械性能、施工及运输提出了更高的要求。昆柳段直流线路重冰区长约 208km，与一般冰区相比，投资巨大且对导地线抗冰能力要求更高。此外，还需要对不同分裂数、不同截面大小及不同材质的导线进行研究比选，提出适用于昆柳段直流线路的导线。

（1）轻中冰区常规导线比选。根据昆柳段直流线路输送功率（8000MW）要求，结合已建工程的经验，选择 $6×1000mm^2$、$6×1250mm^2$、$8×800mm^2$、$8×900mm^2$、$8×1000mm^2$ 共五种截面型式（电流密度为 0.63～0.84A/mm^2）的钢芯铝绞线进行比选。

经技术经济比较，在昆柳龙直流线路工程系统条件下，$6×1250mm^2$ 方案的总体经济性较好，$8×900mm^2$ 方案次之，但需要考虑以下几点因素：

1）$1250mm^2$ 导线近些年才开始应用于特高压直流线路工程，其运行经验还相对较少。

2）工程沿线交通条件较为恶劣，材料运输困难，$1250mm^2$ 导线对运输车辆、运输道路等的要求较高。

3）以往工程（$1000mm^2$ 及以下导线）的架线施工机具无法满足 $1250mm^2$ 导线的施工要求。对部分施工单位而言，若采用 $1250mm^2$ 导线，需重新购置或租赁施工机具，从而可能导致施工费用的增加。

4）$1250mm^2$ 导线在南方电网暂无应用经验，运维单位需重新学习、培训并配置与 $1250mm^2$ 导线配套的生产工器具。$900mm^2$ 导线在南网电网范围内已有应用经验（溪洛渡、金中直流工程）。

基于上述分析，根据南方电网范围内多家施工单位的初步测算，若采用 $6×1250mm^2$ 方案，其施工费用较 $8×900mm^2$ 方案增加约 14.75 万元/km。若按此考虑在初期投资中计入因采用 $1250mm^2$ 导线需增加的费用后，进一步比较导线经济性，综合考虑运行经验、工程自然条件、施工以及运维能力等因素后，昆柳段直流线路轻中冰区采用 $8×900mm^2$ 的截面。

（2）重冰区导线选型。根据重冰区导线选择原则，参考国内外工程重冰区的设计运行经验，20mm 冰区选择了 8×JL/G2A-900/75、8×JL/G1A-800/55、8×JL/G2A-700/50 及 6×JL/G2A-1000/75、6×JL/G2A-1250/100 五种钢芯铝绞线。30mm 冰区选择了 8×JLHA1/G2A-900/75、8×JLHA1/G1A-800/55、8×JLHA1/G2A-720/

50 及 6×JLHA1/G2A - 900/75、6×JLHA1/G1A - 1000/80、6×JLHA1/G1A - 1250/100 六种钢芯高强度铝绞线组合。

综合考虑电气性能、机械性能、经济性以及工程经验等因素，20mm 冰区采用 8×JL/G2A - 900/75 钢芯铝绞线方案。30mm 冰区采用 6×JLHA1/G2A - 900/75 钢芯铝合金绞线方案。综合考虑经济性、工程特点、施工及运维，20mm 及以下冰区采用 8×JL/G2A - 900/75 钢芯铝绞线，30mm 冰区采用 6×JLHA1/G2A - 900/75 钢芯铝合金绞线。

（3）配套金具研究。昆柳龙直流线路工程（昆柳段直流线路）在国内首次采用 8×900mm² 导线方案，为了满足建设需要，对昆柳段直流线路导地线金具进行了研制。通过规范金具串结构型式及零件尺寸，方便了金具的集中统一招标，减少了不同生产厂家的重复设计和研发，有利于设计、施工、运维工作的标准化。

对以往直流工程金具及近几年国内重点线路金具的研制和生产经验进行了分析、总结，在此基础上进行设计的优化，使产品在材质选择、制造工艺、外观结构、施工效率等方面与国际接轨。为便于分工合作，研制金具分为三类：新研制金具、设计优化金具及套用金具。首先对新新研制金具及设计优化金具进行编制，再对所有金具涉及的交叉重复部分提出统一设计要求，保证全线金具在设计细节上的一致性。主要依靠国内几个主要电力金具厂家技术支持，在项目的实际执行中，为确保设计的安全、可靠和高质量，根据 GB/T 2317 标准的要求，对产品进行了试制和试验。

根据昆柳龙直流线路工程建设的需要，完成了几个方面内容研制：导线金具串及其主要连接金具；导线配套金具；跳线金具串及其主要连接金具；地线金具串及其主要连接金具。

工程在 20mm 冰区及 30mm 分界塔鼠笼跳线钢管中间部位安装八变六线夹，实现分界塔两侧六分裂导线与八分裂导线衔接。通过多方案比选研制，采用通过垂直于钢管的铝板作为主要受力和载流的主体八变六线夹进行过渡，如图 2 - 29 所示。

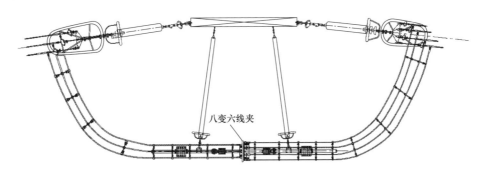

图 2 - 29　八变六串跳线串示意图

2.8.1.2　控制保护系统要求

无论交、直流输电工程，输电线路对控制保护系统最大的影响都是线路中出现故障，尤其是接地故障，但由于直流输电系统及所述交流系统自身的特点，对控制保护要求也不相同。

一般交流线路采用线路纵差保护作为线路主保护，而直流保护采用行波保护或 dudt 保护作为线路主保护，线路纵差保护作为后备保护。主要是因为：

（1）交流线路故障后产生的行波与故障初始相角有关，如果故障时相角为 0，则不会有故障行波产生。而直流线路的电流和电压是恒定值，线路故障产生的行波没有初始相角影响，并且线路两端的换流器波阻抗非常大，可以认为行波只在故障点和换流器之间发生折反射，因此行波保护的可靠性和灵敏性很高。

（2）线路纵差保护的原理是通过测量线路两侧电流的差值来进行判别，交流线路考虑到线路电容效应，线路长度一般不会太长，线路两端进行通信时间很短，可以作为主保护。对于直流线路来说，由于输电距离远长于交流输电工程，通常达上千公里及以上，线路两端进行通信的时间相应也会增长很多。同时，直流系统自身的电流控制功能会在线路故障后迅速进行移相/降压、降低电流，这个过程时间要短于通信时间。综合考虑，纵差保护的灵敏度和可靠性均不如行波保护和 dudt 保护，因此在直流输电工程中纵差保护一般只作为行波保护的后备保护。

同交流架空线路一样，直流架空线路故障中大部分也是临时故障，因此，故障之后中，直流系统采取故障清除重启的策略，以提高直流系统的可靠性，重启要考虑线路的去游离时间，通常为几百毫秒。但对于采用直流电缆的输电线路，由于电缆发生的故障一般都是永久性故障，因此发生直流电缆线路故障之后，直流系统采取直接闭锁的措施。

2.8.2　接地极引线及接地极

2.8.2.1　主要运行设计指标

在长距离直流输电工程中，需在离换流站不远的地方设置接地极，接地极用于中性母线连接大地形成直流回路，并提供换流站双极运行时不平衡电流、单极大地回路运行时的电流大地回路通道，同时维持中性母线的零电位。接地极通过架设的两回接地极线路与换流站直流场中性母线相连。

接地极的设计主要考虑四个因素，即：入地电流的大小、接地极形状和面积、土壤电阻率和热容量，以及周边环境因素。这四个因素综合考虑，确保接地极的设计能使得入地电阻更小，入地电流更均匀，接地极本体发热更小以及单极大地回路运行时对周围环境影响最小。

接地极材料一般采用金属，它在通过电流时会对接地极本身产生电化学腐蚀，通过的电流越大，腐蚀的速度越快，因此接地极的寿命就用电流与时间的乘积来表征，通常采用单位为"MAh"。该寿命是综合考虑包括直流在单极大地回路方式下运行时间的全寿命周期。按国际单位接地极的设计寿命单位为"Ah"，即安培小时，实际应用中由于此计量单位数量级较小，为了表述方便一般使用"MAh"，即兆安培小时。

计算接地极电极设计寿命一般考虑以下因素：系统双极投运前单极运行时间、一极强迫停运另一健全极运行时间、双极投运不平衡电流作用下接地极运行时间。以上接地极运行的总安时数即接地极设计寿命必须满足的基本条件。

按上述方法计算得到的腐蚀寿命只是用于计算的预期值，而在实际运行中，往往并不严格按设计时规定的运行方式运行。因此，为了确保接地极在规定的运行年限里正常运行，在接地极设计时留有一定裕度。按此原则，目前直流输电工程接地极设计寿命一般选择约为 40MAh，具体工程要求略有差异。如果是共用接地极设计，目前设计原则是：共用接地极的设计寿命是各个直流输电系统分别以单极大地回线运行的兆安时数之和。

我国在总结大量直流输电工程建设经验基础上，提出了 DL/T 5224—2005《高压直流输电大地返回运行系统设计技术规定》，该标准及其条文说明对直流系统用接地极及接地极线路的设计原则和设计方法提出了相应的规定。

2.8.2.2　控制保护系统要求

由前述可知，接地极及接地极线路在直流输电工程中的主要功能是：其一，用于提供换流站双极运行时不平衡电流的入地点，同时维持中性母线的零电位；其二，用于提供单极大地回路运行时的电流大地回路通道。因此针对接地极及接地极线路的控制保护，也主要是围绕这两个功能开展设计。接地极线路保护主要为过流保护和不平衡保护，保护监测量为两回接地极线路上测量的电流值。

（1）运行方式控制。在双极运行方式和单极大地回路运行方式时，接地极及接地极线路均接入直流系统运行，需要对其运行方式进行监控。

1）双极运行方式。双极运行方式时，接地极及接地极线路主要流入双极不平衡电流，双极平衡运行工况下，该电流很小，约为额定直流电流的 1%，如果此电流增大至保护动作值，则表示双极电流不平衡性增加，应启动极平衡控制功能来降低此不平衡电流。

2）单极大地回路运行方式。单极大地回路运行时，接地极线路流过正常直流运行电流，当监测到此电流达到过流保护动作值时，接地极线路保护动作，启动直流系统功率回降功能以降低此电流。

3）接地极线路电流不平衡。为了提高运行可靠性、减少损耗，换流站接地极线路通常设为并联的两根线路。无论是双极运行方式还是单极大地回路运行方式，正常时流过两回并联接地极线路的电流应是近似相等的。如两回接地极线路差流大于保护监测值，则表示两回接地极线路中有某一回出现故障，虽然只有一回接地极也可以继续运行，但存在隐患，因此本保护出口要设计为向系统请求重启直流，若为接地极线路临时故障，通过重启直流可清除线路临时故障，提高直流运行的可靠性。

（2）接地极监视。接地极的另外作用是在双极运行时控制中性母线的电压在零电位，如果接地极发生故障，最严重情况是接地极或接地极线路开路，此种情况下中性母线电压就会失去控制并迅速升高，这对中性母线设备是很大的威胁。

因此在控制保护中需要设计接地极监视，具体方法是通过站内接地极监视装置向接地极线路注入高频监测电流，从而计算出接地极线路阻抗，如阻抗值大于保护监测值，则向系统发出报警。

该监测只用于报警，保护仍要通过站内电气量的检测。如果接地极线路开路导致中性母线电压快速升高到达动作定值，保护将发出报警、同时启动闭锁 HSGS 开关用站内接地网临时接地，将中性母线电压维持在零电位。

（3）共用接地极的控制保护要求。对于单极大地回线运行方式，当接地极端为阳极时腐蚀更严重，但为了在提高共用接地极环安全性的同时，尽量简化站间运行协调控制的复杂性，目前共用接地极的工程采用的策略是：不允许共用接地极的两个换流站同时采用单极大地回线运行方式，即单极大地回线运行方式必须是分时复用方式。

因此，在共用接地极设计下，还需加强各换流站之间控制保护的协调，防止多站同时运行在单极大地回线方式，以保护接地极寿命、减少腐蚀对周边环境的影响。

第3章　特高压多端混合直流控制保护系统架构

特高压多端混合直流控制保护系统架构，基于两端直流控制保护系统架构，采用分层分布的原则，分别配置控制系统和保护系统架构，系统总线通信方案采用双网冗余的配置原则，提高控制保护系统运行的稳定性。

3.1　总　体　架　构

3.1.1　总体分层架构

特高压多端混合直流控制保护系统采用分层分布式的总体结构，根据功能划分和控制级别分为：运行人员控制层、控制保护设备层、现场 I/O 设备层等三个层次。各分层之间以及同一分层的不同设备之间通过网络总线相互连接，构成完整的控制保护系统。换流站控制保护系统从设备划分，总体分层架构如图 3-1 所示。

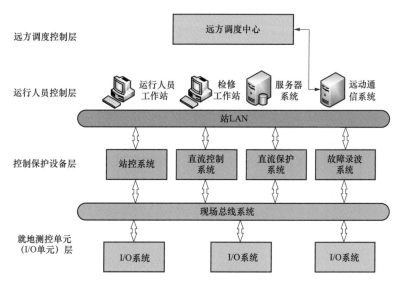

图 3-1　分层架构

（1）远方调度控制层，远方调度中心经由电力数据网或专线通道，经过站内的远动工作站对换流站的设备实施远方监视与控制。

（2）换流站运行人员控制层，通过站内运行人员工作站对换流站的所有设备实施监视与控制。

（3）换流站控制层设备：含双重化配置的交、直流站控、极控、阀组控制及换流单元控制、站用电源及辅助系统控制设备。

（4）就地测控单元（I/O 单元）层，执行其他控制层的指令，完成对应设备的操作控制。

3.1.2 配置原则

3.1.2.1 控制系统双重化配置

控制系统的各层次都按照实现双重化原则设计。双重化的范围从测量二次线圈开始包括完整的测量回路、信号输入、输出回路、通信回路、主机和所有相关的直流控制装置。

控制系统的冗余设计可确保直流系统不会因为任一控制系统的单重故障而发生停运，也不会因为单重故障而失去对换流站的监视。在发生系统切换时，直流站控系统、直流极控制系统和阀组控制系统可以分别从 A 系统切换至 B 系统，或从 B 系统切换至 A 系统。其中，当双套直流站控均失去时，直流可继续维持运行 2h，换流站人员应尽快排除故障使直流站控恢复正常状态，如 2h 后直流站控仍未恢复正常，极控将执行 FASOF 快速停运；双套直流极控或双套阀组控制装置故障时，直流将直流跳闸。

3.1.2.2 保护系统三取二配置

直流保护采用三重化冗余配置，保护输出采取功能三取二方式，并且可允许任意一套保护退出运行而不影响直流系统功率输送。每重保护采用不同测量器件、通道、电源、出口的配置原则。当保护监测到某个测点故障时，仅退出该测点相关的保护功能，当保护监测到装置本身故障时，闭锁全部保护功能。

对于双极共用的测点，极一和极二的控制保护具备完全独立的二次测量通道，可以实现双极测量系统的完全解耦，当其中一个极的二次测量系统检修时，并不影响另一个极的正常运行。

极层、线路层、阀组层等保护均配置三套保护，均以光纤方式分别与三取二装置和本层的控制主机进行通信，传输经过校验的数字量信号。三重保护与三取二逻辑构成一个整体，三套保护主机中有两套相同类型保护动作被判定为正确的动作行为，才允许出口闭锁或跳闸，以保证可靠性和安全性。当三套保护系统中有一套保护因故退出运行后，采取二取一保护逻辑；当三套保护系统中有两套保护因故退出运行后，采取一取一保护逻辑；当三套保护系统全部因故退出运行后，换流器闭锁停运；当两套跳闸三取二逻辑全部因故退出运行后，换流器闭锁停运。

3.2 系统总线及通信方案

3.2.1 直流控制保护系统总线网络

直流控制保护系统总线网络如图 3-2 所示，主要可分为局域网、控制 LAN 网、测量总线、站间通信网等，其中局域网包括站 LAN 网、就地控制 LAN 网和 SCADA-WAN 网，控制 LAN 网包括现场控制 LAN 网、实时控制 LAN 网和站层控制 LAN 网。

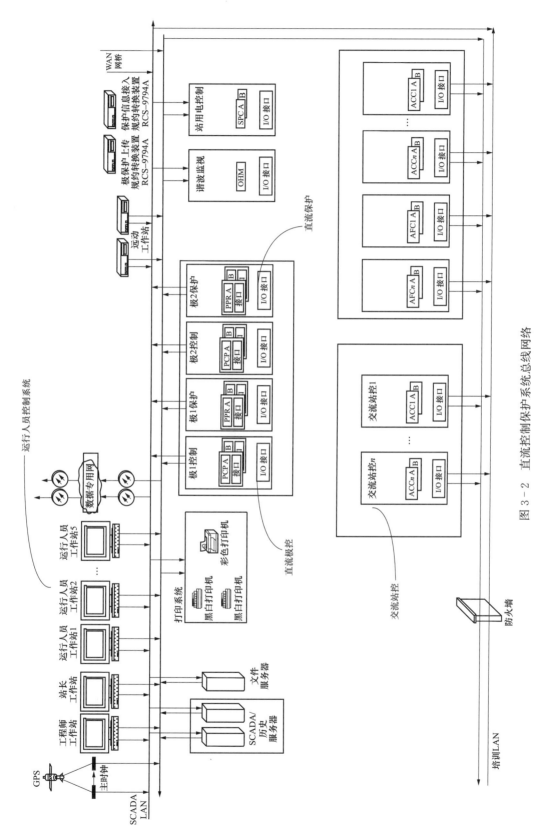

图 3 - 2　直流控制保护系统总线网络

3.2.2 局域网

3.2.2.1 站 LAN 网 (SCADALAN)

全站控制保护系统、运行人员工作站、服务器、远动工作站都采用冗余网卡连接到站 LAN 网（SCADALAN），它们都以 100/1000Mbps 可靠运行。

站 LAN 网采用星型结构连接，为提高系统可靠性，站 LAN 网设计为完全冗余的 A、B 双重化系统，LAN 网络与交换机均为冗余，单网线或单硬件故障都不会导致系统故障。两底层 OSI 层通过以太网（IEEE 802.3）实现，而传输层协议则采用 TCP/IP。

SCADA 服务器通过站 LAN 网接收控制保护装置发送的换流站监视数据及事件/报警信息，同时通过站 LAN 网下发运行人员工作站发出的控制指令到相应的控制保护主机，SCADA 功能模块将对接收到的数据进行处理并同步到 SCADA 服务器和各 OWS 上的实时数据库。

各控制保护装置之间并不通过站 LAN 网交换信息。为了保证直流控制保护系统的高可靠性，即使在站 LAN 网发生故障时，所有控制、保护系统也可以脱离 SCADA 系统而短期运行并能进行控制操作。

3.2.2.2 就地控制 LAN 网

在主控楼设备间和各个继电小室配置分布式就地控制系统，本室内的控制保护系统通过独立的网络接口接入就地控制 LAN 网，与就地控制工作站进行通信。

就地控制 LAN 网与站 LAN 网完全相互独立，就地控制 LAN 网既能满足小室内就地监视和控制操作的需求，也可以作为站 LAN 网瘫痪时直流控制保护系统的备用控制。同时就地控制系统提供一种硬切换按钮的方法来实现运行人员控制系统与就地控制系统之间控制位置的转移。

3.2.2.3 SCADAWAN

广域网 WAN (Wide Area Network) 用于连接两端换流站的站 LAN 网。这可以使两端换流站 SCADA 系统之间相互交换数据。针对多端直流系统，多个换流站的 SCADA 系统可通过 WAN 网桥两两点对点连接，相互传送换流站有关的监视信息，从而使换流站都能监视到其他两站的主要运行状况。

3.2.3 控制 LAN 网

根据连接对象和要求的不同，分为现场控制 LAN 网、实时控制 LAN 网和站层控制 LAN 网。

控制 LAN 网采用星型结构连接，星型网络具有结构简单，组网容易，方便管理与控制，网络延迟短，传输误码率低等优点。控制 LAN 网的物理层采用光纤以太网，相比 CAN 总线而言数据抗干扰性能更强，通信速率大幅提升。控制 LAN 网的数据链路层基于以太网（IEEE 802.3）实现，保证了重要报文优先实时、可靠传输。板卡内通信通道独立，一个通信口软硬件故障不会对其他通信口产生不良影响，通信板卡具有网络风暴抑制功能。

3.2.3.1 现场控制 LAN 网

现场控制 LAN 网为主控单元与分布式 I/O 单元之间的通信。主控单元与分布式 I/O 之间通过光纤介质的现场控制 LAN 网实现实时通信，传递状态、信号以及操作命令等信息。

各 I/O 屏柜直接接入光纤以太网交换机，而主机也接入交换机，形成光纤网络结构，相互通信。通信功能更强、结构更清晰、中间环节更少，进一步提高了系统的可靠性。I/O 屏柜采用单网连接，交流测控制主机采用单网连接，直流控制主机采用双网连接，直流保护主机和 I/O 采用点对点的连接方式。冗余的现场总线彼此间完全隔离。这种配置中，分布式 I/O 系统被连接到各自控制柜。切换只在主计算机层产生，分布式 I/O 系统总处于运行状态。

3.2.3.2　实时控制 LAN

实时控制 LAN 网包括极层 LAN 和阀组层 LAN，两者相互独立。极层 LAN 是 DCC、PCP、PPR、DLP 主机在极层之间的实时通信，阀组层 LAN 是 PCP、CCP、CPR 主机在阀组层之间的实时通信。

实时控制 LAN 是高速、冗余和实时的，系统结构简单清晰，小室之间连接方便，并保证实时和可靠性。极层或阀组层的实时控制 LAN 是相互独立的，任何一套主机发生故障时不会对另一极或阀组的主机功能造成任何限制。

3.2.3.3　站层控制 LAN 网

站层控制 LAN 网是 ACC、AFC、PCP、DCC 等主控单元之间的实时通信。站层控制 LAN 主要用于无功控制、主机间的辅助监视和慢速的状态信息交换，比如交流线路断路器的状态。它独立于直流控制保护主机之间的实时控制 LAN 网。

3.2.4　测量总线

测量总线采用 IEC 60044—8 总线传输模拟量测量信号，均为点对点通信，对于与电子式互感器的接口，在实际应用中采用 IEC 标准协议（IEC 60044—8 或 IEC 61850）的数字式接口方式。

IEC 60044—8 是 IEC 的标准协议总线，具有单光纤传输、传输数据量大、延时短和无偏差的特点。IEC 60044—8 总线均为单向总线类型，用于高速传输测量信号，两侧数字处理器的端口按点对点的方式连接，采用点对点通信，模拟量 I/O 采样后通过 IEC 60044—8 总线传送到直流控制保护设备中。

3.2.5　站间通信方案

对于多端直流，如三端直流，三站两两之间通过直流站控、极控、线路保护进行通信，当两个站之间的通信丢失时，两个站之间的站间通信信号将通过另外一个站进行续传，此时对控制保护设备来说认为处于站间通信正常状态。以 PCP 为例，在站间通信均正常的情况下，昆北站和柳北站间传输的数据为 DATA1，昆北站和龙门站间传输的数据为 DATA2，柳北站和龙门站间传输的数据为 DATA3，假设昆北站与柳北站的通信丢失，PCP 将会将切换数据传输模式，DATA1 会通过昆北—龙门—柳北的站间通信通道进行续传，如图 3 - 3 所示。

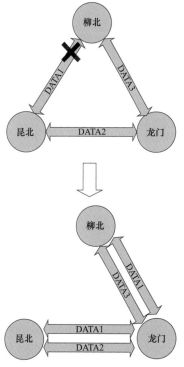

图 3 - 3　两站站间通信故障情况下的数据传输模式

对于双极直流，极1和极2站间通信均具有各自的远动系统，在连接到2M接口通信适配设备以前，两极通信通道是相互独立的，每个极都配置了四个通道，分别作为与另外两个站通信的主通道和备用通道，极控制系统站间通信连接示意图如图3-4所示。对于两个站之间的通信来说，为了保证两个极的站间通信系统的可靠性，一般会把一个极的主通道和另一个极的备用通道走同一路光纤。这样当某一路光纤故障时，只有一个极的主通道受到影响。

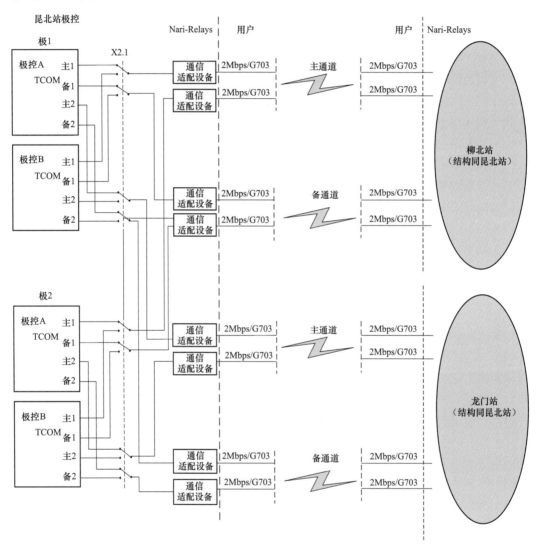

图3-4 极控制系统站间通信连接示意图

极控制系统由冗余的双系统组成，其切换逻辑保证每个时刻运行于更健康的系统。在和另外两站通信时，每个极的运行和备用系统都能收到另外两站同一极的运行系统发送的数据；另外，两个系统都在往外发出数据，发出的数据送到通道切换装置，在该装置上通过系统的运行信号，选择运行系统的相关数据，通道选择后，只有运行系统的数据才能送到另外两站。

3.3　直流控制保护系统配置方案

3.3.1　直流控制系统的分层与配置

直流控制系统采用分层布置的方案，即直流控制系统功能上可分为：站控层、双极控制层、极控制层和阀组控制层（也称为换流器控制层）。一般控制功能尽可能配置到较低的控制层次，与双极功能有关的装置尽可能地分设到极控制和换流器控制层，使得与双极功能有关的装置减至最少。

乌东德三端混合特高压直流工程控制系统的物理分层结构如图 3-5 所示，换流器控制系统按照站/极/换流器进行配置，即一个换流站中的每一直流极的每一换流器配置完全冗余的两套换流器控制系统。站层控制设备——直流站控系统，主要完成双极与站级相关控制功能（如：直流场顺控、无功控制等）；极层控制设备——极控系统，主要负责完成极层控制功能（如：极功率控制、解闭锁控制等）以及部分双极控制功能（如：双极功率控制）；直流站控、极控系统及阀组控制系统均采用完全双重化设计，能够保证任何单重故障均不会对直流系统运行造成影响。

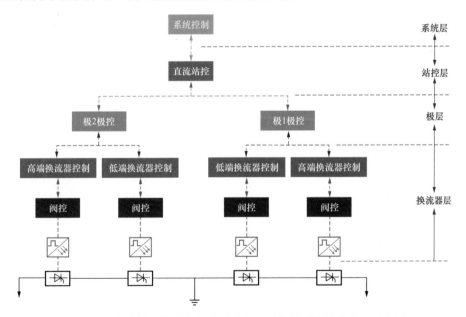

图 3-5　乌东德三端混合特高压直流工程控制系统物理分层示意图

阀组控制层：直流输电系统一个换流器单元的控制层次，用于阀组的控制。主要功能有：①换流器触发角控制；②换流器顺序控制；③换流变抽头控制；④换流器内外环控制；⑤保护性监视功能；⑥最后断路器及分裂母线保护。

极控制层：直流输电系统一个极的控制层次。极控制级的主要功能有：①经计算向换流器控制级提供电流整定值，控制直流输电系统的电流，主控制站的电流整定值由功率控制单元给定或人工设置，并通过通信设备传送到从控制站；②直流输电功率控制；③极起动和停运控制；④故障处理控制；⑤各换流站同一极之间的通信，包括电流整定值和其他连续控制信息的传输、交直流设备运行状态信息和测量值的传输等。

双极控制层：双极直流输电系统中同时控制两个极的控制层次，与双极控制有关的功能都分设到了极控制层实现。主要功能有：①多端协调控制；②设定双极的功率定值；③两极电流平衡控制；④极间功率转移控制；⑤换流站后备无功控制。

站控制层：直流输电控制系统中级别最高的控制层次。直流站控的主要功能包括：①全站无功控制；②极层或双极层的直流顺序控制、联锁等。

3.3.2 直流保护系统的分层与配置

对于特高压工程双换流器串联的接线方式，为消除各换流器之间的联系，避免单换流器维护对运行换流器产生影响，提高整个系统的可靠性，需要保证换流器层保护的独立性，即每个换流器采用单独的保护装置。对于多端直流输电系统，由于工程每极有多段直流线路，因此将线路保护独立出来，即直流保护装置分为极/双极保护、换流器保护、线路保护三层布置，如图 3-6 所示。

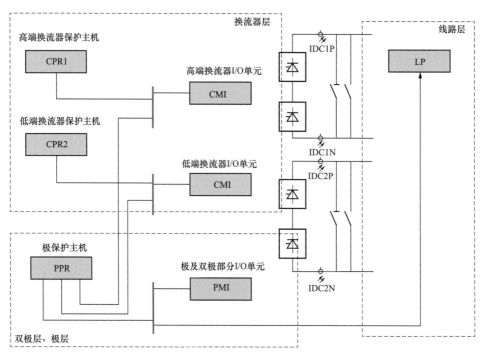

图 3-6 保护系统的分层

其层次结构描述为：

（1）每个换流器有独立的保护主机，完成本换流器的所有保护功能，另由独立的极保护主机完成极、双极部分保护功能。

（2）I/O 单元按换流器配置，当某一换流器退出运行，只需将对应的保护主机和 I/O 设备操作至检修状态，就可以针对该换流器做任何操作，而不会对系统运行产生任何影响。

（3）双极保护设置在极一层，无需独立设置，遵循了高一层次的功能尽量下放到低一层次的设备中实现的原则，提高系统的可靠性，不会因双极保护设备故障时而同时影响两个极的运行。

（4）线路保护单独配置主机。

（5）保护主机、I/O 单元按均换流器配置，电缆连接少。

直流保护采用三重化配置，出口采用三取二逻辑判别，"三取二"逻辑同时实现于独立的三取二主机和控制主机中。其中，三取二主机在阀组层、极层冗余配置，接收各套保护分类动作信息，实现跳换流变开关、启动开关失灵保护等功能，与此同时，在各层控制系统主机中，配置相同的三取二逻辑，各控制主机同样接收各套保护分类动作信息，通过相同的三取二保护逻辑出口，实现闭锁、跳交流开关等功能。

极层、线路层、阀组层的三套保护，均以光纤方式分别与三取二装置和本层的控制主机进行通信，三套保护主机中有两套相同类型保护动作被判定为正确的动作行为，才允许出口闭锁或跳闸，以保证可靠性和安全性。一般情况下，三取二主机出口实现跳换流变开关功能，控制主机三取二逻辑实现直流闭锁。在保护动作后，若极端情况下冗余的三取二主机出口未能跳换流变开关，控制主机也将完成跳换流变开关工作；若极端情况下冗余的控制系统未能完成闭锁，在三取二主机出口跳开换流变开关后，由断路器的 early make 信号去通知极控闭锁。

第4章 特高压多端混合直流控制系统

特高压多端混合直流控制系统,包括常规直流换流站控制系统和柔性直流换流站控制系统,其中常规直流换流站和柔性直流换流站控制系统均包含阀组控制系统、极控制系统和站控系统,通过常规直流控制系统与柔性直流控制系统的配合,实现了特高压多端混合直流输电系统多端启停极、换流站投退、功率协调控制、第三站在线投退、交直流线路故障等控制功能新特性。

4.1 直流控制系统功能配置和性能

4.1.1 配置要求

控制系统的设计需遵循分层原则,各层次在结构上分开,层次等级相同的各控制功能及其相应的硬、软件在结构上尽量分开,以减小相互影响。具体要求如下:

(1)直接面向被控设备的控制功能设置在最低层次等级。

(2)系统的主要控制功能尽可能地分散到较低的层次等级,以提高系统可用率。

(3)当高层次控制发生故障时,各下层次控制能按照故障前的指令继续工作,并保留尽可能多的控制功能。

控制系统的分层结构可包括:阀组控制层、极控制层、站级/双极控制层、系统级/站间协调控制层。

直流控制系统的冗余配置是保证直流输电系统安全可靠运行的重要环节,控制系统的各层次都按照完全冗余原则设计。冗余控制系统的设计保证当一个系统出现故障时,不会通过信号交换接口,以及装置的电源等将故障传播到另一个系统,可确保直流系统不会因为控制系统的单重故障而发生停运。冗余配置的范围从测量二次线圈开始包括完整的测量回路,信号输入、输出回路,通信回路,主机,和所有相关的直流控制装置。双极、极和阀组控制层设备及其附属 I/O 接口都按双重化的原则配置硬件。

4.1.2 功能要求

直流控制系统分为阀组控制、极控制、站控制三层,各层控制系统的功能要求如下:

(1)直流站控系统。站控作为直流输电控制系统中级别最高的控制层次,主要接收来自运行人员控制系统或远动系统的控制命令信号。完成下述控制和操作:①数据采集及处理;②模式选择;③直流顺控及联锁;④全站无功控制;⑤第三站投退控制;⑥直流线路故障重启协调控制;⑦直流无接地极调试控制;⑧直流站控全部失去控制;⑨事件的生成和上送等其他功能。所有这些控制操作，设计有安全可靠的联锁功能，以保证系统及设备的正常运行和运行人员的人身安全。

（2）直流极控系统。主要负责完成极层控制功能（如：解闭锁控制等）以及部分双极控制功能（如：双极功率控制、多端协调控制等）。极控的主要功能包括：①双极功率控制；②极电流控制；③故障闭锁控制；④接地极电流平衡控制；⑤无功控制；⑥接地极电流限制；⑦直流线路故障清除控制；⑧线路开路试验控制；⑨极功率传输方向控制；⑩全压/降压控制；⑪换流变分接头协调控制；⑫附加控制；⑬直流远动系统；⑭保护性监视功能等。

（3）阀组控制系统。阀组控制是整个换流站控制系统的核心，其控制性能将直接影响直流系统的各种响应特性以及功率、电压的稳定性。其接收到来自极控的有功类及无功类指令后，经过各闭环控制器的调节作用，给下层阀控单元提供调制信号，调节控制本阀组的运行。主要功能包括：①换流器控制；②换流器平衡控制；③起动/停运；④阀组投退控制；⑤保护性闭锁控制；⑥换流器顺序控制；⑦交流故障控制；⑧换流变分接头控制；⑨保护性监视功能等。

4.1.3　性能要求

（1）控制系统稳定性。在规定的交流系统电压及频率变化条件下，直流控制系统都应具有维持稳定传送直流功率的能力以及使换流器保持稳定运行的能力。在交流系统弱连接的情况下，通过调整控制系统参数、优化控制策略等措施来适应交流系统弱连接的工况，避免了柔性直流换流器与交流系统由于阻抗不匹配而发生谐振的现象。

（2）控制系统精度。直流控制系统的设计达到了稳定的无漂移的运行要求，并能在全部稳态运行范围内，把被测直流功率值的精度保持在额定功率指令的 $\pm 1\%$ 之内，把被测直流电流值的精度保持在额定电流指令的 $\pm 0.5\%$ 的范围内，把被测直流电压值的精度保持在额定直流电压指令的 $\pm 2\%$ 的范围内。在双极平衡运行时，把被测不平衡入地电流值的精度保持在额定电流指令的 $\pm 0.3\%$ 的范围内。VSC 的无功功率控制，在定无功功率模式下应将被测交流无功功率值的精度保持在额定无功功率指令的 $\pm 2\%$ 之内，交流无功功率的计量点为变压器网侧；在定交流电压模式下，在无功功率输出的限幅范围内，被测交流母线电压的精度保持在 $\pm 1 kV$ 之内。

在各种控制模式下，LCC 阀组点火控制把点火脉冲的不平衡度保持在 ± 0.02 电气角度之内。此不平衡度是指在交流电压平衡且对称，直流系统处于稳态运行的条件下，在同一个阀各桥臂依次触发的过程中，每相邻两次触发，点火时刻间的时间间隔的误差，和同一个阀组中，各桥臂依次触发的过程中，每相邻两次触发，点火时刻间的时间间隔的误差。VSC 站高低阀组平衡控制功能在稳态工况下高低阀组的电压偏差不超过 2%；在交流系统故障和直流线路故障的暂态工况下，高低阀组的电压偏差不超过 5%。

（3）动态性能要求。动态性能满足下列要求：

1）直流电流控制器响应。对于直流系统所有运行方式，每个换流站的直流功率输送水平处于最小功率至额定功率之间，且控电流侧所施加的电流阶跃指令不会导致控电压侧控制模式的变化时，控电流侧的直流极电流对电流指令的阶跃增加或者阶跃降低的响应满足如下要求：当电流指令的变化量不超过控电压侧直流电流余裕时，响应时间不大于100ms（考虑到电流控制回路的误差，允许电流指令最大变化比直流电流余裕小额定电流的2%）；当电流指令的变化量超过控电压侧直流电流余裕时，响应时间不大于120ms。

2）直流功率控制器响应。在交流系统瞬时扰动引起直流电压变化时，直流功率控制器的响应使因电压变化引起的功率变化值的90%能在电压变化起始点后1s内恢复。对于直流系统所有可能的运行方式，当直流系统在最小功率和额定功率之间的任意功率水平下运行时，且控功率侧所施加的功率指令阶跃指令不会导致控电压侧控制模式的变化时，控功率侧直流功率控制器对功率指令阶跃增加或降低的响应，使得被测试控功率侧90%的直流功率变化能在整定值变化后150ms内达到，这个时间还应包括指令的往返确认时间。功率控制器的阶跃幅值是可调整的，以实现在100ms～9s间的阶跃响应时间也可调整。

3）直流电压控制器响应。为了控制直流电压，每个换流站均应提供电压控制器。此控制器的设计，确保在功率传输的任何时刻均有换流站控制直流电压。直流电压控制器具有适当的响应时间，以满足规定的直流电流控制和直流功率控制的阶跃响应特性要求。

4）柔直换流器无功功率控制器响应。对于系统所有可能的运行方式，当柔直换流器无功功率输送水平处于最小功率至额定无功功率之间的任意功率水平下运行时，无功功率指令的阶跃增加或者降低的响应满足如下要求：无功功率控制器对功率指令阶跃增加或降低的响，使得90%的无功功率变化能在整定值变化后60ms内达到；无功功率控制器的阶跃幅值可调整。

5）柔直换流器交流电压控制器响应。柔直换流器具备交流电压控制功能，可根据交流系统电压变化输出无功功率。

6）交流系统故障后响应要求。在直流系统各种可能的运行方式下，对于LCC侧交流系统的各种故障，直流输电系统的输送功率从故障切除瞬间起在120ms内恢复到故障前的90%，恢复期间不出现直流电流和直流电压的持续振荡。在直流系统各种可能的运行方式下，对于VSC侧交流系统的各种故障，直流输电系统的输送功率从故障切除瞬间起在120ms内恢复到故障前的90%，恢复期间不出现直流电流和直流电压的持续振荡。

7）直流线路故障后响应要求。不计去游离时间，从故障开始到该极的输送功率恢复到故障前输送功率的90%所需的时间不超过350ms。这一响应时间要求对于直流线路低电压保护能检测的所有直流线路故障都能得到满足。若直流线路故障未触发柔直换流器的过流保护闭锁，柔直换流器在直流线路故障期间和去游离期间仍具备无功功率输出能力。

8）站间通信故障的要求。直流控制保护系统具备无通信方式下的应急控制功能，由于通信系统故障而使得控制信号不能更新时，不对直流系统传送的功率产生扰动。直流系统可按照通信故障前执行的功率指令继续运行，并可按照运行人员指令安全平稳地将直流系统操作至停运状态。

4.2　基　本　控　制　策　略

4.2.1　LCC 站控制器配置及策略

LCC 站换流器的阀组控制在接收到来自极控的电流指令（经 VDCOL 限幅后）后，经过各闭环控制器的调节作用，计算出合理的触发角指令。

根据基本控制策略，触发角运算包括以下三个基本控制器：①闭环电流调节器；②电压控制器；③过压限制控制器；另外还包含低压限流环节等。

为确保特高压直流系统的安全稳定运行，针对各种不同工况，在换流器控制系统中对触发角还进行了多重限幅处理。

各控制器的协调配合按图 4-1 所示的方式实现，该方式采用限幅的方式在各控制器之间进行协调配合。各控制器之间依次限幅的配合方式使得在有效控制器的转换过程中输出的 ALPHA 指令值的变化是平滑的。

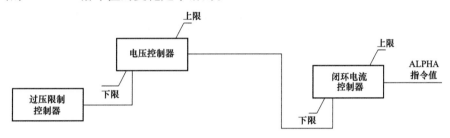

图 4-1　控制器的协调配合方式

（1）闭环电流控制器。闭环电流控制器的主要目标包括：①快速阶跃响应；②稳态时零电流误差；③平稳电流控制；④快速抑制故障时的过电流。

闭环电流控制测量实际直流电流值，与经低压限流环节（VDCL）限幅后的电流指令相比较后，得到的电流差值经过一个比例积分环节，输出为 ALPHA 指令值到点火控制。

闭环电流调节器的输入是直流电流测量值与电流参考值的偏差，当测量电流小于参考电流时，ALPHA 指令将下降；当测量电流大于参考电流时，ALPHA 指令将上升。

（2）电压控制器。电压控制器是一个 PI 调节器，实际直流电压值与电压参考值之间的差值作为控制器的输入，其输出将作为电流控制器的上限值或下限值。当处于整流运行时，电压控制器输出将作为电流控制器输出的下限值，以限制最小触发角输出。

在正常情况下，为保持逆变侧 VSC 站控制直流电压，整流侧 LCC 站电压控制器采用电压裕度方式，其参考值为逆变侧电压参考值叠加一个电压裕度，电压裕度可取为 0.03p. u. 。

（3）低压限流环节（VDCL）。通过对换流器直流运行电压水平的判断，VDCL 能够在必要时对直流电流指令进行限制，以期在交直流系统暂态扰动期间，当直流电压发生跌落时，通过暂时降低直流运行电流水平来改善交直流系统性能和防止换流站主设备的损坏。另外，当逆变侧发生交流系统故障时，电流指令的降低还可在一定程度上防止直流运行电压的不稳定。

主要作用：

1）交流网扰动后，提高交流系统电压稳定性；

2）在交流、直流故障后，提高直流系统的恢复性能。

低压限流的静态特性如图 4-2 所示。

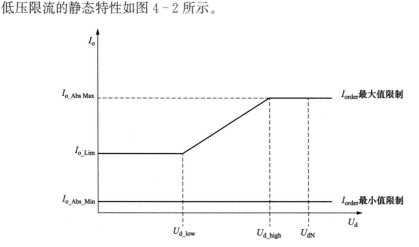

图 4-2　低压限流静态特性图

当某种原因导致直流电压低于 U_{d_high} 水平，则控制系统将对电流指令进行最大值限幅且限幅水平随直流电压下降而下降。若直流电压持续下降至低于最小定值 U_{d_low}，则电流指令限幅水平保持在 I_{o_Lim} 而不再下降。

VDCL 是作用于电流指令的最后一个运算功能，其输出信号将由 PCP 送至 CCP，作为电流控制器 CCA 的电流指令输入信号。

在 VDCL 功能中，设置有电流指令的最低值限幅（$I_{o\_Abs\_Min}$）和最高值限幅（$I_{o\_Abs\_Max}$）。设置最低值的限幅的目的在于防止换流站运行于过低的电流水平，避免换流器运行期间电流发生断续，最高值限幅水平取决于直流系统的最大过负荷能力。

VDCL 功能在直流电压信号输入端设有一个非线性低通滤波器，该滤波器在直流电压降低和升高时所配置的时间常数并不相同，为使得电流指令在故障情况下能够快速下降，当直流电压下降时，低通滤波器的时间常数相较于电压上升时为小。

对于如图 4-2 所示低压限流静态特性图所示的固定斜率的 VDCL 特性曲线，如果极控功率/电流控制功能输出的电流指令 I_o 低于 VDCL 电流限幅值，则只有当直流电压 U_d 降至低于 U_{d_high} 水平时，VDCL 功能才有可能起效，而起效时的 U_d 水平取决于实际电流指令与 VDCL 曲线交点处的电压值。为改善系统的电压稳定性，在图 4-2 低压限流静态特性图所示 VDCL 功能特性的基础上进行了改进，对于所有介于 I_{o_Lim} 和 $I_{o\_Abs\_Max}$ 之间的电流指令，均采用同一水平的 U_{d_high} 作为 VDCL 功能起效的定值。改进后的低压限流静态特性如图 4-3 所示。

低压限流环节的电压、电流定值可以独立进行调整，且各站斜坡函数定值及滤波器时间常数能够独立设置。

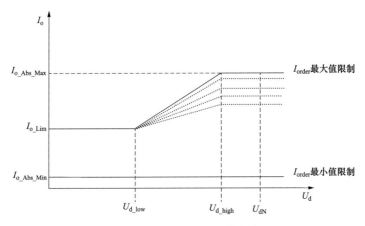

图 4 - 3　改进后的低压限流静态特性图

各站低压限流环节的电流指令限制特性需相互配合设置，以保证电流控制器电流裕度的存在且稳定。

（4）过电压限制器。过电压限制器的主要功能是通过比较过电压限制值与直流电压实际值，其输出用于限制触发角最小值，防止控制系统为建立直流电流而过度减小触发角导致直流过电压，该功能仅在整流侧有效。

（5）触发角限幅逻辑。闭环电流调节器的输出需经过多重限幅环节的控制。对于这些限幅环节，其中一些应用于正常工况（例如：电压控制器输出等），而另外一些则应用于特定工况（例如：移相 RETARD、直流线路重启动 RESTART）。各限幅环节集中后，相互之间应具有一定的优先级排序，以保证任何情况下控制系统均能够具有合理的限幅响应。

（6）LCC 换流器触发角协调。实际运行中，因为采样和控制器计算的细微差异，同极的两个换流器控制系统 CCP_1 和 CCP_2 计算的触发角会有差异。为进一步提高同极两换流器运行的平衡度，CCP_1 和 CCP_2 主机间通过冗余的直联光纤通道进行实时通信，以实现触发角的协调控制，使得两换流器的运行状态更加趋于平衡。除直联光纤通信外，CCP_1 和 CCP_2 间还通过本极 PCP 主机中转协调控制所需的重要信号，作为直联光纤通信发生故障时的后备选择。

当极处于双换流器运行方式时，采用设定控制阀（CTRL_VG）的方法实现换流器间协调，非控制阀的触发角由来自控制阀的触发指令同步。

控制阀组选择的原则：当极处于双换流器运行方式时，默认 CCP_1 为控制阀；当 CCP_1 退出运行或 CCP_1 与 PCP 通信故障时，将 CCP_2 设为控制阀。

4.2.2　VSC 站控制器配置及策略

VSC 站采用基于直接电流控制的矢量控制方法，矢量控制由外环控制策略和内环控制策略组成，具有快速的电流响应特性和良好的内在限流能力。

VSC 换流器控制由外环控制策略和内环控制策略组成。外环产生参考电流指令，内环电流控制根据矢量控制原理，通过一系列的处理产生换流器的三相参考电压，调制为六路桥臂电压参考值或者直接转化成六路桥臂开通个数，发送至阀控单元。

（1）外环控制策略。根据直流系统不同的控制目标来设计，生成内环电流参考值，外环控制策略如图4-4所示。

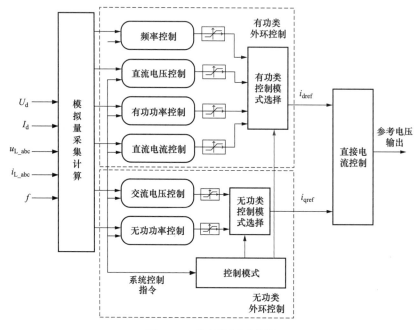

图4-4 外环控制示意图

外环控制又分为有功类（定直流电压控制、定有功功率控制和频率控制）和无功类（定交流电压控制和无功功率控制），有功类控制和无功类控制相互独立，各种控制方式可以根据实际交流系统进行选择切换得到最优的控制方式。

1）有功功率控制。有功功率控制是直流系统的主要控制模式，控制系统根据有功功率参考值控制换流器与交流系统交换的有功功率。在有功功率控制下，为了保持直流输送功率恒定，控制系统通过对交流电流的调整来补偿电压的波动。有功功率控制器至少包括三个环节分别是比较环节、比例积分环节、电流限幅环节，如图4-5所示。

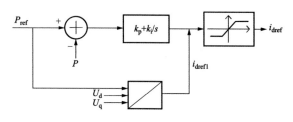

图4-5 外环定有功功率控制器

2）直流电流控制。为适应混合直流的运行方式需要，VSC换流站配置直流电流控制以实现按照直流电流指令进行控制的要求。

直流电流控制器根据直流电流指令值计算产生有功功率指令后，采用有功功率控制的方式对换流器进行控制。

直流电流控制器中同时配置了电流裕度环节以保证正常运行下定直流电压VSC站处于直流电压控制，电流裕度值可取为0.05～0.2p.u.。

当整流侧LCC站由于交流系统电压下降进入最小触发角状态时，多端混合直流输电系统的直流电压将由整流站决定，直流电流控制需由两个VSC站接管以保证直流系统的持续运行。

3）直流电压控制。采用定直流电压控制的换流
器可以用于平衡直流系统有功功率和保持直流侧电
压稳定。图 4-6 为定直流电压控制器示意图，直流
电压和直流电压指令的偏差经 PI 调节后得到有功电
流的参考值。

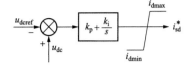

图 4-6　定直流电压控制器

三端直流系统的直流电压通常由功率较大的逆变侧 VSC 站（广东站）控制，若定直流电压的逆变侧 VSC 站（广东站）退出运行，定功率的逆变侧 VSC 站（广西站）将自动切换至定直流电压控制模式并接管直流电压控制权，承担平衡各站功率的作用。为使直流线路绝缘子受到污秽，不能经受全压的情况下还能继续运行。设置了直流电压的等级设置为 800kV（全压运行）、640kV（80%降压运行）两种运行电压，且允许两极运行在一极为全压另一极降压的不平衡运行方式。

4）无功功率控制。无功功率控制可以使直流系统产生的无功功率维持在期望的参考值，无功功率控制可改变换流站基波输出电压的幅值，保证交流电压在正常范围内运行。无功功率控制器如图 4-7 所示。

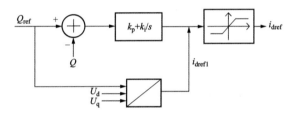

图 4-7　外环定无功功率控制器

5）交流电压控制。交流电压控制产生换流器的无功功率指令，并且可各站独立进行控制，该参考值可以由运行人员进行输入。利用交流电压控制功能可以实现控制接口变压器网侧的交流电压。恒定交流电压控制，可以有效抑制网侧交流电压的波动。

母线处的交流电压波动主要取决于系统潮流中的无功分量。所以，要维持母线交流电压的恒定，必须采用定交流电压控制，但其本质上是通过改变无功功率来实现。如图 4-8 所示为定交流电压控制器结构图。

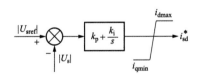

图 4-8　定交流电压控制器结构图

交流电压控制产生的无功功率指令由控制极在两极之间进行分配，各阀组按照分配的无功功率指令值进行无功输出。

（2）内环控制策略。内环控制环节接受来自外环控制的有功、无功电流的参考值 i_{dref} 和 i_{qref}。并快速跟踪参考电流，实现换流器交流侧电流波形和相位的直接控制。内环控制主要包括内环电流控制、PLL 锁相环控制、负序电压控制。内环控制策略示意图如图 4-9 所示。

1）内环电流控制。基于前馈控制的算法使电压源换流器的数学模型中电流内环实现了解耦控制，i_d 和 i_q 的控制互不影响，而且通过 PI 调节器提高了系统的动态性能，

可以方便地设计相关的电流控制器参数以满足对系统动态响应速度的要求，如图 4‑10 所示。

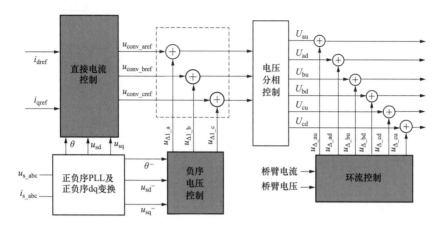

图 4‑9　内环控制策略示意图

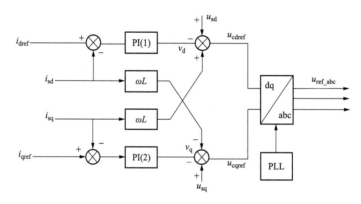

图 4‑10　解耦的直接电流控制

2）内环电流限制。柔性直流系统换流阀的过载能力有限。系统运行过程中由于发生故障或者受到扰动等原因，会产生过电流，从而可能损坏 IGBT 元件和其他设备。在设计内环和外环控制器的时候应该考虑到这些因素，其输出应该考虑到系统允许的过载能力，可以在控制器中设置限流环节（Current Limiter）来控制流过 IGBT 的电流大小，提高系统抵抗扰动的能力。内环限流功能分为图 4‑11 所列三类：

电流限制方式 1：有功电流和无功电流同比例减小，如图 4‑11（a）所示；有利于限制桥臂电流，适用于暂态过流限制。

电流限制方式 2：无功电流的优先级高于有功电流，如图 4‑11（b）所示，有利于保持无功电流，适用于交流电压或者无功控制场合。

电流限制方式 3：有功电流的优先级高于无功电流，如图 4‑11（c）所示，有利于保持有功电流，适用于电压控制站扰动期间限制限流，同时能够尽量维持直流电压稳定。

以上三种限流方式适用于不同控制策略场合下，根据情况选择，具体的限幅值大小

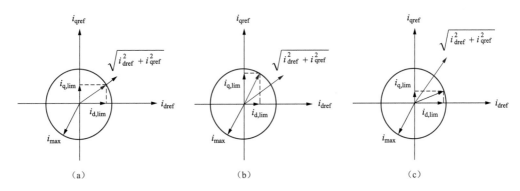

图 4-11 电流限制器工作原理图

(a) 同比例限制电流；(b) 无功优先限制电流；(c) 有功优先限制电流

由柔直换流阀决定。

3）PLL 环控制策略。PLL 环控制功能如图 4-12 所示。图中 K_1 为反馈比例系数；K_p 和 K_i 分别为比例和积分系数。控制器将采集到的三相交流同步电压实时值经 Clark 变换为 u_α 和 u_β，通过计算得到 u_q。u_q 经比例积分（PI）调节环节得到角频率误差 $\Delta\omega$，$\Delta\omega$ 与中心角频率 ω_0 相加后得到角频率 $\hat\omega$，最后再经过积分环节得到相位值 θ。此相位值 θ 即 PLL 环节输出结果。

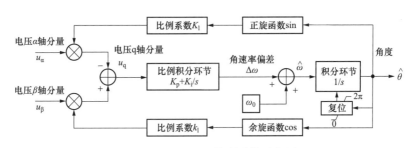

图 4-12 PLL 环控制功能示意图

4）负序电压控制策略。当发生交流系统故障时，柔性直流系统应当具备故障穿越能力，通过控制算法耐受住暂态冲击，保持正常运行。为了防止换流器过流和功率模块电容过压，需要加入不对称故障控制。

如图 4-13 所示，其中负序电流分量的给定值为零。当网侧交流电压正常时，负序控制系统的补偿电压分量是零，当单相接地或者相间短路等不对称故障发生，且不平衡度超过一定的范围，负序补偿控制启动，将过流控制在允许的范围内。

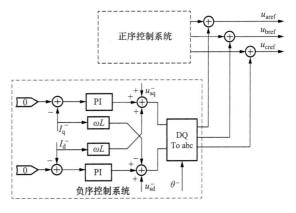

图 4-13 不对称故障控制示意图

（3）低压限流策略。对于混合直流输电系统，为了配合直流系统的故障穿越及恢复，VSC 换流站也配置了类似 LCC 换流站的低压限流环节（VDCL），通过对直流运行电压水平的判断，VDCL 环节能够在必要时对直流电流指令进行限制。低压限流环节的电流指令限制特性需与其他站相互配合设置，以保证各站电流控制器电流裕度的存在且稳定。

（4）VSC 换流器协调策略。为了实现逆变侧 VSC 换流站高、低压 VSC 换流器的平衡运行，需要采取相应的平衡控制策略。

对于定直流电压 VSC 站，采用将本极直流电压参考值均分后作为 VSC 换流器直流电压参考值的策略；对于定有功 VSC 站，采用本极有功参考值均分后叠加一个直流电压均压补偿量作为 VSC 换流器有功参考值的策略，直流电压均压补偿量根据 VSC 换流器的直流电压偏差量实时计算得到。采用上述策略，可以有效保证定直流电压 VSC 站和定有功 VSC 站高、低端 VSC 换流器的平衡运行。

通过上述平衡策略，在稳态工况下可以保证高低阀组的电压偏差不超过 2%；在交流系统故障和直流线路故障等暂态工况下，可以保证高低阀组的电压偏差不超过 5%。

（5）谐振控制策略。柔直换流器呈现负阻抗对系统谐波起放大作用引起的振荡主要是柔直换流器与交流系统由于阻抗不匹配而发生谐振，该谐振可以通过优化延时环节、改进控制器策略来实现抑制。

1）减少整个链路延时环节。对涉及控制系统延时的环节进行全面优化，主要延时环节如下：

a）控制主机接收测量数据延时。

b）控制主机计算延时。

c）控制主机向阀控发送延时。

2）前馈环节设计合理滤波器。通过在前馈环节合理配置滤波器，改变柔直换流器输出阻抗特性。

4.2.3　换流变压器分接头控制

极层的换流变分接头控制主要维持双极的换流变压器分接头的同步功能（双阀组分接头同步功能在阀组控制中实现）。当双极四阀组运行，且双极均为双极功率控制，且分接头控制模式相同（LCC 侧均为角度控制或者 $U_\mathrm{d}I_0$ 控制，VSC 侧均为阀侧电压控制或者调制比控制），当发现本极的控制目标（角度、$U_\mathrm{d}I_0$，阀侧电压，调制比）越限，且双极的档位（极的档位为本极两阀组档位平均值）相差为一档时，则极间的档位同步功能启动，本极将会调整档位，与另一极同步。

换流器控制系统 CCP 中的分接头控制承担单个换流器的分接头控制任务。LCC 站换流变分接头控制以维持 LCC 换流器理想空载电压 U_di0 恒定或者触发角恒定为目标，VSC 站则以维持 VSC 换流器阀侧电压或调制比恒定为目标。正常工况下，LCC 站换流变分接头控制设置为角度控制，以维持换流器触发角恒定为目标；VSC 站换流变分接头控制设置为电压控制，以维持换流器阀侧电压恒定为目标。

换流变分接头控制按以下方案对换流变分接头位置进行调整：

1. 手动模式

(1) 对单相换流变分接头的移动或所有换流变分接头的同步移动；

(2) 最大换流器理想空载直流电压 U_{di0} 的限制。

2. 自动模式

(1) 空载控制；

(2) LCC 站分接头用来维持 LCC 换流器理想空载直流电压（U_{di0}）恒定或者触发角恒定；

(3) VSC 站分接头用于维持 VSC 换流器阀侧电压恒定或者调制比恒定；

(4) 对换流器最大理想空载直流电压 U_{di0} 或阀侧电压进行限制；

(5) 分接头自动同步。

4.3　直 流 运 行 方 式

4.3.1　运行方式梳理与优化

对于昆柳龙特高压多端混合直流工程，因涉及三端、特高压双阀组等多种拓扑特点，运行方式繁多、接线方式复杂。经统计，昆柳龙直流工程功率输送模式运行方式 32 大类，各站阀组接线排列组合共有 632 种，特别的是，存在"3+2"（一极昆柳龙运行、一极昆柳或昆龙运行）、"2+2"（一极昆柳、一极昆龙运行）特殊运行方式，如图 4-14、图 4-15 所示。

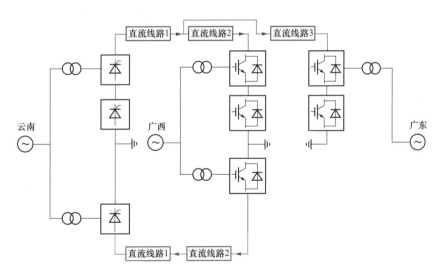

图 4-14　"3+2"极 1 昆柳龙极 2 昆柳双极三阀组大地回线运行方式

为简化工程投运后的现场调度和运行操作，采用以下原则优化运行方式：

(1) 不考虑单阀组降压运行方式（400kV→320kV）。

(2) 现阶段仅考虑昆北—龙门两端运行时的阀组交叉接线方式。阀组交叉运行是指一个极单阀组运行时，由于不同换流站选择了不同位置的阀组造成的阀组高端、低端错配。阀组交叉运行是人为选择的，不会由于运行中各种方式转换而被动进入。为确保极端情况下也能保证云南送电广东，保留昆龙两端运行情况下的阀组交叉运行。

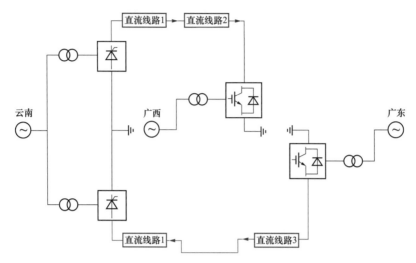

图 4-15 "2+2"极 1 昆柳极 2 昆龙双极两阀组大地回线运行方式

（3）"3+2"和"2+2"不作为启极的基本运行方式，仅考虑被动进入后转为正常运行方式。

根据上述优化原则，将昆柳龙直流工程 32 大类、各类接线方式 632 种的运行方式，优化至 37 大类、各类接线方式 252 种。进一步梳理现场运行常用的重点运行方式，共有 18 类运行方式，各类运行方式下接线方式的排列组合有 108 种，如表 4-1 所示。非重点运行方式如表 4-2 所示，主要考虑重点运行方式下降压运行、"3+2"及其降压运行、"2+2"及其降压运行等多重极层故障被动进入的运行方式，运行方式共计 19 类，各类运行方式下接线方式的排列组合共 144 种。对于非重点运行方式，需考虑被动进入后能稳定运行，并能快速转为重点运行方式。

经过运行方式优化，大大降低了特高压多端混合直流运行复杂度，提高了运行可靠性。

表 4-1　　　　　　　　　昆柳龙直流工程重点运行方式统计

序号	运 行 方 式	接线方式数量
1	三端双极四阀组	1
2	三端单极两阀组金属回线	2
3	三端单极两阀组大地回线	2
4	两端双极四阀组	3
5	两端单极两阀组金属回线	6
6	两端单极两阀组大地回线	6
7	三端双极三阀组	4
8	两端双极三阀组	12
9	三端双极两阀组	4
10	两端双极两阀组	12

续表

序号	运 行 方 式	接线方式数量
11	三端单极单阀组大地回线（阀组不交叉）	4
12	三端单极单阀组金属回线（阀组不交叉）	4
13	两端单极单阀组大地回线（阀组不交叉）	12
14	两端单极单阀组金属回线（阀组不交叉）	12
15	昆龙两端双极三阀组（阀组交叉）	4
16	昆龙两端双极两阀组（阀组交叉）	12
17	昆龙两端单极单阀组大地回线（阀组交叉）	4
18	昆龙两端单极单阀组金属回线（阀组交叉）	4
	总计	108

表 4-2　　　　　　　　　昆柳龙直流工程非重点运行方式统计

序号	运 行 方 式	接线方式数量
1	"3+2"双极两阀组大地回线	16
2	"3+2"双极三阀组大地回线	16
3	"3+2"双极四阀组大地回线	4
4	一极降压/双极降压三端双极四阀组	3
5	一极降压三端双极三阀组（阀组不交叉）	4
6	一极降压三端单极两阀组大地回线	2
7	一极降压三端单极两阀组金属回线	2
8	一极降压/双极降压两端双极四阀组	9
9	一极降压两端单极两阀组大地回线	6
10	一极降压两端单极两阀组金属回线	6
11	一极降压两端双极三阀组（阀组不交叉）	12
12	一极降压昆龙两端双极三阀组（阀组交叉）	4
13	一极降压"3+2"双极三阀组大地回线	16
14	一极降压/双极降压"3+2"双极四阀组大地回线	12
15	"2+2"双极两阀组大地回线	8
16	"2+2"双极三阀组大地回线	8
17	"2+2"双极四阀组大地回线	2
18	一极降压"2+2"双极三阀组大地回线	8
19	一极降压/双极降压"2+2"双极四阀组大地回线	6
	总计	144

4.3.2　特殊运行方式处置策略

昆柳龙直流工程"3+2""2+2"运行方式种类较多，被动进入后可选择转换的运行方式也较多，若不设置详细的处理措施，并开展试验验证，不利于现场运维。根据三站阀组不同组合，昆柳龙直流工程"3+2"运行方式共有 36 种接线方式、"2+2"运行方式共有 18 种接线方式（不计入阀组交叉运行方式），如表 4-3、表 4-4 所示。

表 4-3 　　　　　　　　　　　"3＋2" 运行接线方式梳理

"3＋2" 运行方式	接 线 方 式	数量
"3＋2" 双极两阀组大地回线（昆柳双极各单阀组、龙门站单极单阀组）	P1G1，P2G1；P1G1，P2G1；P1G1，_	8
	P1G1，P2G1；P1G1，P2G1；_，P2G1	
	P1G1，P2G2；P1G1，P2G2；P1G1，_	
	P1G2，P2G1；P1G2，P2G1；P1G2，_	
	P1G2，P2G1；P1G2，P2G1；_，P2G1	
	P1G1，P2G2；P1G1，P2G2；_，P2G2	
	P1G2，P2G2；P1G2，P2G2；P1G2，_	
	P1G2，P2G2；P1G2，P2G2；_，P2G2	
"3＋2" 双极两阀组大地回线（昆龙双极各单阀组、柳北站单极单阀组）	P1G1，P2G1；P1G1，_；P1G1，P2G1	8
	P1G1，P2G1；_，P2G1；P1G1，P2G1	
	P1G1，P2G2；P1G1，_；P1G1，P2G2	
	P1G1，P2G2；_，P2G2；P1G1，P2G2	
	P1G2，P2G1；P1G2，_；P1G2，P2G1	
	P1G2，P2G1；_，P2G1；P1G2，P2G1	
	P1G2，P2G2；P1G2，_；P1G2，P2G2	
	P1G2，P2G2；_，P2G2；P1G2，P2G2	
"3＋2" 双极三阀组大地回线（昆柳一极双阀组，一极单阀组，龙门站单极单阀组）	P1，P2G1；P1，P2G1；_，P2G1	4
	P1，P2G2；P1，P2G2；_，P2G2	
	P1G1，P2；P1G1，P2；P1G1，_	
	P1G2，P2；P1G2，P2；P1G2，_	
"3＋2" 双极三阀组大地回线（昆柳一极双阀组，一极单阀组，龙门站单极双阀组）	P1G1，P2；P1G1，P2；_，P2	4
	P1G2，P2；P1G2，P2；_，P2	
	P1，P2G1；P1，P2G1；P1，_	
	P1，P2G2；P1，P2G2；P1，_	
"3＋2" 双极三阀组大地回线（昆龙一极双阀组，一极单阀组，柳北站单极单阀组）	P1，P2G1；_，P2G1；P1，P2G1	4
	P1，P2G2；_，P2G2；P1，P2G2	
	P1G1，P2；P1G1，_；P1G1，P2	
	P1G2，P2；P1G2，_；P1G2，P2	
"3＋2" 双极三阀组大地回线（昆龙一极双阀组，一极单阀组，柳北站单极双阀组）	P1，P2G1；P1，_；P1，P2G1	4
	P1，P2G2；P1，_；P1，P2G2	
	P1G1，P2；_，P2；P1G1，P2	
	P1G2，P2；_，P2；P1G2，P2	
"3＋2" 双极四阀组大地运行（昆柳双极四阀组，龙门站单极双阀组）	P1，P2；P1，P2；P1，_	2
	P1，P2；P1，P2；_，P2	

续表

"3+2" 运行方式	接 线 方 式	数量
"3+2" 双极四阀组大地回线（昆龙双极四阀组，柳北站单极双阀组）	P1, P2；P1, _；P1, P2	2
	P1, P2；_, P2；P1, P2	
总计		36

表 4-4　　　　　　　　　"2+2" 运行接线方式梳理

"2+2" 运行方式	接 线 方 式	数量
"2+2" 双极两阀组大地回线（昆北站双极各单阀组，柳北站、龙门站单极单阀组）	P1G1, P2G1；P1G1, _；_, P2G1	8
	P1G1, P2G2；P1G1, _；_, P2G2	
	P1G2, P2G1；P1G2, _；_, P2G1	
	P1G2, P2G2；P1G2, _；_, P2G2	
	P1G1, P2G1；_, P2G1；P1G1, _	
	P1G1, P2G2；_, P2G2；P1G1, _	
	P1G2, P2G1；_, P2G1；P1G2, _	
	P1G2, P2G2；_, P2G2；P1G2, _	
"2+2" 双极四阀组大地回线（昆北站双极四阀组，柳北站、龙门站单极双阀组）	P1, P2；_, P2；P1, _	2
	P1, P2；P1, _；_, P2	
"2+2" 双极三阀组大地回线（昆北站一极双阀组，一极单阀组，柳北站单极双阀组，龙门站单极单阀组）	P1, P2G1；P1, _；_, P2G1	4
	P1, P2G2；P1, _；_, P2G2	
	P1G1, P2；_, P2；P1G1, _	
	P1G2, P2；_, P2；P1G2, _	
"2+2" 双极三阀组大地回线（昆北站一极双阀组，一极单阀组，柳北站单极单阀组，龙门站单极双阀组）	P1, P2G1；_, P2G1；P1, _	4
	P1, P2G2；_, P2G2；P1, _	
	P1G1, P2；P1G1, _；_, P2	
	P1G2, P2；P1G2, _；_, P2	
总计		18

　　"3+2" 和 "2+2" 不作为启极的基本运行方式，均为被动进入的运行方式，一进入 "3+2" 和 "2+2" 运行方式，因可选择转换的运行方式较多，需考虑被动进入后的应急处置措施，并开展试验验证，便于指导现场运维。

　　参考常规直流工程运维经验，结合昆柳龙直流工程特点，针对昆柳龙直流工程被动进入 "3+2" / "2+2" 运行方式的工况，可选择转换的方式比较多，具体选择何种运行方式，主要考虑入地电流限制、送端输送功率量、受端功率需求等因素，确定以下方式转换处置总体原则：

　　（1）维持当前运行方式不变，通过调整直流功率将三端入地电流降低至允许运行的限定范围内；

　　（2）若短时间内退出站无法恢复，可选择转换为三端/双端金属回线运行方式，或双端双极平衡运行方式，选择具体的转换方式需考虑保证送端功率输出并结合受端实际功率需求确定；

（3）故障排除后，可通过在线投入退出站恢复故障前运行方式。

根据上述处置原则，对昆柳龙直流工程被动进入"3+2""2+2"及"3+2"降压三种运行方式的具体处置措施进行了分析。

（1）"3+2"运行方式处置策略。在三端双极运行方式下某一柔直站某一极发生极层故障或柳龙线路永久故障，保护发 Y-ESOF 退出本站将被动进入"3+2"运行方式，在"3+2"方式下主要有四种处置方式：①维持当前"3+2"方式不变，调整直流功率将三端入地电流降低至允许运行的限定范围内；②故障站已完成事故处理，恢复三端双极运行；③闭锁两端运行极，三端单极大地回线转金属回线方式运行；④闭锁发生 Y-ESOF 柔直站剩余的运行极，另两端直流双极平衡运行。其中若因柳龙线永久故障导致龙门站退出且故障短时间内无法恢复，只能选择退出龙门站另一极转为昆柳双端双极运行方式。具体处置流程，如图 4-16 所示。

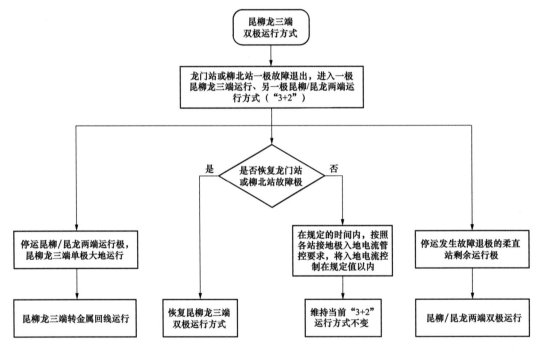

图 4-16　昆柳龙直流工程被动进入"3+2"运行方式处置策略

（2）"2+2"运行方式处置策略。在三端双极运行方式下两个柔直站不同极分别发生极层故障或柳龙线永久故障，保护发 Y-ESOF 退出两个柔直站被动进入"2+2"方式，在"2+2"方式下主要有四种处置方式：①维持当前"2+2"方式不变，调整直流功率将三端入地电流降低至允许运行的限定范围内；②某个站完成故障处理，恢复一个站双极运行，转为"3+2"运行方式，再根据"3+2"运行方式采取后续处置措施；③闭锁昆柳运行极，昆龙两端单极大地回线转金属回线方式运行；④闭锁昆龙运行极，昆柳两端单极大地回线方式运行。其中若因柳龙线永久故障导致龙门站退出且故障短时间内无法恢复，只能选择转为昆柳两端金属回线方式。具体处置策略如图 4－17 所示。

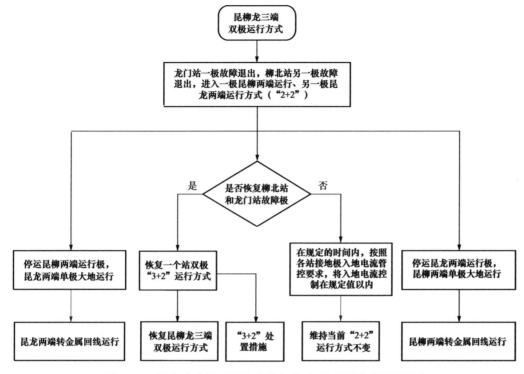

图 4－17 昆柳龙直流工程被动进入"2＋2"运行方式处置策略

（3）"3＋2"降压运行方式处置策略。在"3＋2"方式下若至少有一极降压运行将进入"3＋2"降压运行方式，"3＋2"降压运行方式与"3＋2"方式的处置方式相同，对于降压运行不做特殊处理，在满足恢复全压的条件下可根据调度要求随时恢复全压运行，具体处置流程与"3＋2"处置流程一致。

4.4 起停极控制

特高压多端直流系统的起动/停运顺序以极为基本操作对象，以起动单极所投入换流器的数量进行区分，极起动/停运可分为：单阀组起/停与双阀组起/停。这两种起/停方式本质上并无较大区别，其控制策略与顺序过程实际也是一致的。

站间通信正常时，特高压直流起动的前提条件是各站同一极中处于 RFO 状态满足的换流器数量相等。当极控系统收到运行人员输入的起动命令后，控制系统将直流功率/电流指令更新为最小功率/电流限值，并发送起动命令至换流器控制主机，再通过站间通信，由主控站控制系统协调控制各站起动过程。逆变侧首先解锁，可以预先建立直流电流回路，从而防止整流侧解锁、逆变侧开路情况下可能出现的线路过电压问题。

起动过程中，如果保护系统发出了保护性闭锁命令，则起动过程立即中止，控制系统将通过停运顺序使直流系统回到闭锁状态。

停运顺序是起动顺序的逆过程，且总是要求整流站先于逆变站闭锁。站间通信故障情况下，直流停运时，运行人员须通过电话沟通、协调，确保整流站先于逆变站闭锁。

4.4.1 空载加压试验运行方式

（1）接线方式优化。空载加压试验（Open Lint Test，OLT）在直流解锁送电前，通过对直流侧线路和设备加压，测试其绝缘性能，提高直流解锁的成功率。对于昆柳龙三端直流工程，有三个换流站、两段直流线路，各站开展 OLT 试验进行设备绝缘性能的接线方式种类繁多复杂，而 OLT 运行方式设计既要满足三端全停时 OLT 试验的需求，也要满足部分系统仍在运行时进行 OLT 试验的需求。

OLT 有站内 OLT、带线路 OLT 两种形式，其中直流线路分为昆柳线和柳龙线两段，汇流母线区开关刀闸配置如图 4-18 所示，各站带线路 OLT 方式有多种选择。对于站内 OLT 的接线方式可参考以往常规直流经验，以极母线隔离开关为分断点，对于柔直站站内 OLT 需将 HSS 合上，同样以极母线隔离开关为分断点，但对于柳北站站内 OLT 可选择以 B01.Q9 或 B04.Q2 为分断点。

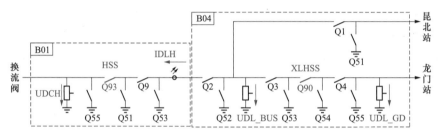

图 4-18 汇流母线区开关刀闸配置

经梳理，昆北、龙门站均有 3 种 OLT 方式，柳北站只有站内 OLT 方式，共 7 种方式，根据以隔离开关为断点，非 OLT 线路侧就近合接地隔离开关为原则，各站开展 OLT 试验断路器、隔离开关位置说明如下：

1）昆北站。昆北站 OLT 有站内 OLT、带昆柳线 OLT、带昆龙线 OLT 三种。

站内 OLT：昆北站以极母线隔离开关为分断点，汇流母线区 B04.Q1 分位。

带昆柳线 OLT：汇流母线区 B04.Q1 分位，B04.Q52 位置与汇流母线区另两把隔刀的状态有关（B04.Q2、B04.Q3 都在分位时，B04.Q52 需在合位才能满足 OLT 条件；B04.Q2、B04.Q3 任一个在合位时，不关联 B04.Q52 位置，直接满足 OLT 条件）。

带昆龙线 OLT：汇流母线区 B04.Q2 分位，B01.Q53 合位；龙门站极母线隔离开关在分位。

2）柳北站。柳北站仅有站内 OLT 一种方式，且站内 OLT 以汇流母线区 B04.Q2 为分断点。

站内 OLT：柳北站汇流母线区 B04.Q2 分位，B04.Q52 位置与汇流母线区另两把隔刀的状态有关（B04.Q1、B04.Q3 都在分位时，B04.Q52 需在合位才能满足 OLT 条件；B04.Q1、B04.Q3 任一个在合位时，不判 B04.Q52 位置，直接满足 OLT 条件）。

3）龙门站。龙门站 OLT 有站内 OLT、带柳龙线 OLT、带昆龙线 OLT 三种。

站内 OLT：龙门站以极母线刀闸为分断点，汇流母线区 B04.Q4 分位。

带柳龙线 OLT：汇流母线区 B04.Q4 分位，B04.Q54 位置与汇流母线区 B04.Q3

的状态有关（B04.Q3 在分位时，B04.Q54 需为合位才能满足 OLT 条件；B04.Q3 在合位时，不判 B04.Q54 位置，直接满足 OLT 条件）。

带昆龙线 OLT：汇流母线区 B04.Q2 分位，B01.Q53 合位；昆北站极母线隔离开关在分位。

通过 OLT 方式的梳理优化，将昆柳龙工程 OLT 接线方式由上百种接线方式，优化至 7 种，且明确了各种方式下开关隔离开关的状态，在保证一定灵活性的同时，大大降低了接线方式的复杂度和试验难度，提高了 OLT 试验的可靠性。

（2）OLT 功能。在本站直流极连接、对站直流极隔离的情况下，运行人员可以采用手动控制或自动控制两种方式，安全解锁本站对应的极，并可把线路电压调到 0～1.02 倍（LCC 侧）或 0～1.00 倍（VSC 侧）额定电压之间的任一数值，以测试本端换流站设备以及与之相连的极线。在 OLT 试验模式下，禁止对站相应极解锁，闭锁所有断线类保护及能够闭锁极的直流欠电压保护，并提供保证试验期间设备安全的保护措施。

当一极停运一极运行时，停运极的三端都能进行带各段和全部直流线路的线路开路试验，且不对运行极提出任何限制要求，如改变功率方向等。

OLT 试验波形如图 4-19、图 4-20 所示，常规直流换流站开展 OLT 试验在阀组解锁后，电压从 0 开始按照设定的速率上升，柔性直流换流站开展 OLT 试验，在解锁后阀组充电过程中直流电压已达到约 0.8p.u.，解锁后从 0.8p.u. 开始按照设定的速率上升。

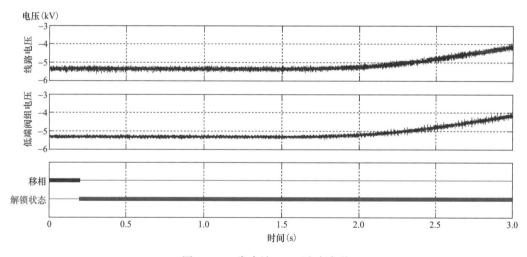

图 4-19 常直站 OLT 试验波形

4.4.2 换流器状态及转换

直流换流器状态包含接地、停运、备用、闭锁（LCC 站）/充电（VSC 站）、解锁五种。

对于换流器的状态，每种状态均有各自的明确设备状态定义。顺序控制操作将把被控对象操作至指定状态，以使换流器目标状态到达。换流器状态顺序控制可由运行人员命令启动，也可能由保护命令等功能自动启动。

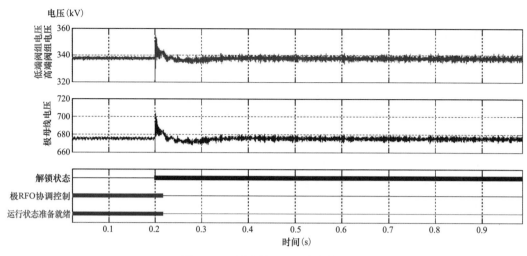

图 4-20　柔直站 OLT 试验波形

（1）接地。换流器接地状态指交流进线、阀厅设备、旁通开关均到达可靠的接地状态。该状态可由停运状态通过顺控命令进入，即：在停运状态下，运行人员在顺控界面发出"接地"命令进入。

（2）停运。运行人员可以通过操作令换流器从接地到达停运状态或从备用状态到达停运状态。换流器的停运状态被定义为换流器的隔离状态，在该状态下，换流器与大地、交流母线、直流场极公共部分隔离。

（3）备用。运行人员可以通过工作站界面操作令换流器从停运到达备用状态或从闭锁状态到达备用状态。备用状态可认为是换流变的"热备用"状态，同时也是换流器的充电预备状态。在该状态下，换流变进线隔刀连接而断路器分开，阀冷系统在该状态下也需投入运行。

（4）闭锁（LCC 站）。运行人员可以通过工作站界面操作令换流器从备用状态到达闭锁状态或从解锁状态到达闭锁状态。闭锁状态定义为换流器的准备起动状态。在该状态下，换流器已处于充电状态，阀冷系统、换流变冷却系统均投入运行且无故障，阀控系统自检状态正常，另外，还要求换流器与直流场应以正确的方式连接完成。

直流正常运行时，运行人员可以通过工作站界面的"停运极"操作令换流器从解锁状态进入闭锁状态。

（5）充电（VSC 站）。运行人员可以通过工作站界面操作令换流器从备用状态到达充电状态，充电状态定义为换流器的准备起动状态。在该状态下，换流器已处于充电状态，阀冷系统、换流变冷却系统均投入运行且无故障，阀控系统自检状态正常，另外，还要求换流器与直流场应以正确的方式连接完成。

直流正常运行时，运行人员可以通过工作站界面的"停运极"操作令换流器从解锁状态进入备用状态，该过程先闭锁脉冲并自动执行备用操作。

（6）解锁。运行人员可以通过工作站界面操作令换流器从闭锁状态（LCC 站）或充电状态（VSC 站）操作至解锁状态，解锁后直流将按设定的功率值输送功率。

各状态之间的转换顺序控制逻辑，如图 4-21 所示。为避免运行人员误操作导致直

92

流闭锁，设置了顺序控制联锁，包括硬件联锁和软件联锁，硬件联锁包括机械联锁和电气联锁等，均由一次设备部分的物理机构、电路、控制回路等实现，而软件联锁则是在控制系统软件中实现，当运行人员通过直流控制系统对交、直流开关设备进行操作时，若软件联锁不满足，则控制系统发出相应告警提示，同时禁止该操作的执行，从而保证主设备的安全。

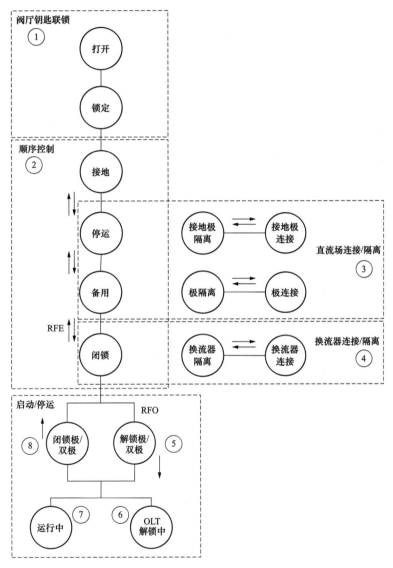

图 4 - 21　各状态之间的转换顺序

4.4.3　充电顺序

充电过程是 VSC 换流器正常启动的前提和基础，模块化多电平换流器充电的实质就是子模块电容电压的建立。交流充电波形如图 4 - 22 所示。

在交流联网方式下采用交流启动方式，全桥＋半桥的 VSC 换流器充电过程如下：

（1）首先在启动电阻投入及 IGBT 触发脉冲闭锁状态下合上换流变交流进线开关，

对 VSC 换流器的全桥和半桥子模块电容进行不控充电；

（2）当全桥子模块取能成功后将全桥子模块 T4 管导通转为半闭锁并继续不控充电，待全部子模块电容电压上升到稳定值且充电电流小于预定值后退出充电电阻；

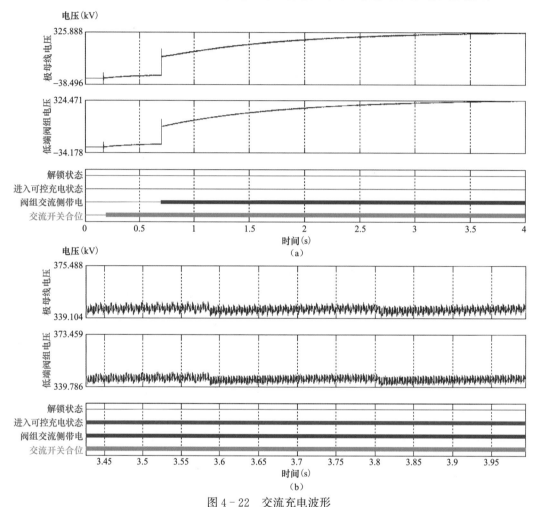

图 4-22　交流充电波形

(a) 不控充电阶段；(b) 可控充电阶段

（3）启动可控充电控制，将全部子模块电容电压充至额定工作电压附近，充电过程完毕。

4.4.3.1　多端直流充电策略

对于多端混合直流输电系统，常规直流换流站闭锁充电后直流侧无直流电压，柔性直流换流站充电后直流侧有较高的直流电压，在一个多端混合直流输电系统内，若各柔性直流输电换流站 VSC 交流侧开关不能同时合闸，必然存在某一柔直站通过直流侧给其他柔直站换流阀充电的情况。

如图 4-23 所示，直流线路完成连接后，某一柔直站合交流侧开关对本站充电，也可通过直流线路对另一柔直站充电。两种充电方式对应的充电回路不同，被动从直流侧充电的柔直站，桥臂上所有串联的全桥和半桥模块均被充电，因此子模块电容电压平均值比通过交流系统充电的模块电容电压平均值低。由于从直流侧给换流阀充电模块电容起始电压较低，模块电容电压可能快速发散，模块损坏的风险较大。

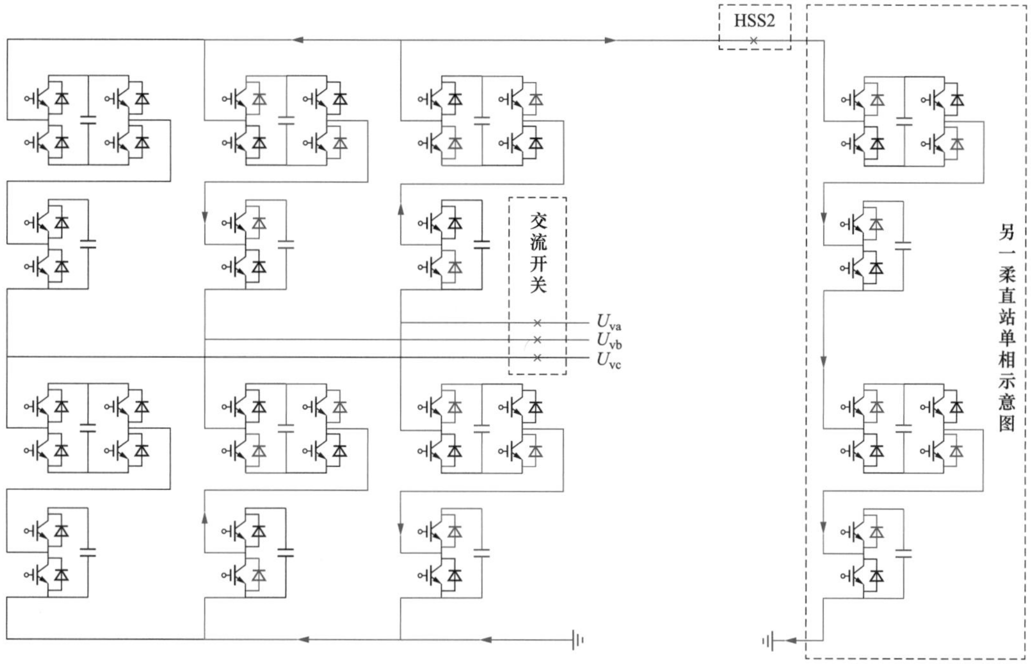

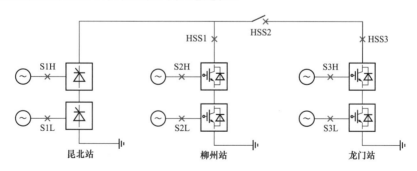

图 4 - 23　混联 MMC 交流侧及直流侧充电回路图

　　为解决上述问题，提出了一种多端混合直流充电策略，以昆柳龙直流工程为例，如图 4 - 24 所示，首先合上柳州站、龙门站极母线 HSS（HSS1 及 HSS3），同时保持柳龙线 HSS2 分位，随后合两柔直站交流进线开关。可控充电完成后监测 HSS2 两端压差，压差小于 100kV 即可下发合 HSS2 命令，HSS2 合闸后完成整个充电过程。金属回线方式下充电方式与大地回线方式下类似，即直流侧线路除高压线路上的柳龙线 HSS 未合闸，其他直流场开关刀闸均已合闸到位，柳州站与龙门站分别独立完成充电后通过合高压线路上的柳龙线 HSS 开关完成整个充电过程。

图 4 - 24　三端单极双阀组充电过程示意图

　　柳州站和龙门站分别独立完成充电后，通过柳龙线 HSS 合闸并列的录波如图 4 - 25 所示。从图中可以看到，由于柳州站、龙门站连接变比不同（龙门站 525/244，柳州站 525/220），合 HSS2 过程会对柳州站、龙门站阀的产生冲击，其中桥臂电流峰值约

200A，电容电压上升约100V，该冲击对换流阀影响不大。因此先独立完成可控充电再连接柳龙线的柔直站充电方案，能在满足换流阀要求的前提下，有效避免任一柔直站被动进入直流侧充电，降低模块损坏的风险。

多端混合直流解锁策略为：先解锁站定直流电压的柔直站，将直流电压升至接近目标值，接着解锁定功率柔直站，将直流功率保持在零功率，最后常直站接收到逆变侧均已解锁状态标志后解锁，触发角逐渐减小，直流功率开始上升至最小功率。

4.4.3.2 感应电对柔直阀组充电影响

长距离特高压柔性直流工程两极充电过程可能出现一极运行影响另一极充电的情况，其典型现象是一极处于运行状态，另一极低阀顺控充电后高阀全桥功率模块即开始充电，待高阀顺控操作进入充电状态时，全桥功率模块电压已经充到较高水平，高阀端间电压不足以使半桥功率模块较快充电至电源板卡能正常工作的水平，因充电速度缓慢最终导致阀控误判半桥功率模块故障，旁路数超限引发跳闸。以柔直站低阀充电后为例，高阀、直流线路等会对低阀在直流侧产生的电压进行分压，造成高阀直流侧承受一定负压；当另一极带电时，该负压的幅值会因极间线路感应进一步增大。在高阀承受负压期间，其全桥子模块电容充电、而半桥子模块电容不充电。若全桥子模块电容电压充得较高，一方面持续时间过长可能会出现发散，另一方面高阀在"不控充电"操作后可

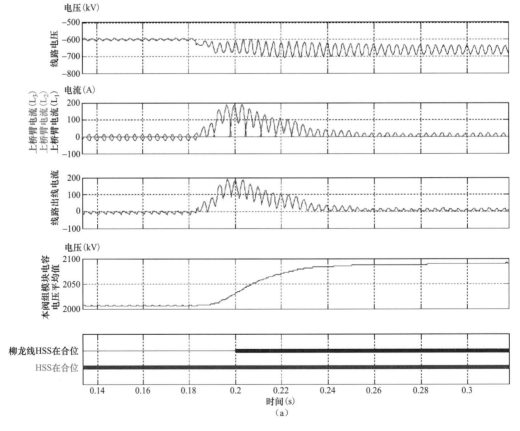

图4-25 两柔直站充电策略波形（一）

(a) 柳州站极2充电过程录波

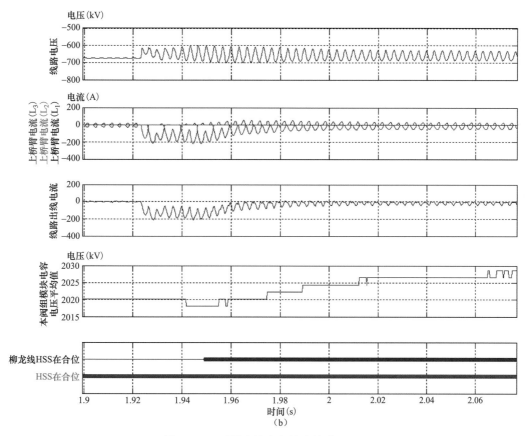

图 4 - 25　两柔直站充电策略波形（二）
（b）龙门站极 2 充电过程录波

能会出现半桥取能不足造成充电失败。如图 4 - 26 所示，以柳北站极 2 低阀先合进线开关进入不控充电，极 2 高阀进线开关处于分位为例。在低端换流器全桥 T4 管导通后，低端换流器的相间与交流侧形成自身的交流侧充电回路。而高端换流器上下桥臂的全桥模块经低端换流器全桥的 T4 与半桥模块的下二极管、低端换流器的交流侧相间、直流线路、双极线路间的互电容 RC 及直流线路的对地 RC 形成充电回路。

因此低阀不控充电之后，高阀全桥模块通过直流侧充电回路，已成功上电取能，半桥模块处于无压状态。随后高阀交流侧开关合闸，全桥模块电压较高，半桥模块充电电压较低、尚未正常取能；高阀在交流侧合闸 3s 后，开通全桥 T4 管，半桥模块电压逐步建立；当模块平均电压大于 900V 后，开始判断半桥模块故障。由于半桥模块上电速度不完全一致，当半桥模块平均电压大于 900V 时，仍有一些半桥模块处于上行通信故障状态，导致冗余不足而跳闸。

提出了一种极充电解决方案：双阀组方式，通过“一键顺控”将双阀组操作至充电状态，尽量缩短两阀组操作充电的间隔，减少另一阀组处于直流回路被动充电的时间。

顺控操作流程如图 4 - 27 所示，下发“极充电”命令后，首先合低阀交流侧开关充电；然后等待固定延时 T1（8s）后，合高阀不交流侧开关充电；低阀启动电阻旁路刀闸合上后等待固定延时 T2，且高阀启动电阻旁路刀闸合上，低阀自动进入可控充电状态；高阀启动电阻旁路刀闸合上后等待固定延时 T2，且低阀启动电阻旁路刀闸合上，高阀自动进入可控充电状态。

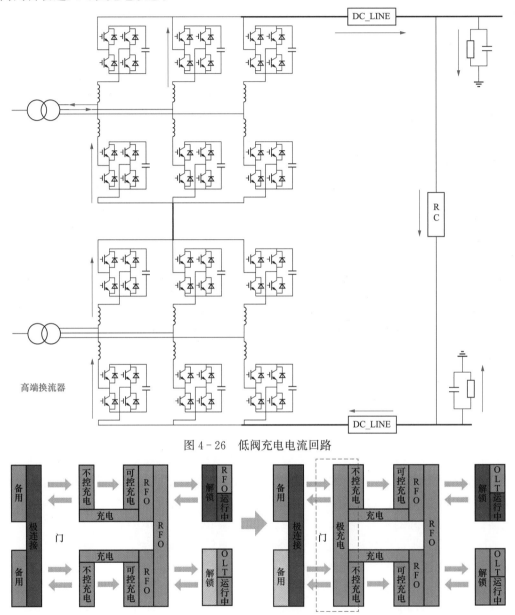

图 4-26　低阀充电电流回路

图 4-27　极充电策略

采用该充电策略的仿真结果如图 4-28 所示，高阀端间 UDL 感生电压最大约为 178kV，8s 后高阀交流侧开关合上后逐渐进入正常充电流程，因此所提出的极充电策略可以避免高阀不控充电受感应电压影响而导致功率模块异常旁路。

4.4.4　起/停顺序操作

1. 起动操作顺序

（1）闭合阀厅门并锁定；

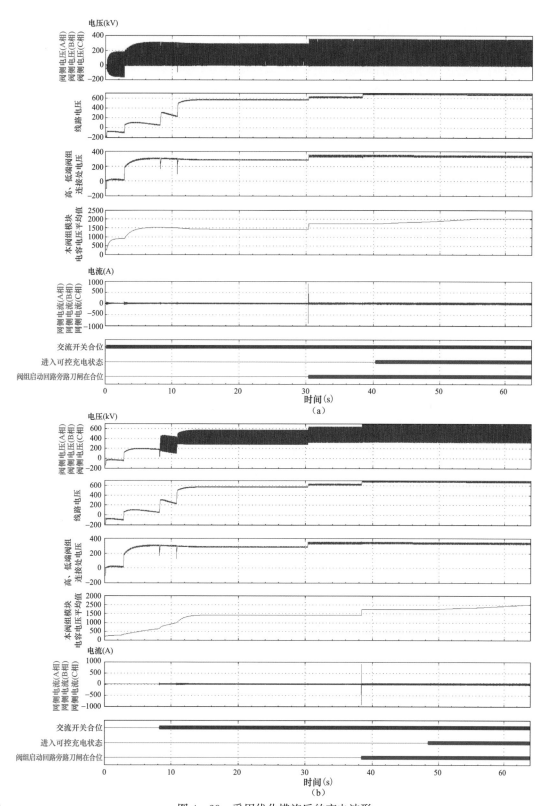

图 4-28　采用优化措施后的充电波形

（a）极充电过程中，低阀充电波形；（b）极充电过程中，高阀充电波形

（2）顺序操作换流器到停运或备用状态；

（3）连接直流接地极和直流极公共部分，使极处于大地回线或金属回线连接状态；

（4）换流变充电的条件满足后，操作相应换流器到闭锁状态；

（5）连接换流器至极公共部分；

（6）确认"RFO"（准备运行）条件满足；

（7）起动极：在点击起动极后，根据两站运行、三站运行和 STATCOM 运行三种情况，各站将以不同策略完成解锁，如果本站解锁（站级模式）或者各站都解锁（系统级模式），进入"运行中"状态，如果处于 OLT 模式，此时换流器处于 OLT 解锁状态。

1）两站启动。运行人员在主控站输入功率/电流指令和速率，然后在主控站点"起动极/双极"，先解锁逆变侧定直流电压 VSC 站，将直流电压升至控制目标值，接着解锁整流侧 LCC 站或定功率 VSC 站，直流功率以指定的速率升至功率指令值。

2）三站启动。运行人员在主控站输入功率/电流指令和速率，然后在主控站点"起动极/双极"，先解锁逆变侧定直流电压 VSC 站，将直流电压升至控制目标值，接着解锁逆变侧定功率 VSC 站，之后解锁整流侧 LCC 站，直流功率以指定的速率升至功率指令值。

3）STATCOM 启动。运行人员在处于 STATCOM 方式的定直流电压 VSC 站点"起动极/双极"，阀解锁后将直流电压升至控制目标值，输入无功指令和速率，无功功率以指定的速率升至无功指令值。

2. 停运

停运时执行停运极的操作。

（1）两站停运。运行人员在主控站输入升降速率，点"停运极/双极"，直流系统功率/电流按照设置的升降速率降至最小功率后整流侧 LCC 站或定功率 VSC 站先闭锁，之后逆变侧定直流电压 VSC 站闭锁。

（2）三站停运。运行人员在主控站输入升降速率，点"停运极/双极"，直流系统功率/电流按照设置的升降速率降至最小功率后整流侧 LCC 站先闭锁，之后逆变侧定功率 VSC 站闭锁，定直流电压 VSC 站降压后闭锁。

（3）STATCOM 停运。运行人员在处于 STATCOM 方式的定直流电压 VSC 站输入升降速率后，点"停运极/双极"，无功功率按照设置的升降速率降至零后执行阀闭锁。

停运极后要进入阀厅必须将极顺序操作到接地状态。

4.4.5 解锁时序

（1）三站解锁时序。解锁顺序逻辑将使得换流器自动而平滑的进入解锁状态。但在解锁之前，直流控制保护系统会自动判断当前极设备的状态是否允许解锁（Ready for Operation，RFO），以提供必要的联锁来保证设备安全稳定运行。

对于 LCC 换流站，RFO 条件都满足后，起动命令会首先投入绝对最小滤波器（如果尚未投入）。当绝对最小滤波器连接后，再解锁 LCC 换流器。在解锁状态获得后，经一定时间延迟后撤销移相命令。通过这样一个过程，直流输电系统平滑起动，避免了解锁过程中电气量出现突变。

对于 VSC 换流站，RFO 条件都满足后，起动命令会直接解锁 VSC 换流器，并将换流器控制至相应的状态，对于定直流电压 VSC 站，会将直流电压升至控制目标值，对于定功率 VSC 站，会将直流功率或直流电流升至控制目标值。

如图 4-29 所示，三站将以一定的时序进行解锁，首先解锁定直流电压 VSC 站（龙门站），将直流电压升至控制目标值，接着解锁定功率 VSC 站（柳北站），将直流功率控制在最小功率水平。对于整流侧 LCC 站，当其接收到逆变侧已解锁状态指示后，投入交流滤波器，164°解锁后解除移相命令；触发角由 164°开始减小，直流电流开始上升。正常解锁后，直流功率由最小功率开始上升，直到运行人员定义的功率参考值，运行人员也可以在升降过程中停止它，升降速率也由运行人员决定。

（2）两站解锁时序。昆柳两站解锁时序如图 4-30 所示。

4.4.6　闭锁时序

（1）三站闭锁时序。闭锁顺序逻辑使得极自动由解锁状态进入闭锁状态，其时序与解锁过程基本相反，具体如下：

1）整流侧 LCC 站：在直流功率按照设定速率降至最小功率后，立即发出移相命令，经 60ms 延时后，不带旁通对闭锁本侧换流器。

2）逆变侧 VSC 站：在接收到整流侧的闭锁状态指示信号后，定功率 VSC 站闭锁，定直流电压 VSC 站降压闭锁。

如图 4-31 所示为三站运行情况下，极 1 闭锁的波形，闭锁顺序为昆北、柳北、龙门。

（2）两站闭锁时序。三站运行情况下，昆龙两端停运的波形如图 4-32 所示。

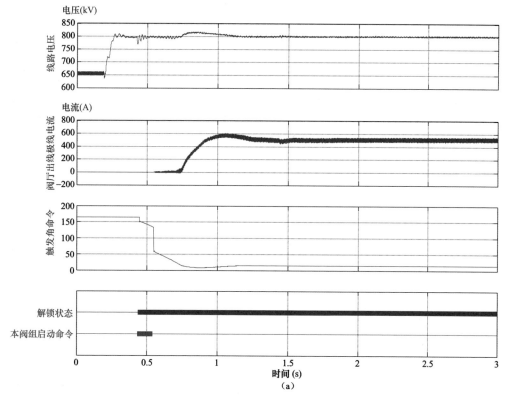

图 4-29　三站解锁波形（一）

（a）昆北站解锁波形

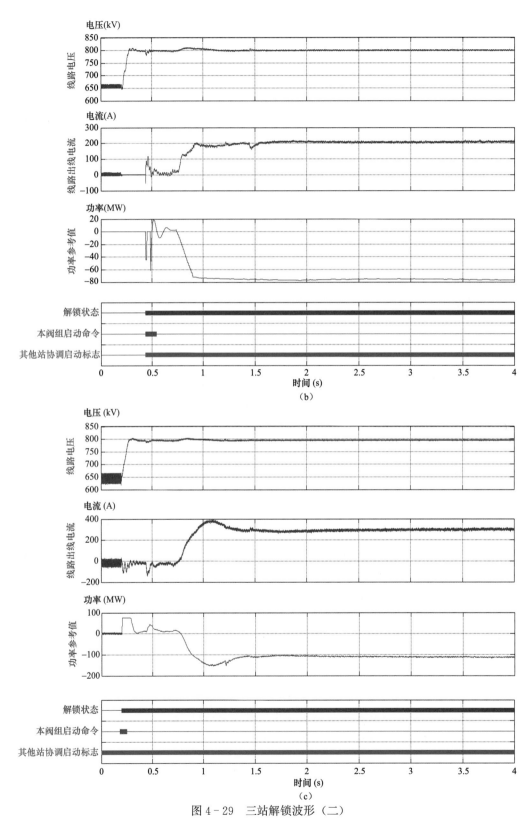

图 4-29 三站解锁波形（二）

（b）柳北站解锁波形；（c）龙门站解锁波形

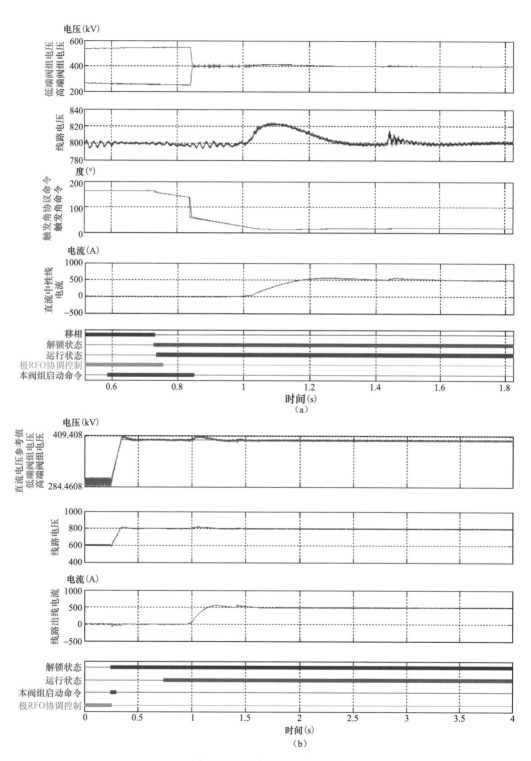

图 4-30　昆柳两站解锁波形

（a）昆北站解锁波形；（b）柳北站解锁波形

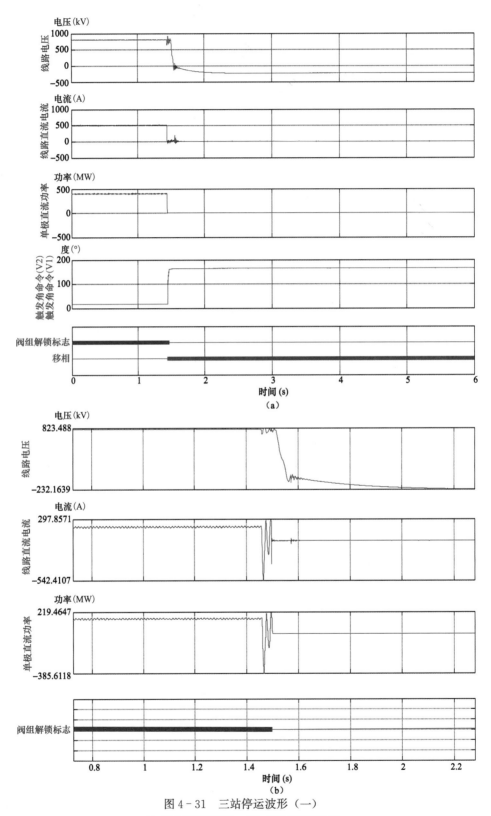

图 4-31 三站停运波形（一）

（a）昆北站闭锁波形；（b）柳北站闭锁波形

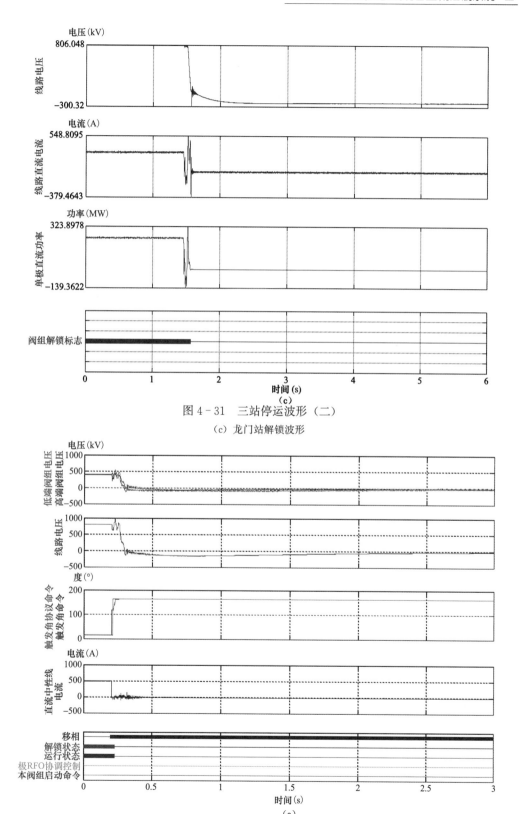

图 4 - 31　三站停运波形（二）

（c）龙门站解锁波形

图 4 - 32　昆龙两站停运波形（一）

（a）昆北站闭锁波形

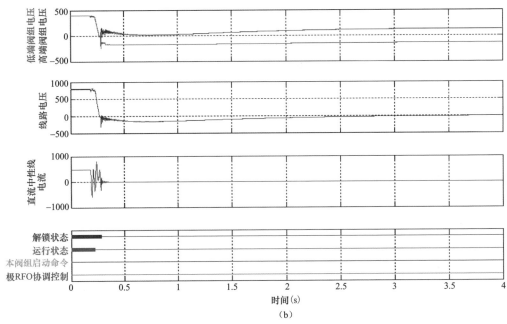

图 4-32 昆龙两站停运波形（二）
(b) 龙门站解锁波形

4.5 功率协调控制

为保持多端直流工程运行稳定性，仅有一个换流站采用定直流电压控制策略，其他站均为定功率换流站，因此多端工程需设计完善的各换流站功率协调控制策略，避免出现多端直流工程功率不平衡甚至功率反转的问题，功率协调控制策略原则如下。

（1）三端功率转移总体原则为：①故障后，尽可能减小云南输送功率的损失；②尽可能兼顾入地电流平衡；③尽可能减小对两广断面的影响。

（2）功率转移原则：①三端双极功率控制运行时，送端站单极闭锁，功率损失转移至另一极；②受端站单极闭锁，优先极间功率转移，极间转移功率超过本站功率上限后，再进行站间功率转移；③处于单极电流控制模式的运行极不具备极间和站间功率转移能力；④三端双极功率控制模式运行时，若受端站发生单极闭锁，该故障极自动进入单极电流控制模式，健全极保持双极功率控制模式，功率转移过程中需保证受端非故障站接地极电流平衡。

（3）功率调制总体原则：①送端站收到功率增加指令时，增加的功率优先分配至龙门站，后分配至柳北站；②送端站收到功率减少指令时，减少的功率优先分配至柳北站，后分配至龙门站；③受端站收到功率调制指令时，仅调整本受端站和送端站，另一受端站不受影响。

1. 功率指令计算

昆柳龙直流工程三端仅有昆北站一个送端，龙门站和柳北站两个受端，三端功率指令计算如图 4-33 所示，由主控站分别下发昆北站和柳北站的功率指令，再通过龙门站返回的功率指令对三站指令进行校核,确保三站功率指令计算无误,且不超出三站的功率限值。

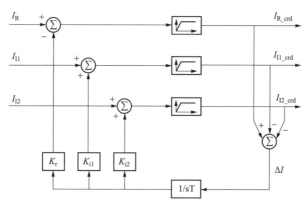

图 4-33 三端功率指令计算

功率控制模式有双极功率和单极电流两种控制模式,如果两个极都处于为双极功率控制,双极功率控制功能为每个极分配相同的电流参考值,以使接地极电流最小。如果两个极的运行电压相等,则每个极的传输功率是相等的。如果一极处于降压运行状态而另外一极是全压运行,则两个极的传输功率比与两个极的电压比是一致的。只有在单极大地回线方式运行时,或由于受设备条件的限制等原因,不可能使接地极电流达到平衡,才允许接地极有较大电流。如果两个极中一个极被选为单极电流控制,则该极的传输功率可以独立改变,整定的双极传输功率由处于双极功率控制的另一极来维持。若双极均为单极电流控制,则两极分别控制相应的功率。

对于特殊运行方式,"3+2"运行方式,双极可设置为双极功率+单极电流、单极电流+单极电流两种模式,其中运行于两端模式的极必须为单极电流控制。"2+2"运行方式,双极可设置为双极功率+单极电流、单极电流+单极电流两种模式。在线投入受端站两极时,另两端需运行在双极功率+双极功率模式;在线投入受端站一极,需先手动将对极功率传输方式切换为单极电流控制模式。

2. 功率转移

功率转移的总体原则为,故障后尽可能减小云南输送功率的损失,尽可能兼顾入地电流平衡,尽可能减小对两广断面的影响,具体转移原则为:①三端双极功率控制运行时,送端站单极闭锁,功率损失转移至另一极;②受端站单极闭锁,优先极间功率转移,极间转移功率超过本站功率上限后,再进行站间功率转移;③处于单极电流控制模式的运行极不具备极间和站间功率转移能力;④三端双极功率控制模式运行时,若受端站发生单极闭锁,该故障极自动进入单极电流控制模式,健全极保持双极功率控制模式,功率转移过程中需保证受端非故障站接地极电流平衡。

功率转移必须首先满足直流系统最小电流要求,其中昆北站运行时不管两端或三端运行最小电流限值为500A,柳龙模式时最小电流限值为187.5A。满足最小电流限值条件后,直流功率优先极间转带,极间转带只能由单极电流控制极或双极功率控制极向双极功率控制极进行转带。若极间不能完全转带,则执行站间转带。站间转带若非故障站双极均为功率控制模式时,站间转带功率均分到双极;若非故障站只有一极为功率控制模式时，站间转带功率全部转带到双极功率控制的极；双极均为单极电流控制方式时，执行本极的站间转带。

三站由主控站分别下发昆北站和柳北站的功率/电流升降速率，龙门站不设升降速率，昆北站和柳北站按照各自的设定速率更新功率指令，龙门站的功率/电流指令由昆北站和柳北站的功率/电流指令求差得到。当速率设定不合理时，将出现龙门站功率先升后降，或先降后升的现象，因此对于此类三站功率升降速率不匹配的情况，控制系统将禁止运行人员设置功率/电流升降速率。

3. 稳定控制功能功率协调

当昆北站功率提升动作时，功率变化量优先有龙门站承担，当龙门站功率上调可调量小于功率变化量时，则剩余部分由柳北站承担；当昆北站功率回降动作时，功率变化量优先有柳北站承担，当柳北站功率下调可调量小于功率变化量时，则剩余部分由龙门站承担；两个受端站中某一站功率调制功能动作时仅调节本站与昆北站功率，对另一受端站功率无影响；若多个站的功率调制功能同时动作，则将各站的功率调制动作输出的功率变化量做叠加处理。

换流站功率协调控制模式有双极功率控制和单极电流控制，多端直流功率协调控制均由两种控制模式实现。双极功率控制是直流输电系统的主要控制模式，双极功率控制功能分配到每一极实现，任一极都可以设置为双极功率控制模式。当一极按极电流控制运行，功率控制确保由运行人员控制设置的双极功率定值仍旧可以发送到按双极功率控制运行的另一极，并可使该极完成双极功率控制任务。

如果两个极都处于双极功率控制模式下，双极功率控制功能为每个极分配相同的电流参考值，以使接地极电流最小。如果两个极的运行电压相等，则每个极的传输功率是相等的。当单极传输的功率不超过额定传输功率时，如果一极处于降压运行状态而另外一极是全压运行，则两个极的传输功率比与两个极的电压比是一致的。只有在单极大地回线方式运行时，或由于受设备条件的限制，亦或由于其他原因，不可能使接地极电流达到平衡，才允许接地极电流增大。另外地电流平衡调节器还通过 PI 环节对每个极分配的电流参考值进行调节，可以使接地极电流最小。控制系统在双极功率控制中提供了死区范围可调的在线地电流平衡控制器，以把不平衡电流控制到最低值。当两个极处于双极功率控制且不平衡电流超过死区范围时该调节器进行调节。并且配置了接地极电流限制功能，该功能对接地极总电流进行监视，当监视到总电流达到限值时将发出报警并执行功率回降，使接地极电流降至安全水平，接地极电流限制功能可由控制功率的换流站运行人员在后台界面进行投退操作。

如果两个极中一个极被选为极电流控制，则该极的传输功率可以独立改变，整定的双极传输功率由处于双极功率控制状态的另一极来维持。在这种情况下，接地极电流一般是不平衡的，双极功率控制极的功率参考值等于双极功率参考值和独立运行极实际传输功率的差值。

三端双极功率控制模式运行时，若受端站发生单极闭锁，该故障极自动进入单极电流控制模式，健全极保持双极功率控制模式，功率转移过程中需保证受端非故障站接地极电流平衡。

双极功率控制的原理如图 4-34 所示。

如果由于某极设备退出运行，或由于降压运行等其他原因，使得该极的功率定值超过了该极设备的连续输电能力，则此功率定值超过的部分，将自动地加到另一极上去，至多可以达到另一极的连续过负荷能力。

如果直流系统的某一极的输电能力下降，导致实际的直流传输功率减少，那么，双极功率将增大另一极的电流，自动而快速地把直流传输功率恢复到尽可能接近功率定值的水平，另一极的电流至多可以增大到规定的设备过负荷水平。

当流过极的电流或功率超过设备的连续负荷能力时，功率控制向系统运行人员发出报警信号，并在使用规定的过负荷能力之后，自动地把直流功率降低到安全水平。

由于传输能力的损失引起的在两个极之间的功率分配仅限于设定双极功率控制极。如果一个极是独立运行（单极电流），另一极是双极功率控制运行，则双极功率控制极补偿独立运行极的功率损失，独立运行极不补偿双极功率控制极的功率损失。

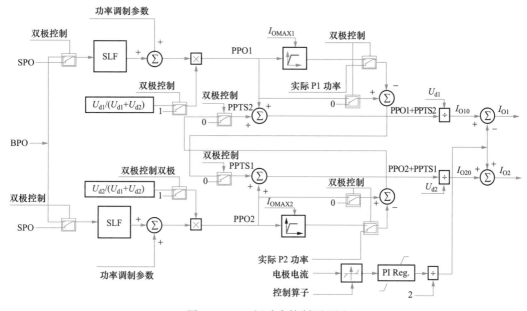

图 4-34　双极功率控制原理图

根据功率分配、转移、稳定控制功能的协调控制原则，及具体功能实现，以下举几个典型例子进行说明功率协调控制。

（1）初态极 1 昆柳龙双阀组运行，极 2 昆柳单阀组运行，极 1 双极功率控制模式，昆北 4000MW，柳北 1500MW；极 2 单极电流控制模式，昆北 2000MW，柳北 750MW。投入龙门极 2。如表 4-5 所示。

表 4-5			功率协调控制示例 1				（MW）
	昆北	柳北	龙门	投入龙门极 2		昆北	柳北	龙门
P1 双	4000	1500	2500		P1 双	4000	1500	2500
P2 单	2000	1500	0		P2 单	2000	1375	125

（2）三端双极四阀组运行，极1单极电流控制模式，昆北5000A，柳北1875A；极2双极功率控制模式，昆北4000MW，柳北1500MW。故障退出极1（短时过电流1.01p.u.）。如表4-6所示。

表4-6　　　　　　　　　　　　功率协调控制示例2　　　　　　　　　　　　　（MW）

	昆北	柳北	龙门	退出极1		昆北	柳北	龙门
P1单	4000	1500	2500	⇒	P1单	0	0	0
P2双	4000	1500	2500		P2双	4040	1515	2525

（3）初态三端双极四阀组运行，极1单极电流控制模式，昆北625A，柳北250A；极2双极功率控制模式，昆北1000MW，柳北400MW。退出柳北极1，如表4-7所示。

表4-7　　　　　　　　　　　　功率协调控制示例3　　　　　　　　　　　　　（MW）

	昆北	柳北	龙门	退出柳北极1		昆北	柳北	龙门
P1单	500	200	300	⇒	P1单	400	0	400
P2双	500	200	300		P2双	600	300	300

（4）初态三端双极四阀组运行，极1双极功率控制模式，昆北4000MW，柳北1500MW；极2双极功率控制模式，昆北4000MW，柳北1500MW。故障退出柳北极1（短时过电流1.01p.u.）。如表4-8所示。

表4-8　　　　　　　　　　　　功率协调控制示例4　　　　　　　　　　　　　（MW）

	昆北	柳北	龙门	退出柳北极1		昆北	柳北	龙门
P1双	4000	1500	2500	⇒	P1单	2525	0	2525
P2双	4000	1500	2500		P2双	4040	1515	2525

（5）初态三端双极三阀组运行，P1低端阀组运行，单极电流控制模式，单极电流指令昆北5000A，柳北1875A；P2双阀组运行，双极功率控制模式，昆北4000MW，柳北1500MW。在线投入极1高端阀组。如表4-9所示。

表4-9　　　　　　　　　　　　功率协调控制示例5　　　　　　　　　　　　　（MW）

	昆北	柳北	龙门	投入极1阀组		昆北	柳北	龙门
P1单	2000	750	1250	⇒	P1单	4000	1500	2500
P2双	4000	1500	2500		P2双	2000	750	1250

（6）初态三端双极四阀组运行，极1双极功率控制模式，昆北4000MW，柳北1500MW；极2单极电流控制模式，昆北5000A，柳北1875A。故障退出极1高端阀组（短时过电流1.01p.u.）。如表4-10所示。

表4-10　　　　　　　　　　　　功率协调控制示例6　　　　　　　　　　　　　（MW）

	昆北	柳北	龙门	投入极1阀组		昆北	柳北	龙门
P1双	4000	1500	2500	⇒	P1双	2020	757.5	1262.5
P2单	4000	1500	2500		P2单	4000	1500	2500

4.6　无　功　控　制　功　能

（1）VSC 双极无功功率控制。柔直换流站的无功功率控制模式主要包括：交流电压控制和无功功率控制。为了避免无功功率的来回波动或发散，一个站的双极不能同时以交流电压为控制目标。如果双极中有一个极因检修或其他原因未运行，则另外一个极可以根据系统运行需求选择交流电压控制或无功功率控制，全站无功控制由运行极独自承担。双极运行方式下，为了保证双极无功功率协调优化运行，无功功率类控制均针对全站的无功功率进行控制。

在两极的极间通信正常情况下，运行人员发总无功功率指令到主控极，主控极通过极间通信将总的无功功率指令分配到非主控极，两极的无功功率分配模块按照各极阀组运行状态进行分配，分配原则如下：

$$Qord(i,j)=QordT/N$$

式中：$Qord(i,j)$ 为极 i 阀组 j 的无功功率分配指令（$i\in1$，…，2，$j\in1$，…，2）；$QordT$ 为总无功功率指令；N 为运行阀组的总个数。该策略下各运行阀组分配的无功功率指令相等。在一个极有功率限制或其他原因导致双极不平衡运行时，以功率圆图为边界对无功进行分配，在功率圆范围内确保由另外一个极补足剩余无功。

同时为了避免两极同时控制交流电压带来的电压偏差，交流电压控制模式均针对全站交流电压进行控制，交流电压控制控制模式下，首先由主控极接收交流电压参考值，通过极间通信传到非主控极，主控极交流电压控制外环 PI 产生全站无功功率，非主控单元跟随主控极，再由各极各阀组无功功率分配指令按照无功分配原则进行分配，交流电压控制流程如图 4-35 所示。

极间通信故障情况下，运行模式切换为单极无功功率控制，各运行极保持当前无功功率指令，如需调节无功功率，运行人员直接向各极发送无功功率指令。

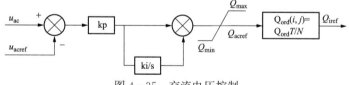

图 4-35　交流电压控制

（2）LCC 无功控制功能。LCC 直流站控中配置了无功控制功能，其主要控制对象是全站的交流滤波器，主要是根据当前直流的运行模式和工况计算全站的无功消耗，通过控制所有无功设备的投切，保证全站与交流系统的无功交换在允许范围之内或者交流母线电压在安全运行范围之内，交流滤波器设备的安全和对交流系统的谐波影响也是无功控制必须实现的功能。

直流站控中的无功控制功能将直流双极的运行参数搜集，再依据两极总的输送功率以及直流双极总的无功消耗情况进行交流滤波器的投切。

无功控制具有以下各项功能，并按以下优先级决定滤波器的投切：

1）U_{max}/U_{min}：最高/最低电压限制，监视交流母线的稳态电压，避免稳态过电压或交流电压过低。

2）Abs Min Filer：绝对最小滤波器容量限制，为防止滤波设备过负荷而必需投入的滤波器组数。

3）Min Filter：最小滤波器容量要求，为满足滤除谐波需求而投入的滤波器组数。

4）Q（control）/U（control）：无功交换控制/电压控制（可切换），控制换流站和交流系统的无功交换量或换流站交流母线电压在设定的范围内。其中，U（control）和 Q（control）不能同时有效，由运行人员选择当前运行在 U（control）还是 Q（control）。

无功控制根据各子功能的优先级，协调由各子功能发出的投切滤波器组的指令。某项子功能发出的投切指令仅在完成投切操作后不与更高优先级的限制条件冲突时才有效。

4.7 换流器在线投退

特高压直流输电工程中，每极配备双换流器。而在实际运行中，每极既可两组换流器同时投入运行，也可根据需要，以单个换流器投入运行，与此同时，控制系统还应具备通过换流器的投/退操作以实现运行方式在线转换的功能。

换流器的投入与退出，不应中断另一阀组的正常运行，还应尽量减小投/退过程对直流输送功率造成的扰动。

换流器投/退命令由主控站发出，由主控站控制系统经站间通信通道协调控制各站执行时序。

换流器区域的断路器、隔离开关连接如图 4-36 所示（以某极高端阀组为例）。

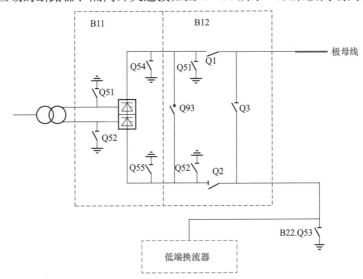

图 4-36 换流器区域断路器、隔离开关连接示意图

4.7.1 换流器投入

实际运行中，无论另一换流器是否处于运行过程中，本换流器均可以进行换流器连接操作。若另一换流器尚未解锁，则换流器的连接仅表示将该换流器连接至极公共部分；若另一换流器正处于解锁运行中，则本换流器投入运行的操作即可称为换流器的在线投入。

换流器的在线投入不仅要将该换流器连接到直流场极公共部分，还需解锁该换流器，以使本极直流系统由单阀组运行模式平稳转换到双阀组运行模式。换流器带电投入时，除相关断路器、隔离开关的分/合操作外，还必须按照一定的顺序，对投入过程加以控制，如此才能保证换流器安全平稳投入运行的同时，还能保证对本极直流系统运行所产生的影响被控制在最小范围。

换流器投入命令发出前，两站运行人员须确保本站换流器和对站相应极的可用换流器已完成充电，并满足 RFO 条件。

（1）柔直阀组直流短接充电。常直阀组通过合交流进线开关，即完成了阀组的充电过程，而柔直阀组由众多功率模块串联而成，功率模块的工作依赖于模块内自取能电源，在充电的初始阶段模块内电容电压较低，自取能电源无法启动，模块无法正常工作，因此采取合理的充电策略让所有模块能正常工作是换流阀运行的前提。

柔性直流阀组投入前，需采用直流侧短接充电方式，直流侧短接充电是为特高压柔性直流阀组在线投入做好解锁前准备，在不控充电阶段为使半桥模块能充电，需要在全桥模块上电后切除部分全桥模块。柔直阀组直流侧短接方式充电等效回路如图 4-37 所示，假设交流侧 A 相电压最高，B 相电压最低，不控充电阶段存在由 A 相上桥臂通过直流短接线经 B 相下桥臂返回（1 号箭头路径），及由 A 相下桥臂通过直流短接线经 B 相上桥臂返回两条充电回路（2 号箭头路径），其中 U_{sa}、U_{sb}、U_{sc} 分别表示交流侧 ABC 三相电压，P、N 分别表示直流侧的正极与负极。由于 A 相下桥臂直流电容上的压降总和大于 A 相上桥臂的直流压降总和，则 A 相下桥臂中的反并联二极管因承受反压而关断，充电电流仅从 A 相上桥臂流过，A 相下桥臂支路断开，即仅 1 号箭头充电路径上的模块电容可被充电，则桥臂中半桥模块电容无法充电，模块无法正常工作。三相电压交替变化，当其他相电压最高或最低时充电路径分析方法类似。

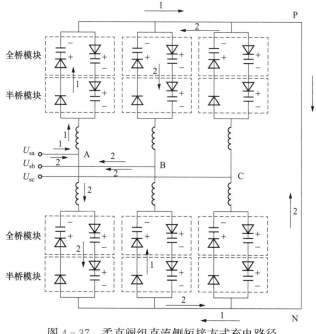

图 4-37　柔直阀组直流侧短接方式充电路径

为使半桥模块电容也能充电，不控充电阶段通过触发 A 相下桥臂和 B 相上桥臂电容电压最高的全桥模块内特定功率器件，切除一定数量的全桥模块可降低 A 相下桥臂和 B 相上桥臂中反并联二极管所承受反压，从而使充电回路切换至 2 号箭头充电路径。如图 4-38 所示，触发被切除全桥模块的 T2 电流流经模块的 T2 和 D4，触发被切除模块的 T3 电流流经模块的 T3 和 D1，充电的全桥模块中电流流经 D2 和 D3。通过 T2 和 T3 前后两周波轮流触发，可保持电流流经 A 相下桥臂和 B 相上桥臂的箭头路径，使半桥模块逐渐充上电，且 T2 和 T3 轮流触发可降低模块器件损耗。其他桥臂处理方法类似，三相电压交替变化，充电路径有共同的规律，即充电电流从相电压高的下桥臂流入，经相电压低的上桥臂回流交流系统。可控充电阶段，根据桥臂中所有模块电容电压由高到低的排序结果，切除更多电压较高的模块，可进一步提高模块电容电压。全桥模块仍通过前后两周波轮流触发 T2 和 T3 切除模块；半桥模块通过触发 T2 切除模块，直至所有模块达到额定电容电压值。

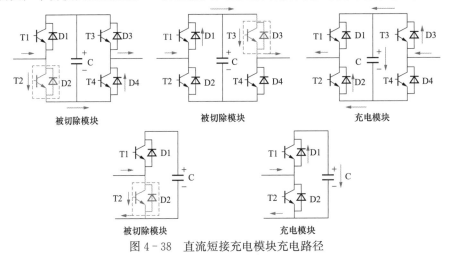

图 4-38　直流短接充电模块充电路径

（2）阀组在线投入。换流器投入命令由主控站运行人员操作发出，换流器在线投入时序为：

1）逆变侧定直流电压 VSC 站收到换流器投入命令后立即以零直流电压解锁待投入阀组，并将待投入阀组的阀组投入控制器的电流指令设为 IDCN 实测值，在阀组投入控制器的作用下，流过换流器的电流逐渐增大；当流过待投入阀组旁路开关的电流出现稳定的过零点并持续达 20ms 时拉开阀组旁路开关。

2）逆变侧定功率 VSC 站收到换流器投入命令后，延时执行与逆变侧定直流电压 VSC 站同样的操作，解锁阀组，增大换流器电流，当流过待投入阀组旁路开关的电流出现稳定的正负向过零点并持续达 20ms 时拉开旁路开关。

3）整流侧 LCC 站收到投入换流器命令后延时执行解锁，并将待投入阀组的电流控制器的电流指令设为 IDCN 实测值。在电流控制器的作用下，整流侧触发角逐渐减小，流过换流器的电流逐渐增大；当流过待投入阀组旁路开关的电流出现稳定的正负向过零点并持续达 20ms 时拉开旁路开关。

4）逆变侧 VSC 换流器在电压控制器的作用下逐步提升直流电压，整流侧 LCC 换流器的电流控制器则维持直流电流在指令值。

5）直流电压和直流电流均达到目标值，换流器投入完成。特高压三端直流换流器投入各站波形如图 4 - 39 所示。

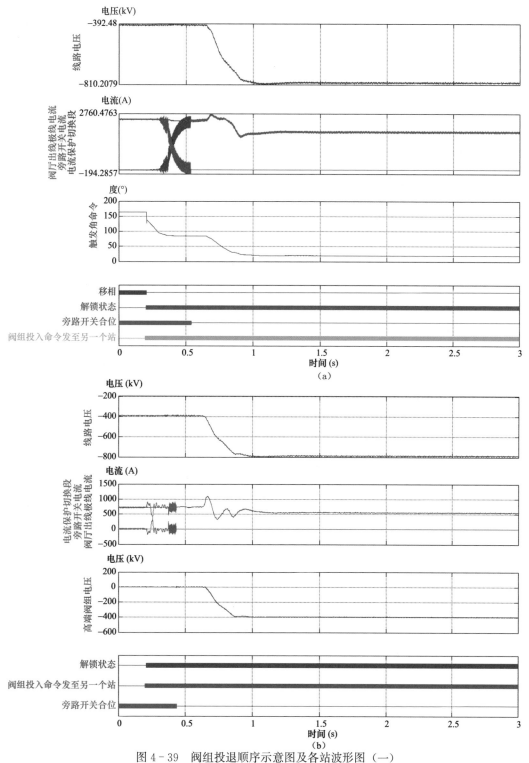

图 4 - 39　阀组投退顺序示意图及各站波形图（一）

（a）阀组投入昆北站波形图；（b）阀组投入柳北站波形图

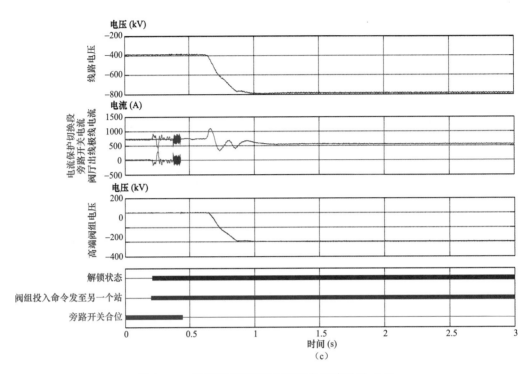

图 4-39　阀组投退顺序示意图及各站波形图（二）

(c) 阀组投入龙门站波形图

4.7.2　换流器退出

当一个极的高/低换流器均处于运行中时，将某一个换流器退出运行的操作可称为换流器的带电退出。退出时，除了相关断路器和隔离开关的顺序操作外，还必须按照一定的闭锁时序执行，才能保证换流器安全退出的同时将对本极直流运行的影响控制在最小范围。

换流器退出命令由主控站运行人员在运行界面操作发出，换流器在线退出时序为：

（1）逆变侧定直流电压 VSC 站收到换流器退出命令后立即执行降阀组电压操作将待退出换流器直流电压降至 0，之后合上旁路开关并闭锁待退出换流器；

（2）逆变侧定功率 VSC 站收到换流器退出命令后，延时执行与逆变侧定直流电压 VSC 站同样的操作；

（3）整流侧 LCC 站在收到换流器退出命令后延时执行 ALPHA_90 命令及投旁通对，合旁路开关，闭锁换流器；

（4）本极另一换流器继续运行，各站协调维持电流电压在指令值附近，换流器退出完成。

特高压三端直流换流器退出各站波形如图 4-40 所示。

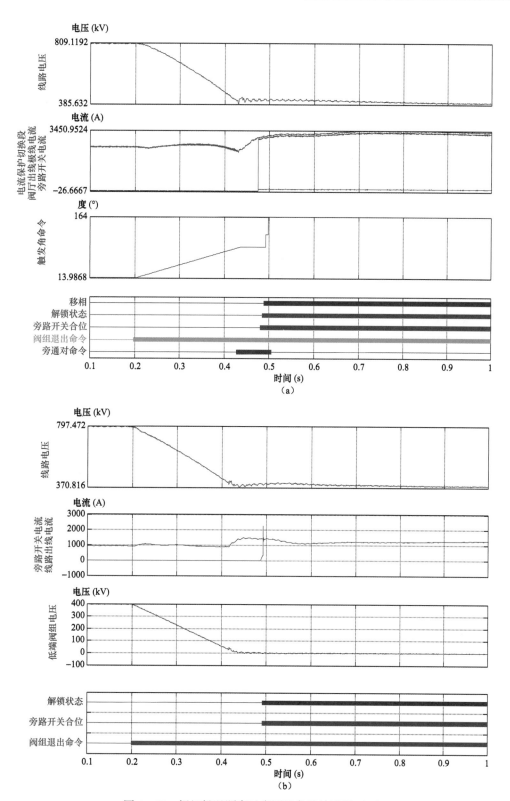

图 4-40 阀组投退顺序示意图及各站波形图（一）

（a）阀组退出昆北站波形图；（b）阀组退出柳北站波形图

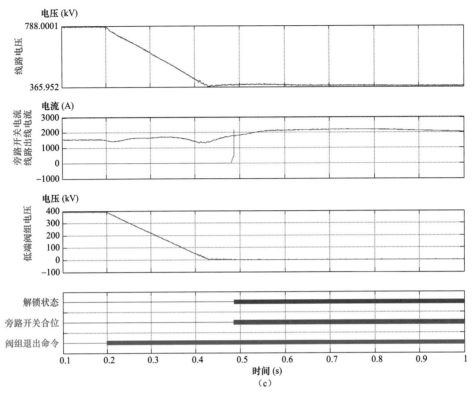

图 4-40 阀组投退顺序示意图及各站波形图（二）

(c) 阀组退出龙门站波形图

4.8 第三站在线投退

在混合直流运行方式下，三端直流工程具备第三站（VSC 柔直站）按极在线投退功能。第三站投入时，HSS 开关作为投入的合闸开关，需要在合闸前解锁待投入第三站，并控制 HSS 开关两端电压相近，最后通过合上 HSS 开关完成投入，功率重新分配，整个过程不会导致已运行两站的功率中断；第三站退出时，需要三站配合将电压、电流都短时控为零，接着由 HSS 开关断开待退出第三站与其他两站的连接，HSS 分闸后迅速恢复电压电流，避免长时间输电功率中断。考虑到线路安全，龙门站的投退是带柳龙线进行的，柳北站在本站进行投退。

（1）柳北站投入。

1）以柳北极 2 投入为例，汇流母线区柳北站隔离、柳北站极 2 正常解锁，自动控制极电压 UDCH 与汇流母线电压 UDL_BUS 相近；

2）柳北 HSS 开关两侧电压差小于 20kV 时显示极 1 "允许启动" 状态，后台下发柳北站极 1 "投入" 命令，柳北 HSS 自动断开并合上汇流连接隔离开关，待连接隔离开关合位时再合上柳北 HSS，柳北站切换为功率控制模式，投入完成。

如图 4-41 所示，柳北站以直流电压控制模式解锁后合上 HSS 开关，再切换为功率控制模式，以最小功率运行。

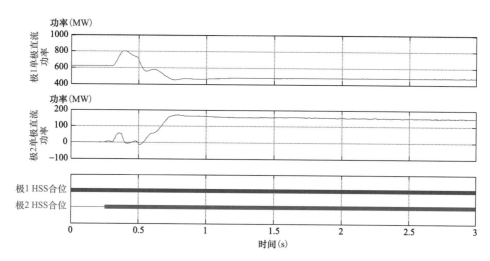

图 4-41　柳北站极 2 在线投入各站波形

（2）龙门站投入。

1）以龙门站极 1 投入为例，汇流母线区柳龙线隔离、龙门站极 1 正常解锁，自动控制柳北站广东侧线路电压 U_{ou}_GD 与汇流母线电压 U_{ou}_BUS 相近；

2）柳龙线路 HSS 两侧电压差小于 20kV 时显示极 1"允许启动"状态，后台下发龙门站极 1"投入"命令，自动合上柳北连接隔离开关，待柳北连接隔离开关均合位时再合上柳龙线路 HSS，龙门站切换为功率控制模式，再切换为电压控制模式，柳北站切换为功率控制模式，投入完成。

如图 4-42 所示，极 1 单阀组运行，龙门站极 1 在线投入过程中，在龙门站已经解锁的状态下投入柳龙线，由于 HSS 开关两侧存在较小的压差，故合闸后电压略有下降，接着龙门站控制功率值为最小功率值，再切换为电压控制模式。

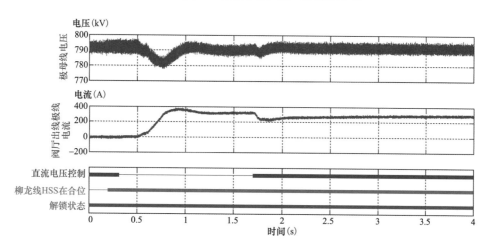

图 4-42　龙门站极 1 在线投入波形

119

（3）柳北站退出。

1）以柳北站极 1 退出为例，后台下发柳北站极 1"退出"命令，柳北站功率降至零后闭锁、跳交流开关；

2）昆北站移相、龙门站闭锁；

3）柳北站检测到柳北 HSS 流过的电流 IDLH 小于 20A，分开柳北 HSS 开关及连接隔离开关，柳北站极隔离；

4）柳北站检测到柳北 HSS 分位，龙门站自动重启、昆北站电流恢复，退出完成。

如图 4-43 所示为柳北站极 1 在线退出时，各站之间配合的波形图，图 4-43（a）中 RETARD 信号表示昆北站移相，EXIT_RST 信号为柳北站发出的退站信号，可以发现昆北站收到柳北站发送的退站信号后开始移相，触发角也随即增大；图 4-43（b）中 HSS_CLOSE_IND 信号为柳北站极 1 与汇流母线连接的 HSS 开关位置信号，可以发现在电流减小到零附近后，HSS 开关分闸，实现柳北站的退出；图 4-43（c）中 EXIT_RST 信号也是柳北站发出的退站信号，结合图 4-43（a）可以发现，在短时性闭锁后，两站重新解锁，恢复功率输送。

（4）龙门站退出。

1）以龙门站极 1 退出为例，后台下发龙门站极 1"退出"命令，龙门站功率降至零后闭锁、跳交流开关；

2）昆北站移相、柳北站闭锁；

3）龙门站检测龙门 HSS 流过的电流 IDLH 小于 20A，分开龙门 HSS 及隔刀，龙门站极隔离；柳北站检测到柳龙线路 HSS 流过的电流 IDL_GD 小于 20A，分开线路 HSS 及两侧隔刀；

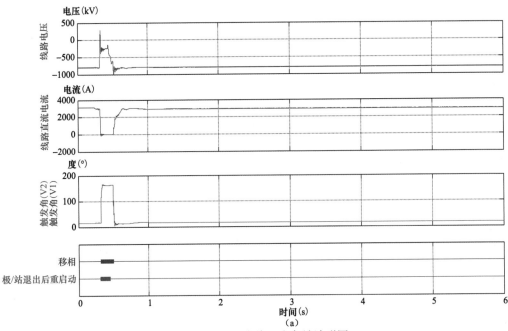

图 4-43　柳北站极 1 在线退出各站波形图（一）

（a）昆北站波形

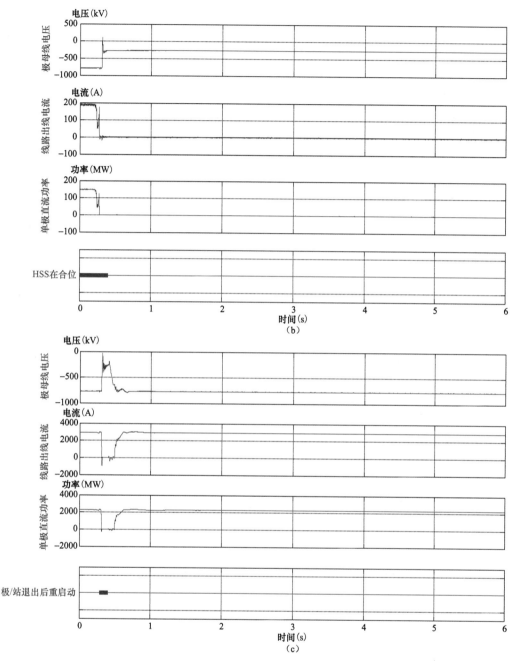

图 4-43 柳北站极 1 在线退出各站波形图（二）

（b）柳北站波形；（c）龙门站波形

4）柳北站检测到柳龙线路 HSS 分位，柳北站自动重启、昆北站电流恢复，退出完成。

如图 4-44 所示为龙门站极 1 在线退出时各站之间配合的波形图，相关信号配合与柳北站退出相类似，图 4-44（c）中龙门站退出完成所检测的 HSS 开关状态为柳北站汇流母线与柳龙线连接 HSS 开关，即图中 XLHSS_CLOSE_IN_S2 信号。

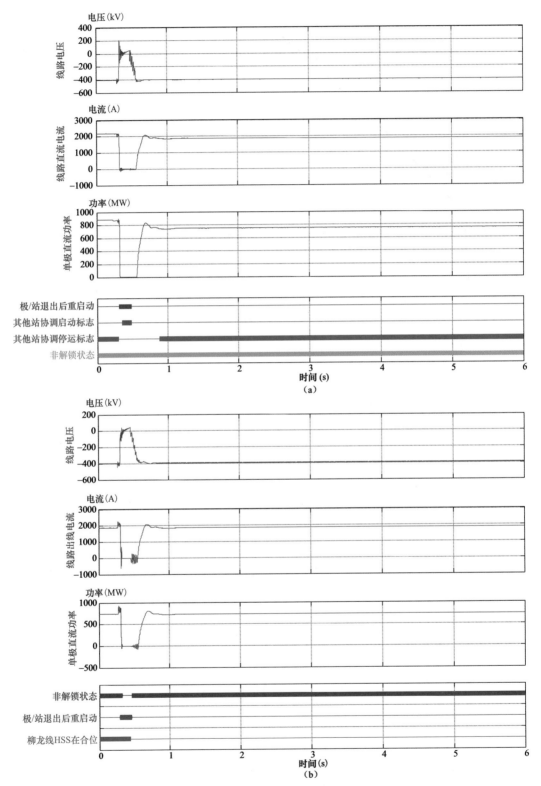

图 4 - 44 龙门站极 1 在线退出各站波形图（一）

（a）昆北站波形图；（b）柳北站波形图

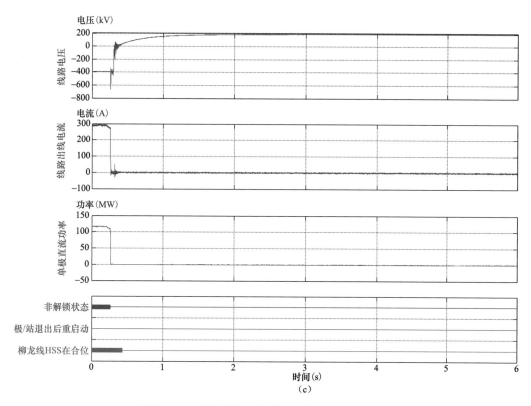

图 4 - 44　龙门站极 1 在线退出各站波形图（二）

（c）龙门站波形图

4.9　直流线路故障清除与重启

　　直流线路发生故障，直流电压迅速跌落，送端的常规直流换流站和受端两个柔性直流换充站均快速向故障点注入故障电流。为清除直流侧线路故障，抑制故障电流，整流侧常规直流换流站检测到直流电流迅速增大后立即移相，可迅速清除直流故障；对于采用全桥模块和半桥模块混合的 VSC 阀的逆变站，柔性直流换流站换流阀功率模块电容与直流侧接地点形成放电回路，直流电流、桥臂电流均迅速上升，为避免模块因大量放电导致电压大幅降低，并抑制短路电流的上升导致柔直站因桥臂过流闭锁，柔直站可通过控制策略，在直流侧输出一定的负压，达到迅速清除故障电流的目的。具体策略如下：

　　一旦检测到故障发生，各端换流站需采取快速的故障清除措施。昆北站（LCC 站）快速移动触发角进入逆变模式，一般而言当故障电流大于 250A，移相触发角固定为120°，当故障电流小于 250A，移相触发角固定为 164°。柔直站在检测到直流线路故障后，有功类控制策略立即切换为模块电容电压平均值控制，通过稳定模块电容电压，输出有功类电流参考值 I_{dref}，同时保持无功类控制策略不变。为清除线路故障电流，通过直流电流闭环控制，根据故障程度控制所需输出的直流电压值，达到清除故障电流的目的。控制策略如图 4 - 45 所示。

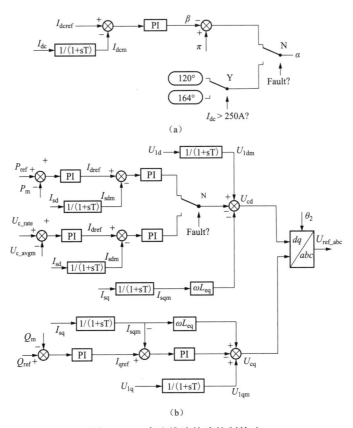

图 4 - 45　直流线路故障控制策略

(a) 昆北站直流线路故障控制策略; (b) 柔直站直流线路故障控制策略

具体执行过程如图 4 - 46 所示: ①输出负直流电压, 起到灭弧效果; ②尝试重启, 重启失败后降压重启; ③重启成功后恢复直流功率; ④去游离时间约 400~500ms。

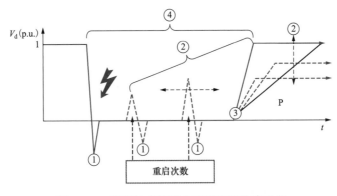

图 4 - 46　特高压多端混合直流线路故障重启

对于特高压多端混合直流线路故障重启, 因昆柳龙直流工程有两段直流线路, 柳北—龙门线路的首、末端均配置了 HSS 高速开关, 对于柳北—龙门线路的永久故障, 可以采用在去游离期间跳开柳北—龙门线路柳北侧 HSS 开关的方式切除故障支线路, 剩余两端系统重启继续运行。如昆北—柳北线路发生永久故障, 则各站全停。实现直流线路故障清除及重启的完整策略如图 4 - 47 所示。

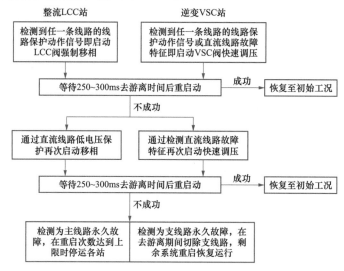

图 4 - 47　直流线路故障清除及重启的完整策略

直流线路故障重启波形如图 4 - 48 所示，可以看到保护检测到直流线路故障后整流侧迅速移相，逆变侧通过控制快速输出一定的负压清除故障电流，可实现系统在发生瞬时线路故障后可靠重启。

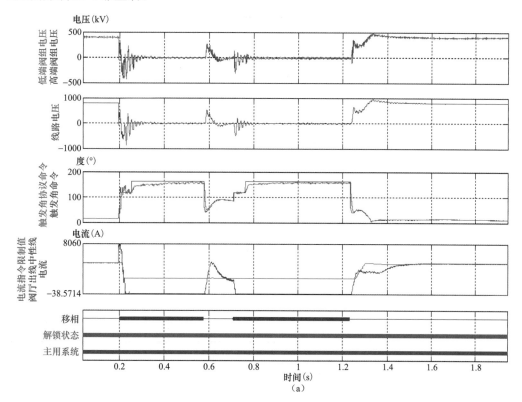

图 4 - 48　直流线路故障重启波形（一）

（a）昆北站

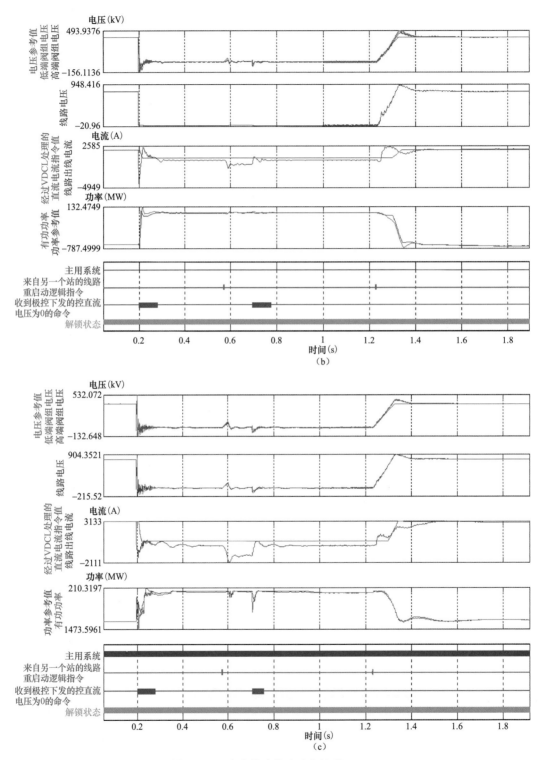

图 4-48 直流线路故障重启波形（二）

(b) 柳北站；(c) 龙门站

4.10　交流故障穿越

4.10.1　送端交流故障穿越

送端交流系统故障，常规直流换流站直流侧出口电压下降，直流侧输送功率减少，甚至出现功率中断，因此针对送端交流故障，可降低柔直站直流侧出口电压，保证一定量的功率输出。

LCC 侧极间直流电压与触发角大小有关，LCC 侧通常配备最小触发角控制，当交流侧发生故障时，触发角会减小来补偿直流直压的下降，通常取 5°。交流侧故障期间触发角保持在 5°，若故障时间很短，在故障恢复过程中触发角较小的角度，可能导致在恢复过程直流电压和电流出现较大波动。因此，交流故障穿越期间设置触发角为一个较大的值。单相及两相故障取 20°，三相故障取 25°。LCC 的触发角控制如图 4 - 49 所示。

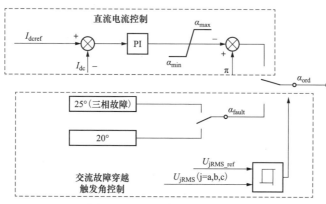

图 4 - 49　LCC 触发角控制框图

判定 LCC1 发生交流故障之后，MMC3 接收到故障信号后进行直流电压偏差控制。I_{dc2ref} 为 MMC3 的额定直流电流值，I_{dc2} 为测得的 MMC3 直流电流值。将二者的差值经过 PI 环节，得到交流故障穿越期间的 MMC3 直流电压的参考值 U_{dcref_fault}，上限为 1.0p.u.，下限为 0.6p.u.，控制策略如图 4 - 50 所示。在整流站交流故障穿越期间，通过降低受端直流电压，保证能有一定的功率送出。

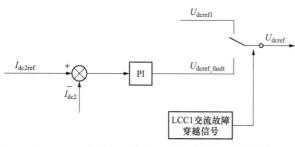

图 4 - 50　交流故障穿越期间的直流电压控制策略

LCC1 触发角控制与 MMC3 直流电压偏差控制，可在整流侧交流故障时保证送端有一定量的功率送出。但在整流侧发生严重的交流故障时，送端有功功率会中断，此时 MMC2 侧无法再维持原有的有功功率控制。在送端有功功率小于 0.01p.u. 时，调整 MMC2 的有功功率额定值降为 0.01p.u.，降低功率需求量，避免出现龙门站向柳北站倒送功率的情况。交流故障穿越期间三站控制策略流程图如图 4 - 51 所示，交流故障穿越期间三端运行方式下昆北站交流系统两相短路接地故障时三站的穿越波形如图 4 - 52 所示。

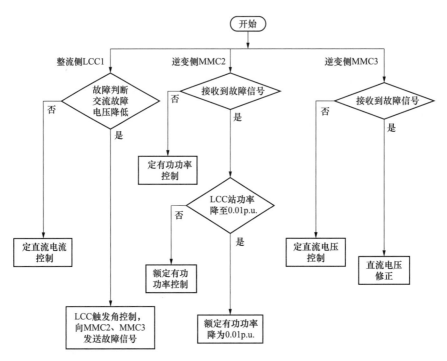

图 4-51　三站控制策略流程图

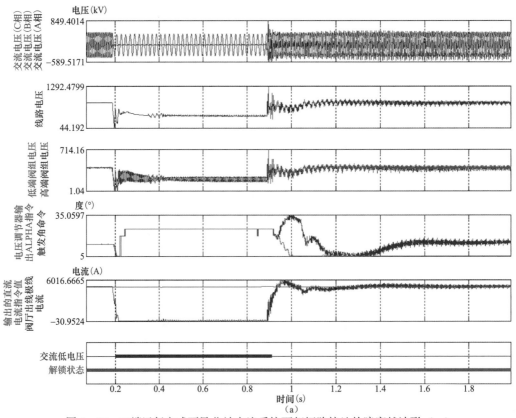

图 4-52　三端运行方式下昆北站交流系统两相短路接地故障穿越波形（一）

（a）昆北站

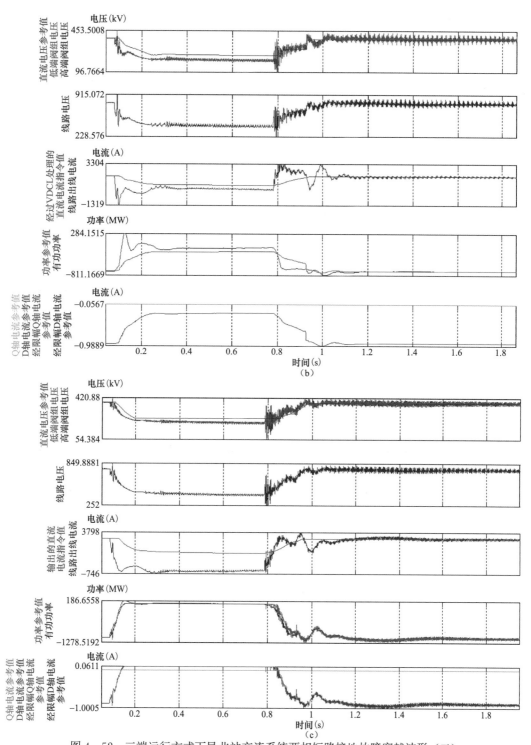

图 4-52　三端运行方式下昆北站交流系统两相短路接地故障穿越波形（二）

（b）柳北站；（c）龙门站

4.10.2　受端交流故障穿越

受端柔直换流站发生交流系统故障，由于故障站功率送出水平受限，直流系统多余的能量将以增大子模块电容电压的方式储存于阀组内部，从而导致系统的直流电压水平增大。三端运行方式下龙门站交流系统两相短路接地故障穿越波形如图4-53所示。

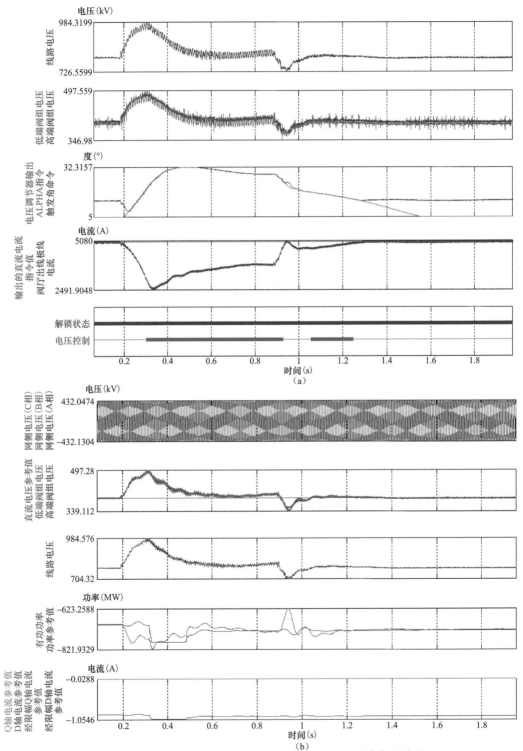

图 4-53　三端运行方式下龙门站交流系统两相短路接地故障穿越波形（一）

（a）昆北站；（b）柳北站

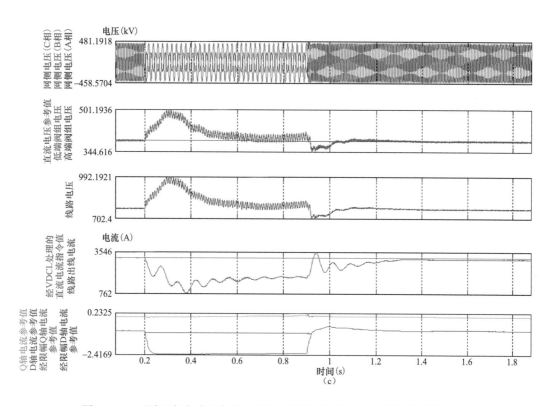

图 4-53　三端运行方式下龙门站交流系统两相短路接地故障穿越波形（二）
（c）龙门站

　　为防止系统在受端交流故障穿越期间长期处于直流过电压水平，LCC 站需配置电压控制器与电流控制器进行配合，电压控制器于稳态时投入，通过设置电压参考值 U_{dcref0} 为 1.03p.u.，可保证稳态下 LCC 站处于定电流控制模式，一旦系统因受端交流故障导致直流电压增大，则电压控制器输出的触发角将大于电流控制器，从而替代后者作为 LCC 站的控制模式。在电压控制器作用下，系统的直流电压水平能够得到改善，同时，定电压控制模式能够减小送端 LCC 站送出的有功功率，从而降低故障期间受端 MMC 站子模块电容过压水平。

　　桥臂中的交流分量为故障期间桥臂面临过流风险的主要原因。对于桥臂中的交流分量，其在不对称故障时还将可能包含负序和零序分量。又由于换流变压器通常采用 Yn/Y 的接线方式，在网侧发生不对称故障时，能够隔离零序电流分量。因此，需抑制桥臂电流交流分量中的正序和负序电流。对于交流电流正序分量，可在上述正序分量控制器中加入相应的限幅环节，从而避免故障期间的过流现象，对于负序分量，可采用负序抑制策略进行限制。

4.11 金属/大地回线转换

4.11.1 金属/大地回线转换顺序

为了避免大地中持续流过大电流，当双极运行中的某一极退出运行后，剩下的极可以利用未充电的对极线路作为电流的回流路径，该接线方式称为金属回线方式，大地回线和金属回线的转换可在直流极运行或未运行两种状态下进行。如果构成金属回线的对极没有被隔离，应先进行对极隔离操作，当对极隔离后，本极才能正确进入金属回线状态。

金属/大地回线断路器、隔离开关示意图如图 4－54 所示，从图中断路器、隔离开关配置可以看到，金属回线下在整流侧接地钳位，大地/金属回线转换开关（MRTB、MRS）位于逆变侧，转换时顺控操作先通过逆变侧的大地/金属回线转换开关分断并联路径的电流，再拉开整流侧的隔离开关。

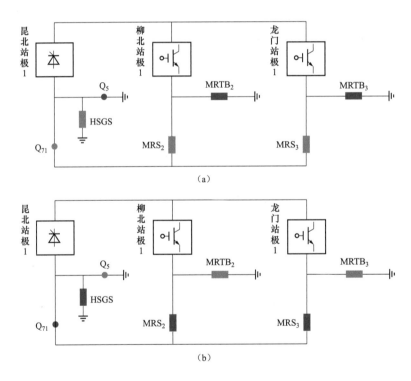

图 4－54 大地/金属回线断路器、隔离开关示意图
（a）大地回线；（b）金属回线

大地/金属回线转换的具体顺控操作，主要分为三步：①中性线区域建立并联路径。顺序控制程序通过检测两个路径中是否都有电流来判断新的路径是否建立完毕；②分开逆变站的 MRTB 或者 MRS，断开原来路径的电流；③大地/金属回线转换时，还需考虑为了使得 MRTB 承受的应力最小，金属回线建立后，金属回线电流达到稳定值后再

打开，如果 MRTB 没有能够断开大地回线电流，它会被重新合上；④大地回线必须在断开金属回线前建立，如果大地回线中测量到的直流电流小于预定值时要闭锁 MRS 的操作，为了使得 MRS 承受的应力最小，应该在大地回线建立后，大地回线中的电流达到稳定时才允许打开 MRS。两端金属转大地回线具体顺序为先完成整流站的开关刀闸分合操作，再完成逆变站的开关刀闸分合操作；两端大地转金属回线具体顺序为先完成逆变站的开关刀闸分合操作，再完成整流站的开关刀闸分合操作。三端大地/金属回线转换操作较复杂，具体操作顺序如图 4-55、图 4-56 所示。

4.11.2　三端金属/大地转换策略优化

大地回线转金属回线过程中，柳北站完成转换且合上龙门站 MRS（MRS$_3$）后，流过 MRS$_3$ 的电流，根据电流叠加定理可求得柳北站电流源 I_2 在 MRS$_3$ 上产生的电流激励 $I\_MRS_3\_I_2$，龙门站电流 I_3 在 MRS$_3$ 上产生的电流激励 $I\_MRS_3\_I_3$，如图 4-57、图 4-58 所示，图中以该电流激励的相反方向为电流正方向，其中 R_1、R_2、R_3、R_5 分别为各直流线路和接地极线路电阻。

$$I\_MRS_3\_I_2 = -\frac{R_1}{R_1+(R_2+R_3+R_5)}I_2 \tag{4-1}$$

$$I\_MRS_3\_I_3 = \frac{R_3+R_5}{(R_1+R_2)+(R_3+R_5)}I_3 \tag{4-2}$$

式（4-1）与式（4-2）之和，即为流过 MRS$_3$ 上的电流，可以看到在一定的线路电阻和功率水平下，可能会出现流过 MRS$_3$ 上的电流为零的情况。为确保转换过程中开关已正确分合闸，若 MRS 上流过的电流为零，则禁止后续转换操作，因此在特定的功率水平，存在误判转移支路电流为零导致大地转金属回线失败的风险。

同理，金属回线转大地回线过程中，龙门站完成转换且合上柳北站 MRTB（MRTB$_2$）后，三站的回路示意图如下，其中流过 MRTB$_2$ 的电流，同样可以根据电流叠加定理可求得柳北站电流 I_2 在 MRTB$_2$ 上产生的电流激励 $I\_MRTB_2\_I_2$，龙门站电流 I_3 在 MRTB2 上产生的电流激励 $I\_MRTB_2\_I_3$，如图 4-59、图 4-60 所示，以该电流激励的方向为正方向。

$$I\_MRTB_2\_I_2 = \frac{R_1}{R_1+(R_3+R_4)}I_2 \tag{4-3}$$

$$I\_MRTB_2\_I_3 = -\frac{R_3}{R_3+(R_1+R_4)}I_3 \tag{4-4}$$

为解决该问题，采用了转换过程中电流自动阶跃，躲过误判转换失败的电流判断死区的优化策略。具体策略为：在金属大地回线转换过程中，判断对应转移支路上开关 MRS 或 MRTB 上的电流是否小于死区值，若小于死区值，则采用昆北站和柳北站功率同时阶跃，躲过死区值再开展后续转换操作，柳北站功率小于 0.5p.u. 时将让柳北站电流向上阶跃 160A，柳北站功率大于 0.5p.u. 时将让柳北站电流向下阶跃 160A。图 4-61 为昆柳龙直流三端极 1 大地回线转换为极 1 金属回线波形图，可以发现，在大地金属转换的过程中，昆柳两站电流向下阶跃，躲过了误判转换失败的死区值，完成了后续转换操作。

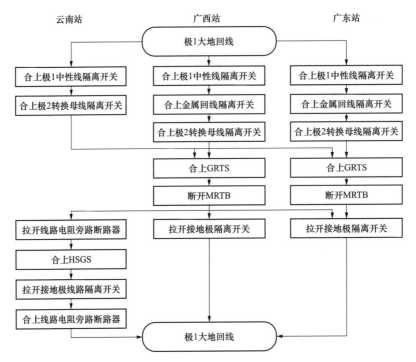

图 4-55　单极大地回线转金属回线顺序

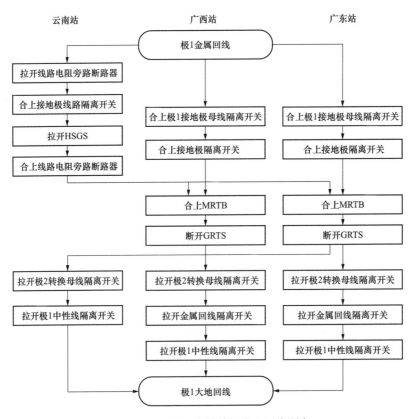

图 4-56　金属回线转单极大地回线顺序

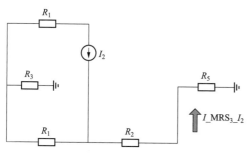

图 4-57 大地回线转金属回线
过程中柳北站电流源模型

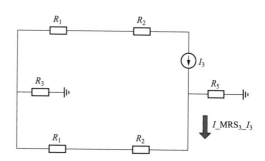

图 4-58 大地回线转金属回线
过程中龙门站电流源模型

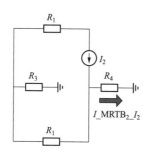

图 4-59 金属回线转大地回线
过程中柳北站电流源模型

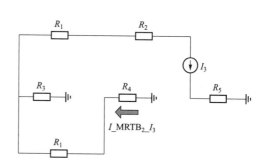

图 4-60 金属回线转大地回线
过程中龙门站电流源模型

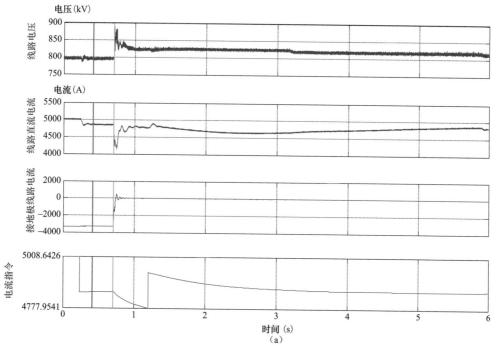

图 4-61 单极大地转单极金属回线波形图（一）

（a）昆北站波形

135

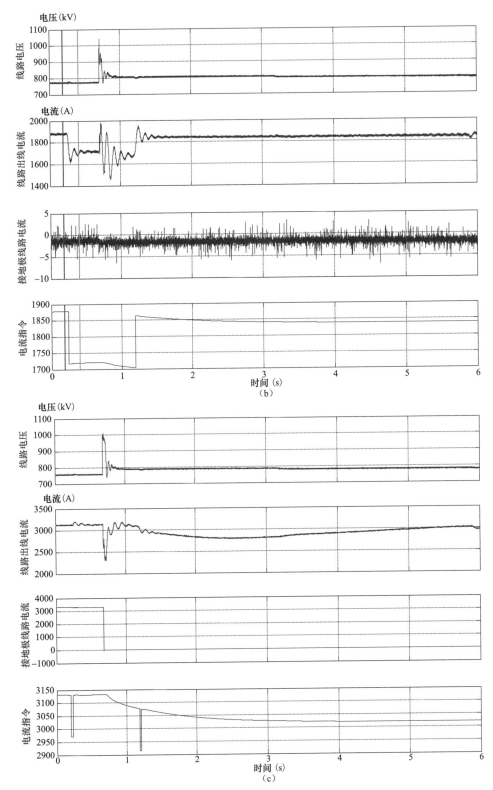

图 4-61 单极大地转单极金属回线波形图（二）

(b) 柳北站波形；(c) 龙门站波形

4.12　柔直虚拟电网高频谐振抑制策略研究

随着越来越多的柔性直流工程投入应用，与柔性直流相关的稳定性日益突出，其中一个是柔直与交流系统间的高频谐振问题。该谐振现象已在多个实际柔直工程的调试和运行中得到证实，鲁西背靠背、渝鄂背靠背和德国北海柔直工程曾分别发生了 1270Hz、700～750Hz 和 250～350Hz 的高频谐振现象。研究表明，该高频谐振是由柔直换流器与交流系统间阻抗不匹配引起的。在实际交流系统中，其阻抗特性会随接线方式而发生变化，可能会存在多个弱阻抗点。而柔性直流由于电力电子快速开通关断的控制特性，使得柔直换流器在某个交流系统谐振点附近呈负电阻性，从而在特定的交流接线方式下会与交流系统相互作用，引起交流电压电流谐振现象。优化或重塑柔性直流的输出阻抗是从机理上降低甚至消除该高频谐振风险的主要方法。

对于该高频谐振问题，目前工程的主要解决方案是：①减少控制链路延时；②在柔直站内环控制器的前馈环节合理配置滤波器策略。研究表明，电流内环电压前馈在采用二阶低通滤波器后会在一定程度上恶化柔直站交流故障时的动态特性，特别是可能引起柔性直流因过流而暂时性闭锁，导致功率短时中断和直流侧的过电压。为了兼顾柔性直流的动态性能和高频谐振抑制需求，提出一种新型的基于虚拟电网自适应控制策略。

虚拟电网自适应控制策略主要分为三个环节，如图 4-62、图 4-63 所示，在电网电压稳定时采用虚拟电网自适应控制，不响应谐波分量，避免谐振风险，同时又保证了功率指令的快速、无差跟踪，故障瞬间完全跟踪，故障及恢复期间自适应调节。通过用虚拟交流电压等效实际交流电压，正常工况下虚拟电网自适应控制的输入量和输出量在物理上完全隔离，虚拟交流电压按采用实际电网的稳态相位和幅值信号来模拟输入的实际交流电压，当交流电压由正常值瞬间降低至预设电压阀值时，则令虚拟电压完全等于实际电压，从而实现对实际电压的完全实时跟踪，以保证交流电压跌落瞬间的系统动态特性。完全跟踪一段时间后，若交流电压仍小于预设电压阀值，虚拟电网自适应控制则进行自适应调节环节，直至交流电压恢复到预设电压阀值后，恢复到正常工况不响应高频振荡环节。

昆柳龙双极四阀满功率运行方式下，龙门站发生三相金属性接地交流故障瞬间，当采用二阶低通滤波策略时，龙门站的桥臂电流高达 4657A，导致换流阀出现暂时性闭锁，由于龙门闭锁后，直流侧功率无

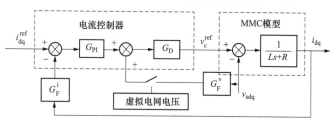

图 4-62　采用虚拟电网自适应控制的传递函数框图

法送出，昆北站尚未来得及降功率，继续向直流侧注入大量功率，直流电压瞬间升高至 1600kV 左右，导致直流极线处的避雷器动作，直流电压出现了削顶现象。而采用虚拟电网自适应控制后，龙门站不再出现暂时性闭锁，桥臂电流最大值为 3437A，远小于采用二阶低通滤波策略，且不再出现直流过压情况。仿真结果如图 4-64 所示。

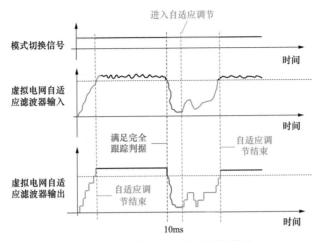

图 4-63　虚拟电网自适应控制策略

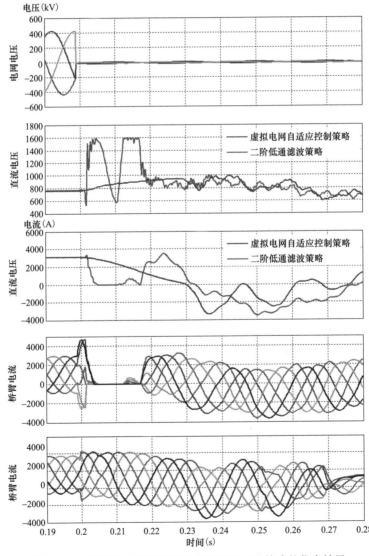

图 4-64　昆柳龙双极四阀运行龙门发生交流故障的仿真结果

龙门换流站总阻抗扫描结果如图 4‑65 所示，由图可知，采用基于虚拟电网的前馈策略后，在 500～1200Hz 范围内阻抗相角整体下移，中高频段阻抗相角减小到 90°以下，换流器等效阻抗负阻尼特性得到有效抑制，谐振风险大大降低。

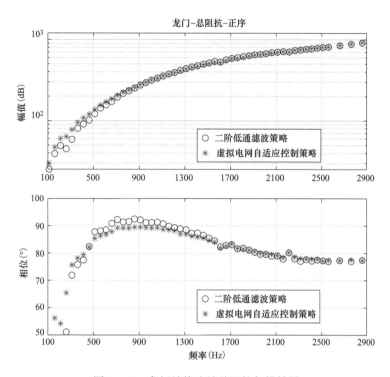

图 4‑65　龙门站换流站总阻抗扫描结果

谐振仿真结果如图 4‑66 所示，龙门换流站共有六回交流出线，在大方式下发生 $N-4$ 故障后，采用二阶低通滤波器会发生高频谐振现象，振荡呈逐渐放大趋势，由图可知，在 60ms 内电网电压的谐波含量（THD）从 7.26％逐渐增大至 12.84％。在 0.1s 切换到虚拟电网自适应控制后，耗时 80ms 左右，电网电压的 THD 降低至 0.36％，结果表明所提策略能够有效改善柔直的阻抗特性，相对于二低通滤波策略，能够进一步降低高频谐振风险。

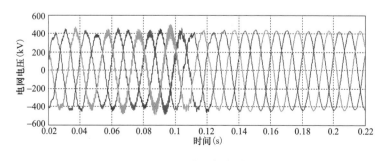

图 4‑66　谐振仿真结果

4.13 与直流稳控系统配合的控制策略

4.13.1 直流稳控系统设计原则

根据三端直流双极最大闭锁序列空间的分类和预想故障集，从稳控装置收取故障信号的视角，将昆柳龙双极闭锁故障分为 64 类，构造各类极端故障序列场景形成校核预想故障集，分析各类间相互关系，定位关键边界故障类型。

对稳控系统和直流控制保护系统的稳控支持相关功能进行联合设计优化，提出了基于可信目标功率的累积故障功率损失量计算方法。在发生闭锁或速降故障时，由直流控制保护系统综合三端信息，在确保发送给稳控系统的目标功率状态信息（包含极间、站间功率转移效果并躲过若干短时功率中断）正确刷新后，向稳控系统发送故障命令；稳控系统收到命令后锁定直流目标功率，与相继故障序列初始断面功率做差得到直流累积故障损失功率。

综合稳控系统和直流控制保护系统信息，提出统一闭锁和速降故障的策略触发故障条件和出口动作防误条件。落实并合理扩展《电力系统安全稳定导则》关于 $N-1$ 故障的概念和要求，对切机、切负荷稳控策略设置故障类型、范围限制条件。以稳控策略"相同输入必有相同输出"为原则，将闭锁和速降两类故障统一为直流功率损失故障进入策略，保证策略内在逻辑一致性。

（1）特高压多端柔性直流阀组闭锁判据。交直流互联电网直流输送容量大，一旦发生直流闭锁，大量功率将转移到交流通道，将引起严重的稳定问题，要求安全稳定控制系统能快速准确识别出直流闭锁并根据既定策略采取控制措施以确保整个电网的稳定。在深入研究故障期间直流闭锁信号和换流变电气量的时序关系基础上，提出基于直流控保系统闭锁信号、状态信号和换流变电气量的直流故障综合判别技术，可在故障后 6～8ms 内判出闭锁故障，为尽快采取稳控措施赢得了宝贵的时间。

对于 $\pm800kV$ 直流输电系统，利用直流极控系统给出的极（阀组）闭锁信号、极（阀组）投停信号、直流再启动信号等和换流变的电气量相结合，提出了一整套直流极闭锁的判据，包括单阀闭锁、三阀以上同时闭锁、三阀以上相继闭锁、后闭锁阀所在极再启动等。

（2）直流速降功率损失量计算方法。当直流设备自身原因导致直流功率速降，或三端运行模式下远端直流闭锁导致的送端直流功率速降，该系统根据事故前的稳态直流运行功率和事故后的直流运行功率目标值来计算功率损失容量，充分考虑直流站内和直流站间的功率转代，准确的计算出直流功率损失用于控制，大大提高了稳控系统的控制精度。

（3）直流功率调制等协调控制技术。为了解决交流电网严重故障情况下的稳定问题，设置了调制直流控制功能，当发生故障时发送直流功率限制命令，将直流运行功率控制在一定的运行防误内，本方法解决了原来按照档位调制的过切问题，大大提高了电网的运行可靠性。

（4）稳控与控保实现全数字化的通信接口。接口方面首次实现了与控制保护的全数字化接口，控制接口也首次由提升或回降的档位修改为控制直流运行目标值。

4.13.2　与稳控系统配合的直流线路再启动策略设计

4.13.2.1　多端柔性直流故障后各端功率控制分配原则

直流故障后各端功率的变化、控制规则，是再启动控制的前提。多端直流故障后各端功率控制分配需考虑以下因素：

（1）柔性直流单元考虑无长期过负荷能力，各端功率分配时须满足安全运行约束条件。

（2）直流阀组故障时，在满足安全运行约束条件下，各端故障后分配功率时尽量减少直流功率的绝对损失量，有利于减少系统频率偏差，特别是减少对云南端的系统频率影响。

（3）昆柳龙直流故障后各端直流功率分配时需兼顾入地不平衡电流的控制要求，在直流总功率不变时优先考虑入地不平衡电流较小的方案。

（4）为降低对两广交流断面功率影响，在满足安全运行约束条件下，故障后尽量保证广东端直流功率。

（5）某端发生单阀组故障，一般应闭锁所有端的相应阀组。广西端发生单阀组故障还可通过选择控制字闭锁本站故障阀组所在极。

（6）发生极故障，若为送端云南端发生极闭锁故障，同时闭锁受端两端的对应极；若为受端极发生闭锁故障，仅闭锁本站的故障极，不闭锁其他两端的极。

（7）发生极故障时的功率分配，优先在本站的极间功率转移，其次再考虑向各端站间转移。

（8）单极单阀组运行时，该阀组故障按照极故障处理。

（9）受端发生同极双阀组故障，优先按极故障处理。

（10）直流两端运行方式时，某一端阀组/极故障后闭锁另一端的相应阀组/极。

4.13.2.2　多端柔性直流线路故障再启动动作时序及其模拟

当开放故障再启动时，昆柳龙直流线路故障后，昆北整流侧紧急移相，同时龙门、柳北柔直端迅速将其直流故障电流控制到零（不闭锁触发信号）。按整定值等待去游离时间结束后，昆北整流侧移相恢复，龙门、柳北侧按预设控制逻辑依次恢复功率。

如果再启动失败且再启动尝试尚未达到开放次数，直流将重复上述去游离等待、移相恢复过程。若最后一次再启动失败，则极功率降为零，闭锁相关故障端（昆柳段故障闭锁三端，柳龙段故障闭锁龙门端），稳控系统根据闭锁端功率损失情况采取切机措施。

如果线路故障发生在柳龙段，龙门端闭锁后，HSS 动作隔离柳龙段。其后，昆柳段进入与前述再启动过程。如果恢复失败，则闭锁故障极，稳控系统根据整极功率损失情况补切送端机组。

昆柳龙直流工程线路故障再启动时序如图 4－67、图 4－68 所示。

参考现有直流工程的再启动去游离时间和技术规范书对功率恢复时间的要求，设置一个合理的再启动全程时间，其中一次去游离时间加全压恢复时间为 t_1，在线退站过程时间 t_3；同理，设置柳龙段再启动失败到 HSS 动作隔离柳龙段的时间。

昆柳龙直流送端联网运行方式下，因直流发生极/阀组闭锁故障导致功率损失过大时，云南电网频率升高，为避免触发电网第三道防线并留一定裕度，优先切除近端大容量电厂机组，若可切量不足，再切除远端机组。

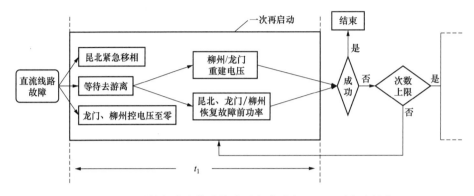

图 4-67 昆柳龙直流线路故障再启动时序———再启动部分

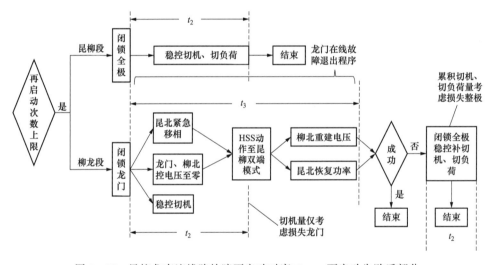

图 4-68 昆柳龙直流线路故障再启动时序二——再启动失败后部分

4.13.2.3 多端柔性直流故障后系统频率稳定校核分析

多端柔性直流故障再启动策略的设计过程，本质上是一个借预想事故集和仿真计算，以系统稳定和设备可靠性为目标，联合稳控策略不断进行"策略调整—稳定校核"的迭代过程。对于给定的可信模型和仿真工具，频率稳定校核分析的关键在于设置计算场景。为了在校核分析中考虑直流故障可能带来的极端影响，需要对影响系统频率响应的关键场景参数做出界定。对于异步运行的送端电网，这些关键场景参数包括系统负荷和开机规模（转动惯量水平）、下调频备用、外送直流总的上调节容量、稳控策略等。

1. 基础计算场景

通常，在直流工程投产前，调度部门可给出投产年的若干典型运行方式。为了极端考虑与频率稳定不利的系统运行场景，通常会以调度部门给出的夏小或冬小方式为基础，对频率稳定的关键因素做出调整，比如调整系统开机规模和调频备用，当区域新能源渗透率较高时，还需考虑新能源出力占比较高的场景。为了得到既现实又极端的小惯量、小调频备用场景，可参考系统历史运行真实数据，并前瞻性考虑直流工程投产后的基本调度方式。例如，在对昆柳龙直流故障进行送端频率稳定分析时，主要考虑云南 8 档不同开机、备用规模，并使用风电大发场景校核。

2. 送端系统外送直流 FLC 上调容量

外送直流 FLC 上调节容量对异步送端网络的频率稳定起到至关重要的作用，是直流再启动策略设计时必须考虑的关键边界条件。为研究 FLC 上调容量对系统频率的影响，研究中可考虑不同的 FLC 上调节容量水平。结合各直流过载能力和历史运行数据中实际上调节容量的分布情况，可以设置不同极端程度的上调节容量水平，一般需包括调度控制约束中要求的最小 FLC 上调节容量水平和稳控分析校核中考虑的较保守的 FLC 上调节容量水平。对昆柳龙直流的分析考虑了 9 档云南外送直流 FLC 上调容量。

为了在足够宽的范围内观察 FLC 上调容量对系统频率的影响，研究中考虑 FLC 上调最大容量为金中、鲁西、永富、新东、牛从、普侨、楚穗直流各 20% 额定容量。

3. 稳控策略

稳控策略是再启动策略分析的边界条件，在两者交互迭代的联合优化过程中，对再启动策略进行分析计算时，需要给定稳控系统的基本动作原则。稳控策略的详细研究内容见本章第五节。

4. 不再启动开放次数的频率响应计算

初期需要首先对单纯的单极、双极高压线路故障再启动进行仿真校核，其中的核心问题是估计系统频率安全约束允许的再启动次数。带有降压再启动功能的直流还可考虑不同的再启动电压。这些计算分析结果在初期描绘了一个策略设计的大体可行空间。例如对昆柳龙直流工程，首先根据典型运行方式计算了两极相继发生线路故障开放不同再启动次数的情况。

例如，对双极运行时柳龙段线路的双极相继线路故障进行了计算，运行方式及故障设置示意如图 4 - 69 所示。

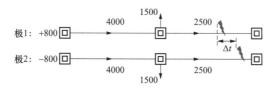

图 4 - 69　昆柳龙直流三端运行柳龙段双极相继 "Δt" 线路运行方式及故障设置示意图

分别考虑双极不开放、前故障极开放 1 次、双极都开放 1 次三种情况，对比不同故障相继时间间隔的结果。由于当昆柳段恢复失败时，送端峰值频率较高，故本节仅计算昆柳段恢复失败的情况。

计算后得到的相关结论包括：

柳龙段双极相继发生线路故障且昆柳段恢复失败，与昆柳段双极相继发生线路故障云南峰值频率的分布模式相似，而频率更高，宜作为昆柳龙双极线路故障再启动研究中考察频率响应的边界场景。

柳龙段双极同时发生线路故障，若只开放故障前极一次再启动，再启动失败稳控动作后，云南峰值频率达到允许边界。借鉴现有直流的双极闭锁再启动策略，若前故障极再启动过程中发生另一极故障，可立即终止前极再启动（视为失败而立即触发相应稳控策略），这将有效降低极端场景的云南峰值功率；针对昆柳龙直流柳龙段线路故障再启动失败后昆柳段尝试恢复的特性，再启动策略可进一步规定：前故障极再启动失败后 HSS 动作期间，或昆柳段恢复期间，若另一极发生线路故障，可立即终止昆柳段恢复尝试（视为失败而立即触发相应稳控策略），这将进一步降低极端场景的云南峰值功率。因此，即便考虑柳龙段双极同时故障的极端情况，也可开放单极（第一极）线路故障后 1 次再启动。

4.13.2.4 多端柔性直流线路故障再启动控制策略

在确保系统安全、设备可靠运行和简化优化稳控系统的指导原则下，通过对预想故障场景下的系统频率稳定性校核分析，可提出多端直流线路故障再启动控制策略。对于昆柳龙直流工程，这一策略包含单极、跨极和限流在线退站共 7 项功能，下面各节逐一介绍上述 7 项功能。

1. 功能 1：单极相继线路故障

（1）功能描述：单极线路故障相继整组内（整组时间 T_0），直流每一极只允许线路故障再启动 n_1 次。

（2）功能设计的主要考虑：①本功能与现有直流工程基本保持一致，不同在于，双端直流单极再启动失败后整极闭锁无后续逻辑，而昆柳龙直流柳龙段线路故障失败后，需由本功能禁止同极昆柳线路再启动。②由云南电网小开机方式下的仿真分析确定直流每一极只允许线路故障再启动的次数 n_1。

2. 功能 2：单极线路故障＋极闭锁退站故障

（1）功能描述：某极发生线路故障后若进入再启动流程，自线路故障保护动作开始 T_1 时间内，若同一极发生柳北或龙门极闭锁故障，则首先终止再启动，然后根据以下情况进行选择：①如果是柳龙线路故障进入再启动流程，T_1 时间内同一极发生龙门极闭锁故障，则进入该极龙门在线退站流程；②如果柳龙线路故障进入再启动流程，T_1 时间内发生同极柳北极闭锁，则立即闭锁该极；③如果昆柳线路故障进入再启动流程，T_1 时间内发生同极柳北极闭锁或龙门极闭锁故障，则立即闭锁该极。该功能应可通过控制字投退。

（2）功能设计的主要考虑：①相互交叠的同极线路故障再启动和在线退站流程，可能会对同一站做出相反的操作（如闭锁/解锁），需要一个协调机制明确处理逻辑冲突；②本功能可避免因线路故障再启动和在线退站继起发生导致云南电网频率超过 50.6Hz；③同极龙门站和柳龙线路正常运行时投退状态始终保持一致，投退状态对系统影响也一致，因此可将其联合视为一个元件。两者故障交叠时可简单执行退站流程，即退出该"联合元件"；④在柳龙线路故障＋龙门在线退站时损失的功率为龙门侧功率，其他情况为整极功率。

3. 功能 3：极闭锁退站故障＋单极线路故障

（1）功能描述：某极发生极闭锁后进入在线退站流程，自极闭锁开始 T_2 时间内，同一极发生任意线路故障，则根据退站情况进行选择：①如果是龙门极闭锁在线退站，

闭锁后 T_2 时间内同一极发生柳龙线路故障，则继续完成龙门在线退站流程；②如果龙门极闭锁在线退站，闭锁后 T_2 时间内同一极发生昆柳线路故障，则立即闭锁该极；③如果柳北极闭锁在线退站，闭锁后 T_2 时间内同一极发生昆柳线或柳龙线路故障，则立即闭锁该极。该功能应可通过控制字投退。

（2）功能设计的主要考虑与功能 2 相同。

4．功能 4：极闭锁故障＋另一极线路故障

（1）功能描述：双极运行时，某极任意一站发生极闭锁，双极相继整组 T_3 时间内，另一极昆柳、柳龙线路都不开放再启动。该功能应可通过控制字投退。

（2）功能设计的主要考虑：①本功能与现有直流工程基本保持一致。不同在于，双端直流一极闭锁后禁止第二极再启动，若第二极再发生极闭锁，整个直流全部闭锁无后续逻辑，而昆柳龙直流极 1 龙门闭锁（在线退站成功）后禁止极 2 再启动，若极 2 发生极闭锁，又将禁止极 1 剩余昆柳段再启动，此时若再发生极 1 昆北或柳北闭锁，还将延长或再次禁止极 2 剩余线路再启动；②本功能可避免因线路故障再启动和在线退站继起发生导致云南电网频率超过 50.6Hz；③若再启动及在线退站失败，直流两极功率全失，因此，相比功能 2 和功能 3，本功能需要更长时间等待系统稳定并恢复调频备用。

5．功能 5：阀组闭锁/线路故障＋另一极线路故障

（1）功能描述：双极运行时，一极发生任意阀组故障或线路故障，双极相继整组 T_4 时间内，另一极不开放再启动。

（2）功能设计的主要考虑：①保持再启动功能逻辑自洽；②避免单层闭锁不切机和整极线路故障再启动的情况临近发生，导致云南电网频率超过 50.6Hz；③避免在两极同时各自发生线路故障再启动和在线退站交叠时，导致直流双极全闭锁而切负荷。

6．功能 6：线路再启动期间＋另一极故障

（1）功能描述：双极运行时，某极线路故障再启动期间，另一极发生线路故障或极闭锁故障，终止本极再启动，判定再启动失败后展开后续逻辑；另一极线路故障不开放再启动。该功能应可通过控制字投退。

（2）功能设计的主要考虑：①参考现有直流工程有类似功能：一极线路故障再启动期间，另一极发生线路故障或极闭锁，终止再启动并闭锁双极，以维持系统稳定；②柔直端有在线退站能力，通过龙门退站可隔离柳龙段线路故障，无需损失整极直流功率，因此本功能不主动闭锁直流任何部分；③避免线路故障再启动和另一极极故障交叠情况发生。

7．功能 7：限流在线退站功能

（1）功能描述：双极运行时，一极发生任意故障（包括线路故障、单阀故障、极故障）或手动停运极/退站后，T_5 时间（可整定）内，若柔直站的另一极发生故障后启动退站程序，退站成功后该极恢复运行功率不超过该柔直站极额定功率的 K 倍（可整定）。此时，电流限制极处于单极电流控制模式，手动复归前，保持电流限制有效，FLC 上调等不可突破限制。

当后故障极为单阀组运行方式，或故障前昆北极功率小于 K 倍额定功率时，该功能不使能。

（2）功能设计的主要考虑：若按后故障极退站后的必然损失功率确定切机量，则当退站恢复失败时切机量不足，若按大于退站后必然损失功率确定切机量，则当退站恢复成功时切机量又过多，通过限制后故障极剩余柔直端恢复功率，避免出现上述情况。换言之，这个功能的实质，就是以增加最终功率缺额幅度的期望为代价，减小了在线退站剩余站恢复成功与否功率缺额的差距，从而稳控在退站时按必然损失功率安排切机量，无论最终是否恢复成功，都不会过切也不会欠切。从策略设计的角度讲，就是对后故障极退站，提供了从"无限制"到"直接闭锁后故障极"的可平滑过渡的在线退站策略。

4.14 保护性闭锁策略

特高压多端混合直流保护出口有阀组层出口和极层出口，阀组层出口主要为阀组 ESOF，退出相应故障阀组，极层出口分为在运站极 ESOF（X-ESOF）和本站极紧急停运（Y-ESOF），其中 X-ESOF 为本极三站闭锁，Y-ESOF 只退出本站本极。

4.14.1 站控系统保护出口

直流站控系统本身不存在直接引起直流系统闭锁的保护出口，但其具有龙门站退站超时、龙门站退出柳龙线 HSS 分闸失败、柳北站退站超时、柳北站退出极母线 HSS 分闸失败监视功能，一旦监视到退站超时或 HSS 分闸失败将会出口导致本极三端闭锁。

（1）退站失败监视跳闸。柔直站退出的原因主要有三种：手动下发极退出指令，手动下发站退出指令和本站 Y-ESOF 指令，前两种情况均为计划在线退出，第三种则为非计划的故障退出，可能发生在任何工况下。这三个信号任一信号产生后，如果是柳北站退出 500ms 内未监测到极母线 HSS 分位信号，龙门站退出时 500ms 未监测到柳龙线 HSS 分位信号则产生退站失败告警，同时将本极三端闭锁。

（2）柳北站分直流 HSS 开关失败监视跳闸。柳北站退站过程中柳北站发出分极母线 HSS 开关，龙门站退出过程中发出分柳龙线 HSS 开关，HSS 分闸命令下发后 500ms 未监测到直流开关分位信号，则产生分闸失败告警，同时将本极三端直流闭锁。

4.14.2 极控系统保护出口

直流极控系统保护出口，包括直流线路保护重启动跳闸逻辑等 8 类保护出口，如表 4-11 所示。

表 4-11　　　　　极 控 保 护 出 口

序号	名称	极层 X-ESOF	极层 Y-ESOF	非电量保护分换流变开关	极隔离命令	电量保护分换流变开关	锁定换流变开关	所有错误（跳闸输出信号保持）	快速停运命令 FASOF
1	直流线路保护重启动逻辑跳闸		●		●	●	●	●	
2	直流穿墙套管 SF₆ 压力低跳闸		●	●	●		●	●	
3	站间通信故障下直流线路重启动	●			●	●	●	●	

续表

序号	名称	极层 X - ESOF	极层 Y - ESOF	非电量保护分换流变开关	极隔离命令	电量保护分换流变开关	锁定换流变开关	所有错误（跳闸输出信号保持）	快速停运命令 FASOF
4	两套组控系统故障死机闭锁极	●		●	●		●	●	
5	空载加压试验保护		●		●	●	●	●	
6	无极保护或者直流线路保护跳闸		●	●	●		●	●	
7	直流过电流保护跳闸		●		●	●	●	●	
8	两套直流站控故障 2h 后快速停运（PCP 监视）	●							●

（1）直流线路保护重启动逻辑跳闸。根据与直流稳控配合的直流线路故障再启动策略设计，若满足相关的功能设置条件，将启动双极协调重启功能，闭锁相应极，该功能不区分运行方式。

（2）直流穿墙套管 SF$_6$ 压力低跳闸。极控中配置直流分压器 SF$_6$ 压力低跳闸非电量保护跳闸逻辑，用于保护 800kV 分压器 UDL、UDCH、400kV 分压器 UDM、中性线母线分压器 UDN，收到 UDL、UDCH、UDM、UDN 直流电压测量装置 SF$_6$ 压力降低至跳闸值将紧急停运极。

（3）站间通信故障下直流线路故障跳闸。因直流线路故障重启需各站配合，在站间通信故障情况下，发生直流线路或接地极线路故障，检测到相关保护动作，直接出口闭锁极。

（4）两套组控系统故障死机闭锁极。同极双换流器运行时，当高端换流器或低端换流器两套组控系统 CCP 故障死机（极控系统 PCP 与组控系统 CCP 主备系统失去联系），出口退换流器；若换流器未闭锁，则先执行退换流器命令，并出口跳交流开关。

（5）空载加压试验保护。在 OLT 试验期间，对电压电流各类异常工况进行保护，包括电压保护、电流保护。

OLT 直流电压保护：高端换流器或低端换流器 OLT 使能（OLT 投入，且换流器运行）时，直流电压实际值与目标值存在较大差异，出口闭锁极。

OLT 直流电流保护：高端换流器或低端换流器 OLT 使能（OLT 投入，且换流器运行）时，直流电流大于定值，出口闭锁极。

（6）无极保护或者直流线路保护跳闸。极控中配置直流极保护 PPR、直流线路保护 DLP 运行功能监视逻辑，确保直流系统必须在有保护情况下运行。在直流系统运行时，当极控监测到三套直流极保护 PPR 或三套直流线路保护 DLP 均故障时，将出口闭锁极。

（7）直流过电流保护跳闸。在 OLT、龙门站带线路投站等工况下发生直流线路故障，保护直流极线及相关设备。当高端或低端换流器带电或解锁，且柔直站未连接直流网络时，若直流电流大于定值，出口闭锁极。

（8）两套直流站控故障 2h 后快速停运（PCP 监视）。当两套直流站控系统故障后，直流场将失去监视，且无法分合 HSS 开关等设备，需紧急停极直流。具体控制方式是：在双套站控均故障，并维持当前的功率水平 2h 后，按照 600MW/min 的速率将直流功率降至 0，并快速停运双极。

4.14.3 阀组控制系统保护出口

直流阀组控制系统保护出口，包括最后断路器或母线分裂动作跳闸等 10 类保护出口，如表 4-12 所示。

表 4-12 阀组控制保护出口

序号	名称	极层 X - ESOF	整流侧闭锁脉冲	紧急停运	电量保护分换流变开关	锁定换流变开关	非电量保护分换流变开关	极隔离	禁止备用（控制系）
1	最后断路器或母线分裂动作			●		●	●		●
2	阀冷系统跳闸			●		●	●		●
3	换流变电量保护跳闸			●	●	●			●
4	换流变非电量保护跳闸			●		●	●		●
5	充电电阻旁路刀闸闭合失败跳闸或充电电阻电流长期过大跳闸			●		●	●		●
6	阀控系统请求跳闸			●		●	●		●
7	换流器解锁状态旁通开关合位闭锁			●			●		●
8	站间阀组不平衡退出阀组			●			●		●
9	低电流引起停运命令			●			●		●
10	充电超时退至备用状态						●		

（1）最后断路器或母线分裂动作跳闸。若判断阀组交流场存在最后断路器，或分裂母线运行工况，出口闭锁相应阀组。交流站控系统采集交流场各间隔断路器和隔离开关的分合位置信号，用于判断开关间隔状态。其中，开关任一相分位，判断该开关在分位；开关三相同时在合位，判断开关在合位。

（2）阀冷系统跳闸。阀组控制系统收到相应的阀冷系统跳闸出口，出口换流器层

ESOF。

（3）换流变保护跳闸。阀组控制系统收到相应的换流变电量或非电量保护跳闸出口，出口换流器层 ESOF。

（4）阀控系统请求跳闸。阀组控制系统收到相应的阀控系统跳闸出口，出口换流器层 ESOF。

（5）充电电阻旁路隔离开关闭合失败跳闸或充电电阻电流长期过大跳闸。在柔直阀组充电过程启动电阻电流过大，或者启动电阻旁路隔离开关闭合失败，保护启动电阻。与阀组保护 CPR 分相配置启动电阻过负荷保护 49CH、启动电阻过流保护 50/51R，当启动电阻电流 ISR 大于一定值时，出口换流器层 ESOF。

（6）换流器解锁状态旁通开关合位闭锁。针对换流器解锁运行时，旁路开关无法配合分闸或分闸失败工况。若判断换流器在线投入或在解锁状态时，旁路开关在合位，延时一定时间将退回交流侧热备用状态。

（7）站间阀组不平衡退出阀组。在阀组投退过程中，若出现较长时间各站阀组不平衡运行工况，为避免换流阀长时间承受过压过流，将出口闭锁相应阀组。

（8）低电流引起停运命令。站间通信故障或站间通信正常时收到其他站协调控制停运命令（STOP_CO_FOSTA），逆变侧无法可靠停运出现低电流运行工况，通过检测直流低电流并经过延时闭锁阀组。

（9）充电超时退至备用状态。保护的故障工况：柔直阀组充电过程，分为不控充电和可控充电两个阶段，若不控充电或可控充电超过延时定值，将出口闭锁阀组。

第 5 章 特高压多端混合直流保护系统

特高压多端混合直流保护系统包括常规直流和柔性直流极保护、阀组保护、线路保护，根据特高压多端混合直流输电系统特点对保护区域进行划分，分析了各区域的故障特性，介绍了保护设计原则及定值整定方法，明确了保护的动作逻辑、配置原理和定值，并根据特高压多端混合直流新特性，研究了故障特性和保护配置原则。

5.1 故 障 特 性 分 析

5.1.1 故障区域梳理

直流保护按区域设置，应确保每一个保护区域与相邻保护的保护区域重叠，且不存在保护死区，按照此原则分别对常规直流换流站、柔性直流换流站以及直流线路进行区域划分。

常规直流换流站保护可以分为 9 区，如图 5-1 所示，其中换流器保护区（保护区 1、2）、直流场保护区（保护区 3、4、5）和直流滤波器保护区（保护区 9）属于直流保护系统，换流变保护区（保护区 7、8）属于换流站的交流保护系统。直流场保护区根据故障影响范围可以进一步划分为极保护区和双极保护区，其中极保护区为图 5-1 中保护区 3、4，该区域故障影响单极运行；双极保护区为保护区 5，该区域故障将影响双极运行。

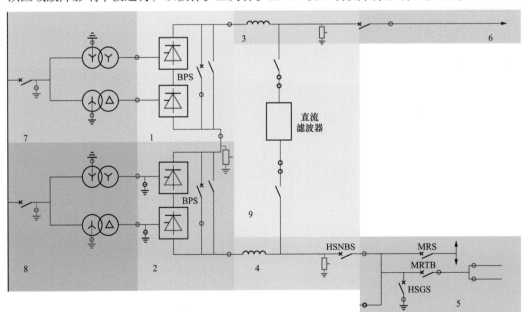

图 5-1 常规直流换流站保护区域划分

1—换流器低压阀组保护区；2—换流器高压阀组保护区；3—直流极母线保护区；4—极中性母线保护区；5—双极保护区；
6—直流线路保护区；7—高压阀组换流变保护区；8—低压阀组换流变保护区；9—直流滤波器保护区

　　柔性直流换流站保护范围，包括交流连接线、变压器、换流器、直流极母线、双极区等，如图 5-2 所示。柔性直流保护系统包括交流连接线区（保护区 1）、换流器区（保护区 3）、直流极区（保护区 4）和双极区（保护区 5），其中极区和双极区可统称为直流场区。柔直变压器区（保护区 2）属于换流站的交流保护系统。

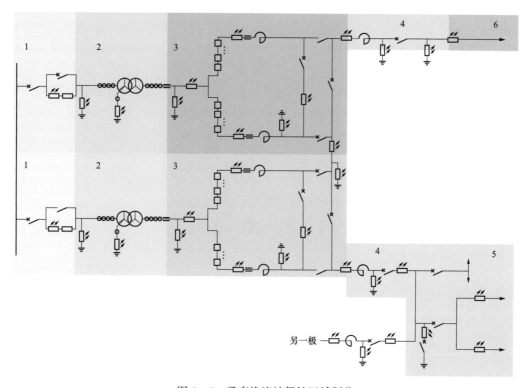

图 5-2　柔直换流站保护区域划分

1—交流连接线保护区；2—变压器保护区；3—换流器保护区；4—直流极保护区；5—双极保护区；6—直流线路保护区

　　多端线路保护根据线路电流测点可以分为昆柳线、柳龙线与汇流母线区，其中汇流母线区包括连接柳龙线和连接柳北站的 HSS 开关，图 5-3 给出了昆柳龙直流工程一个极的直流线路保护区域划分示意图，直流线路保护的主要测量点也在图中标出。

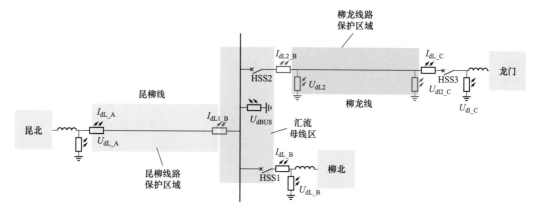

图 5-3　直流线路保护区域划分

5.1.2 换流阀区域故障特性

1. 常规换流阀

（1）换流阀短路。由于换流阀绝缘击穿，或阀两端有跨接导线，换流阀可能发生短路故障，如图 5-4（a）、（b）所示，整流侧一个 6 脉动 Y 桥的阀 2 和阀 3 导通时，阀 1 发生阀短路故障，由于阀 1 承受反向电压，因此形成阀 1 和阀 3 的两相短路，换流阀内电流从 B 相电源出发，经阀 3 和阀 1 后回到 A 相电源。阀短路故障发生时，阀 1（短路阀，电流反向）和阀 3（健全阀）的阀电流最大可达到约 10p.u.，阀电流的上升速度可达到每毫秒几千安。整流换流器的 D 桥阀电流都为零。

图 5-4（c）为整流侧阀短路时的各阀电压波形。故障期间，短路阀（阀 1）的阀电压始终为零，与短路阀同半桥阀（阀 3 和阀 5）的电压正反向都增大，共同承受的电压为交流线

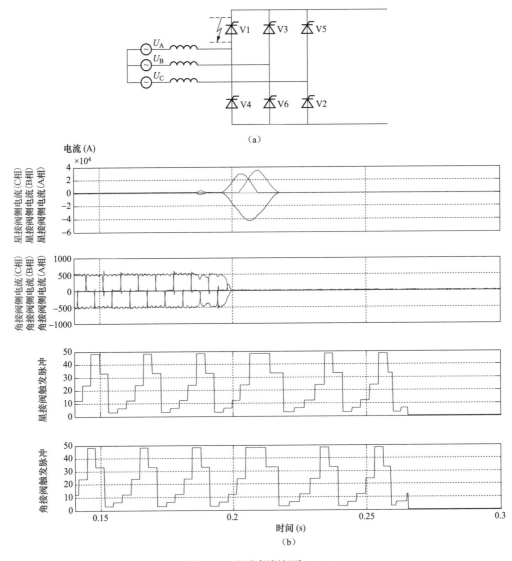

图 5-4 整流侧阀短路（一）

（a）整流侧阀短路故障及电流通路；（b）整流侧阀短路故障波形

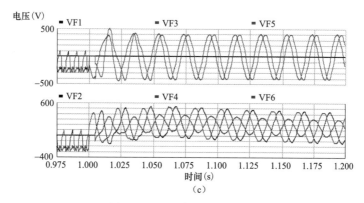

图 5 - 4　整流侧阀短路（二）

（c）整流侧阀短路阀电压波形

电压 U_{ba} 和 U_{ca}，类似于交变的正弦波形。非同半桥阀的电压也类似于正弦波形交变，但幅值相对较小。可见，在整流侧阀短路期间，故障阀与其构成短路回路的阀都承受了很大的电流应力，同半桥的阀承受了较大的电压应力，而直流回路中直流电流为零，直流电压在故障期间下降。对于常规直流而言，逆变侧发生阀短路的现象与整流侧不同。假设 D 桥故障前 B 相阀 6 和 A 相阀 1 运行时，发生 C 相阀 5 短路。在阀 6 与阀 2 换相后，阀 5 与阀 2 形成（C 相）旁通对。每隔 20ms 形成一次旁通，每次形成旁通的时间将近 5ms，其过程与换相失败故障类似。

（2）12 脉动换流器出口接地。整流侧 12 脉动换流器出口接地时，整流侧换流阀电流和故障点阀侧的直流电流都将增大。故障点两侧的电流都流向故障点。直流电压降低，中性母线电压发生明显振荡，峰值可达到几百千伏，见图 5 - 5。

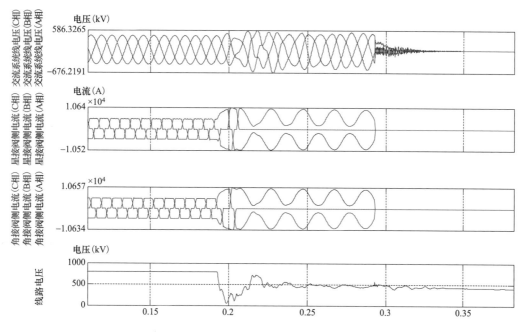

图 5 - 5　整流侧 12 脉动换流器出口接地故障波形（一）

153

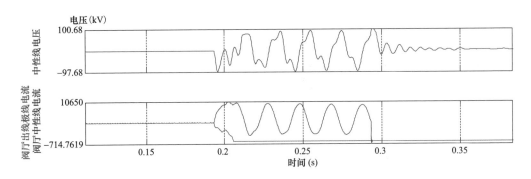

图 5-5　整流侧 12 脉动换流器出口接地故障波形（二）

（3）12 脉动换流器中点接地。整流侧 12 脉动换流器中点接地时，整流侧 D 桥、故障点和大地构成回路，其他换流器被隔离。整流侧 Y 桥换流阀、直流线路和逆变侧均无电流流过。整流侧中性母线电流增大，高压极线电流迅速过零，直流电压下降，见图 5-6。

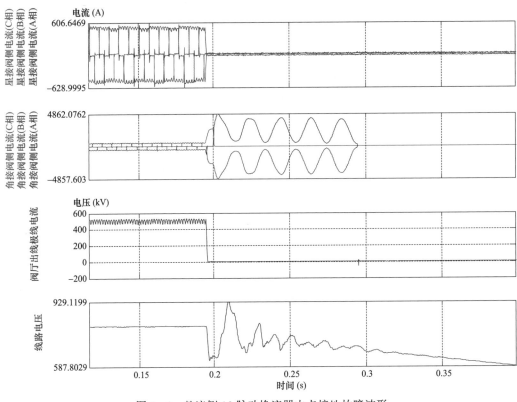

图 5-6　整流侧 12 脉动换流器中点接地故障波形

（4）6 脉动换流器出口短路。假设整流侧 Y 桥发生出口短路故障。此时只有整流侧 Y 桥和短接线构成一个 6 脉动的回路，剩余整流侧 D 桥以及逆变侧的换流器被隔离。因此，整流侧 Y 桥正在导通换流阀的电流迅速增加，达到数十千安。其余电流如直流极线电流、整流侧中性母线电流、逆变侧 Y 桥和 D 桥电流都迅速变为零，直流电压降低。故障换流器及两侧波形如图 5-7 所示。

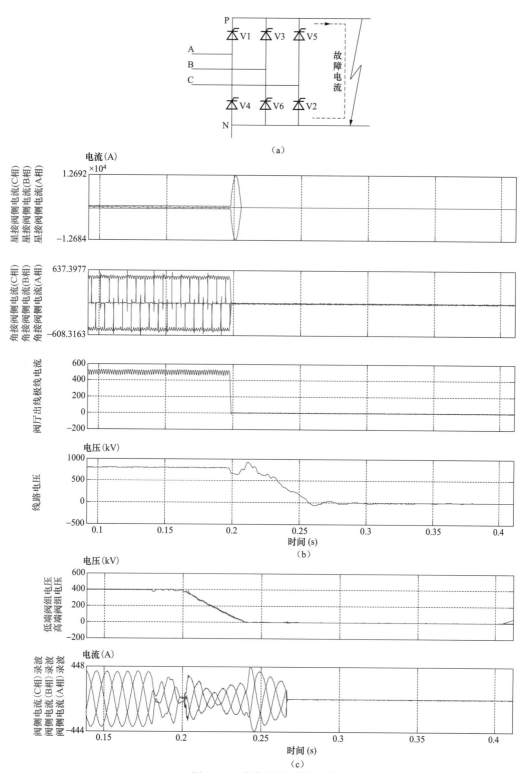

图 5-7　故障换流器及两侧波形

（a）故障仿真模型示意图；（b）整流侧 6 脉动换流器出口短路故障波形（整流侧）；

（c）整流侧 6 脉动换流器出口短路故障波形（逆变侧）

（5）换流变压器阀侧相间短路。整流侧换流变压器阀侧相间短路时，整流侧、逆变侧所有换流阀的电流以及直流线路电流都迅速降为零，两相短路的换流变压器绕组电流增大，直流电压降低，且仅当交流断路器断开后，才能消除故障电流，如图 5-8 所示。

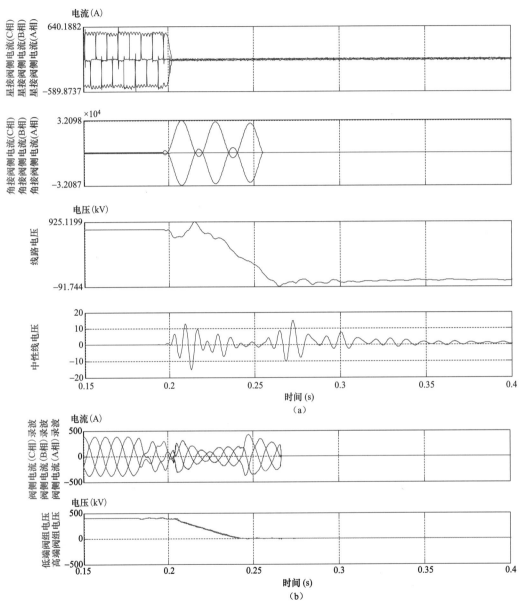

图 5-8　整流侧换流变压器阀侧相间短路故障波形

（a）整流侧；（b）逆变侧

（6）换流变压器阀侧单相接地故障。假设整流侧 Y 桥阀侧 C 相发生接地故障，如图 5-9 所示。交流系统通过换流阀与故障点形成故障回路。直流电压降低，极母线电流直流在故障瞬间迅速增大，中性线电流降低至零。

（7）阀触发异常故障。阀触发异常故障包括阀丢失触发脉冲或误触发故障：

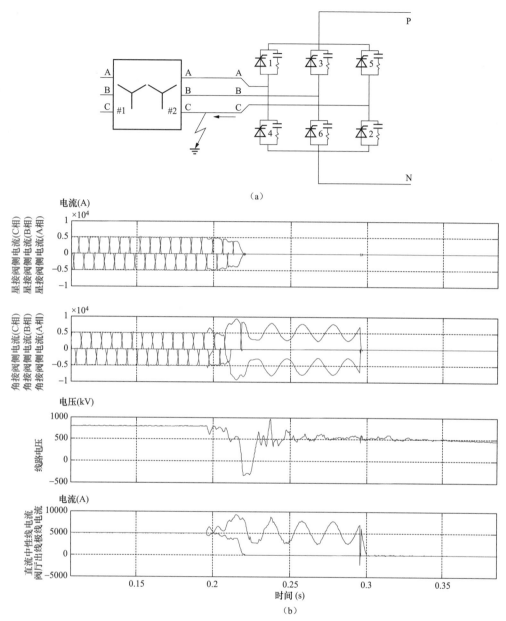

图 5-9　整流侧换流变压器阀侧单相接地故障仿真及波形图

(a) 故障仿真模型示意图；(b) 整流侧换流变压器阀侧单相接地故障波形

1）丢失触发脉冲故障。假设 Y 桥阀 5 和阀 6 导通，阀 1 发生丢失脉冲故障。A 相阀 1 在丢失脉冲期间不导通，电流为零；当阀 6 换相到阀 2 时，阀 5 和阀 2 形成旁通对。整流侧短路、直流电压下降，见图 5-10。

在丢脉冲的过程中，直流电压幅值变化较大，形成周期性振荡。当阀 5 和阀 2 形成旁通对时，直流电压下降到最低点。

丢脉冲期间，整流侧每 20ms 形成一次旁通对，直流电流出现周期性中断，直流电压与直流电流都出现 50Hz 分量，直流功率下降，A 相交流电压发生畸变。

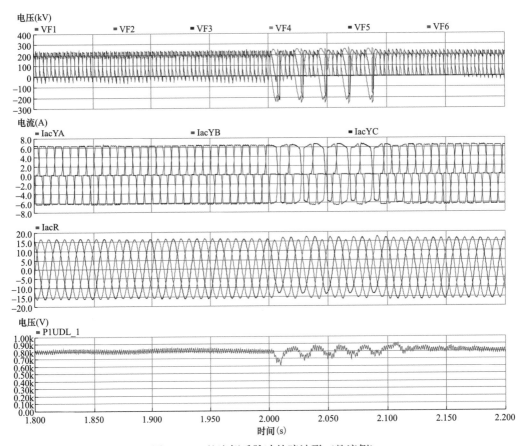

图 5-10 整流侧丢脉冲故障波形（整流侧）

整流侧丢脉冲时，只有丢脉冲的阀不导通，其余阀都能导通，这一点与逆变侧丢脉冲或换相失败不同。

2）误触发故障。换流阀在应处于正向阻断状态时间内出现了非正常导通现象，称为误开通故障。触发、控制回路中受到干扰而产生的非正常触发脉冲或换流阀受到过大的电压上升率作用，都可能导致阀误开通故障。

对于常规直流换流阀而言，当其用于逆变侧时，发生误开通故障的概率要比整流侧大得多，原因是逆变侧阀组大部分时间处于正向阻断状态，而用于整流侧时，仅延迟触发角期间处于正向阻断状态。因此，整流侧发生误开通故障，只相当于提前开通，将使直流电流略微增大。

2. 特高压柔直换流阀

（1）换流阀短路。在特高压多端混合直流工程中，逆变侧均采用柔直换流阀，当 A 相上桥臂换流阀两端发生短路故障时，换流阀端口电压受到故障相阀侧电压限制周期性波动，非故障相电流通过故障桥臂流入故障相，故障相桥臂电流快速增大，换流阀承受很大电流应力，见图 5-11。

（2）桥臂电抗器阀侧接地故障。如图 5-12（a）所示，当桥臂电抗器阀侧接地故障时，换流器闭锁前，功率模块电容器通过接地点对地放电，此时放电电流流过桥臂，换流阀将承受较大的电流应力，同时需要换流阀关断较大的暂态电流，主要暂态电流波形如图 5-12（b）所示。

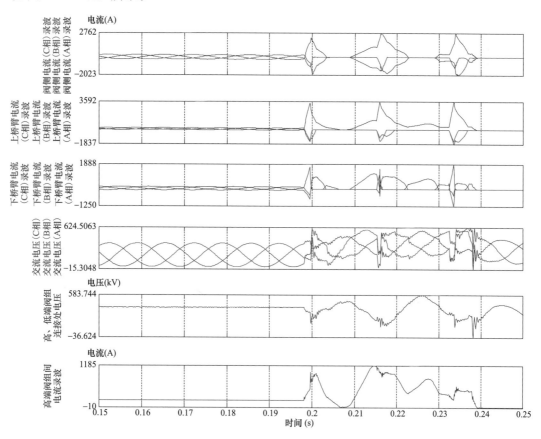

图 5-11　逆变侧换流阀短路

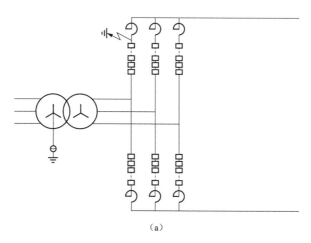

（a）

图 5-12　柔直换流阀桥臂电抗器阀侧接地故障仿真及波形图（一）

（a）故障仿真模型示意图

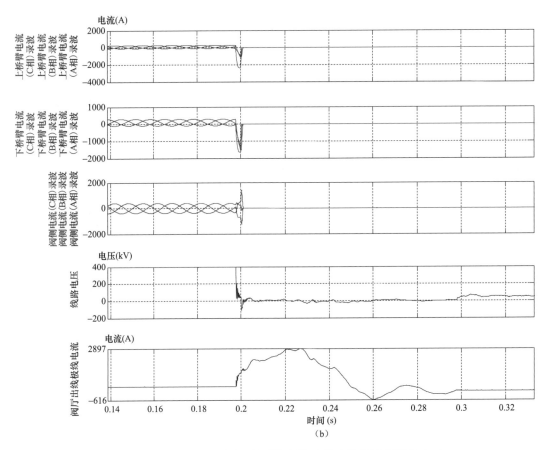

图 5-12　柔直换流阀桥臂电抗器阀侧接地故障仿真及波形图（二）
（b）柔直阀桥臂电抗器阀侧接地故障

（3）换流阀出口接地故障。换流阀出口接地故障时，换流阀端口通过大地回线短接，换流阀电流和故障电流都将快速增大，如果考虑由双换流阀构成，那么高端阀组出口接地故障将与极线故障相类似；低端阀组出口接地故障将使得高端阀组单独支撑极线电压，直流电压降低、电流增大，系统进入低压限流环节，同时高端阀组电流亦将增大，具体如图 5-13 所示。

（4）换流器中点接地故障。对于换流阀而言，上桥臂与下桥臂连接处发生故障与换流变阀侧故障的故障特性相类似，但由于测点位置分别在上桥臂、下桥臂以及交流连接

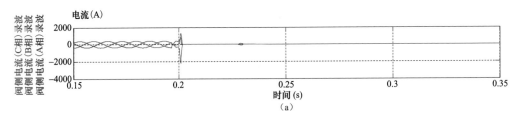

图 5-13　柔直换流阀出口处接地故障仿真及波形图（一）
（a）高端阀组换流变阀侧电流波形

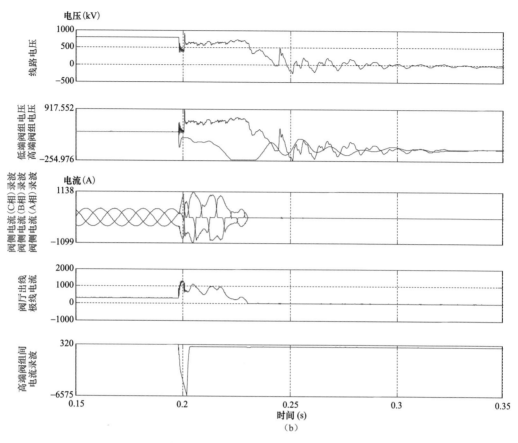

图 5-13　柔直换流阀出口处接地故障仿真及波形图（二）

（b）低端阀组出口接地故障

母线上，因此该处接地故障将使得以上三个测点电流不平衡，这是与换流变阀侧故障时最大的不同之处，换流器中点接地故障示意图如图 5-14 所示。

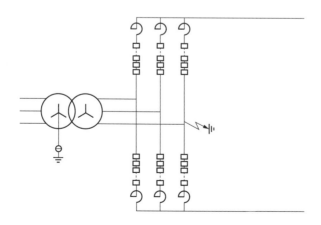

图 5-14　换流器中点接地故障示意图

（5）换流变压器阀侧相间故障。将换流阀视为一个交流电压源，当换流变压器阀侧发生相间故障时，相当于将一电压源的两相短接，故障两相电流将大幅增大，对应桥臂电流亦将增大，直流降低，逆变侧所有换流阀的电流以及直流线路电流都迅速降为零，两相短路的换流变压器绕组电流增大，直流电压降低，仅当交流断路器断开后才能消除故障，如图 5-15 所示。

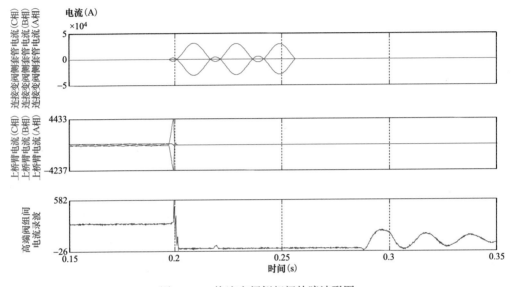

图 5-15　换流变阀侧相间故障波形图

（6）换流变压器阀侧单相接地故障。换流变压器阀侧发生 C 相接地后，换流器闭锁前，功率模块电容器通过接地点对地放电，此时放电电流流过桥臂，将产生较大的故障电流。换流器闭锁后，非故障相的交流电源通过桥臂二极管回路向故障电路放电，直至电容电压和超过充电回路两端电压差。换流变压器阀侧单相接地故障波形图如图 5-16 所示。

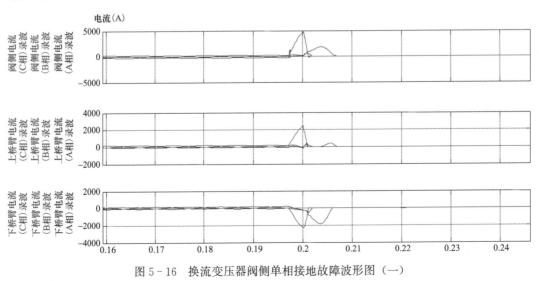

图 5-16　换流变压器阀侧单相接地故障波形图（一）

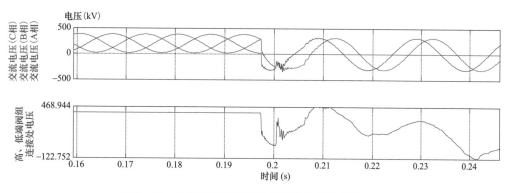

图 5 - 16　换流变压器阀侧单相接地故障波形图（二）

5.1.3　直流场故障特性

（1）极母线接地故障。极母线是指从平波电抗器到直流线路出口的一段区域。在极线平波电抗器的平滑作用下，极母线接地故障和换流阀出口接地故障时的直流电压变化特性存在明显的区别，如图 5 - 17 所示，极母线发生线路故障时直流电压下降的速率比换流阀出口接地故障时直流电压下降的速率快。

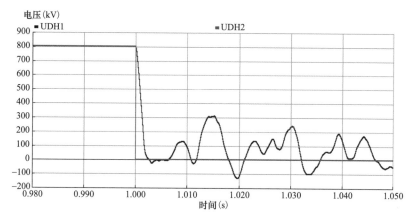

图 5 - 17　平波电抗器阀侧和线路侧接地故障直流电压比较示意图（整流侧）

UDH1—极母线短路故障时的直流电压曲线；UDH2—阀出口短路故障时的直流电压曲线

（2）极中性母线接地故障。极中性母线是指从阀厅低压侧出口到中性母线开关（NBS）的一段区域。这个区域的接地故障在不同运行方式下具有不同的特征，分为单极运行和双极运行两种情况。

单极运行时，若发生中性母线接地故障，由于接地点的电阻小于接地极线路和接地极的电阻，本站电流主要通过接地故障点，与对站的接地极构成回路，接地故障点将流过很大的电流，形成阀厅低压端电流与接地极电流的差值，见图 5 - 18。

双极平衡运行时，若发生某极中性母线接地故障，本极故障点与接地极形成回路继续运行，而另极也有较大一部分电流流过故障点，故障点两侧的电流基本能保持平衡，因此没有明显的故障差电流现象。双极不平衡运行时，若发生中性母线接地故障，则故障点两侧有差电流。

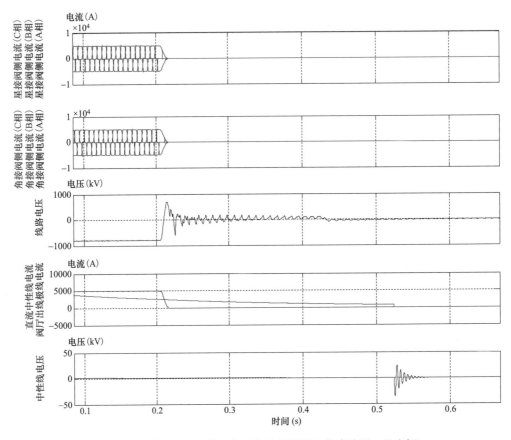

图 5-18 单极大地回线运行时中性母线接地故障波形（整流侧）

（3）双极中性母线区故障。双极中性区是指从两极中性母线开关到接地极线的一段区域。双极中性区的接地故障应按单极运行和双极运行两种方式分别考虑。单极大地回线运行时，其故障现象与中性母线故障类似，本站电流从故障点入地，与对站接地极构成回路，故障接地点将流过很大的电流，而本站接地极线上的电流逐渐减小。

双极运行分为双极平衡和双极不平衡运行。双极平衡运行时，由于接地极上本身就无电流，所以即使发生故障，接地极上也无故障电流流过，在这种情况下发生故障后无故障特征。双极不平衡运行时，故障现象与单极大地运行类似。

（4）接地极线路区域故障。接地极线路区域的故障分为接地极线路接地、断线以及接地极引线开路故障。

直流输电工程的接地极线通常为两根并联，在接地极线设计时，每根接地极线承受电流的能力一般为额定电流的 75%。在直流输送功率较高时，由于一根接地极线断线，另一根接地极线可能会产生过载。当其中的某一根接地极线路发生接地短路故障时，如果直流系统处于单极大地运行或双极不平衡运行方式，流过两个接地极线路的电流会不平衡。如果是双极平衡运行，则无任何故障现象。

接地极引线开路时，由于直流系统失去了接地点，在中性母线和极线会产生较高的电压。在不同运行方式下，接地极引线开路故障表现为不同的特征。

在单极大地回线运行方式下发生接地极引线开路故障,由于故障前直流系统流过较大的电流,在开路瞬间电流无流通回路,中性线区域电感元件的电流发生突变,导致中性母线电压产生波动,见图 5 - 19。

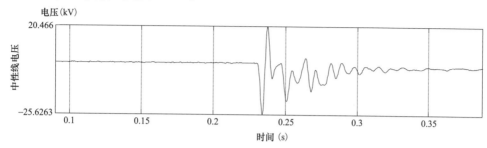

图 5 - 19　单极大地回线运行时接地引线开路故障波形

在双极平衡运行方式下发生接地极引线开路故障时,直流电流仍有流通回路,虽然中性母线电压失去嵌位点后也会升高,但升高的过程比较缓慢。

(5) 开关类故障。在正常的运行方式转换或故障隔离情况下,直流场开关(MRTB、GRTS、NBS、NBGS 等)发生无法断弧的故障,采取的故障处理方法是重合开关。

5.1.4　直流线路故障特性

在实际直流输电工程中,直流线路易发生由于雷电闪络而导致的接地故障。发生接地故障时,接地点整流侧的线路电流增大,逆变侧由于柔性直流电流可以反向,因此电容通过直流线路向故障点不断注入故障电流,直流电流也迅速增大。故障特性如图 5 - 20 所示。

在线路的不同地点故障,如线路首端、中点、末端接地故障,直流线路电压下降的幅值和陡度不同,直流线路电流增大的幅度也不同。对于直流系统来说,换流站直流侧均可以看做是一个电压源,故障点离线路首端,即电压源端越近,直流线路电压下降的幅值和陡度越大,直流线路电流增大得越多。若直流故障是通过高阻接地,则直流线路电

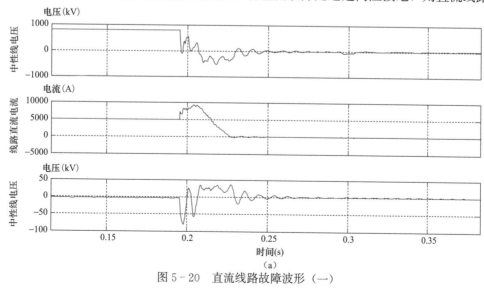

图 5 - 20　直流线路故障波形(一)

(a) 整流侧波形

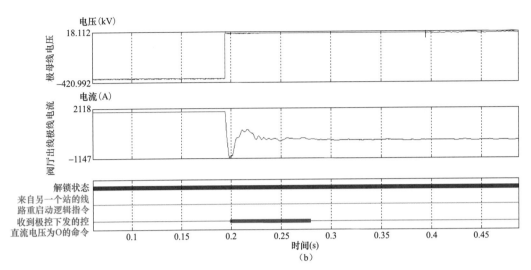

图 5-20　直流线路故障波形（二）

（b）逆变侧波形

压下降的幅值和陡度均不明显。直流线路断线故障。在实际直流输电工程中，直流线路极少发生断线故障。一旦发生断线故障，直流线路电压会迅速升高，直流电流降低。

交直流碰线故障。直流线路与相邻的交流线路（220kV 以上）相碰，则在直流线路电压上会产生交流 50Hz 的分量。当幅值超过阈值且持续数百毫秒后应能判断该故障的发生，避免该故障发生时重启直流系统。

5.1.5　交流系统故障对直流系统影响的特性

影响直流系统运行的交流系统故障主要是整流侧和逆变侧换流母线接地故障、交流线路接地故障以及交流进线全部失去等故障。本章不重点讨论交流故障本身的特性，而侧重于阐述交流系统故障发生后，对直流系统影响的特点。

（1）逆变侧换流母线单相接地。逆变侧采用柔性换流阀，因此不存在换相失败问题，根据交流故障穿越策略，受端交流系统发生交流故障时，交流电压下降，受端阀组的功率输送能力下降，为防止直流电压升高，整流站切换为直流电压控制，限制功率注入。受端柔直换流阀在限制桥臂电流的同时，将向交流电网提供无功支撑。逆变侧换流母线单相接地故障波形如图 5-21 所示。

（2）逆变侧换流母线三相接地故障。如果逆变侧换流母线发生三相金属接地故障，交流电压降为 0，此时交流低电压保护将检测到交流系统故障，但是根据交流鼓掌穿越

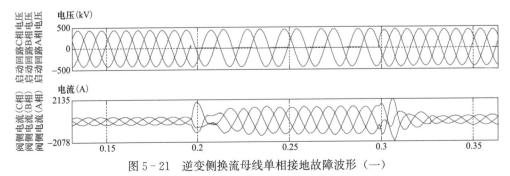

图 5-21　逆变侧换流母线单相接地故障波形（一）

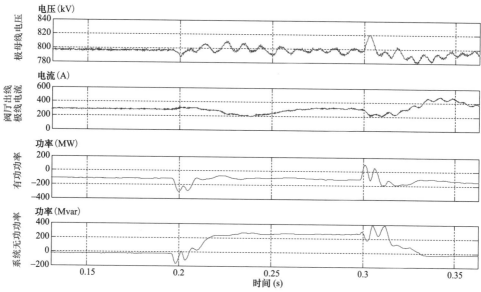

图 5-21 逆变侧换流母线单相接地故障波形（二）

策略，该保护并不会立即出口。整流侧常规直流换流阀将迅速增大角度，降低送端注入直流侧的功率，防止换流阀持续充电过压，柔性直流换流站本身通过限幅策略，限制故障引起的桥臂过流。逆变侧换流母线三相接地故障波形如图 5-22 所示。

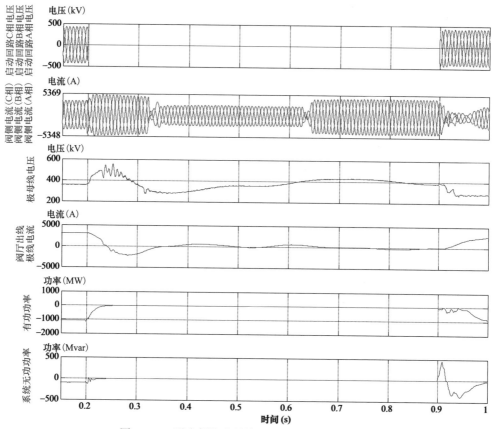

图 5-22 逆变侧换流母线三相金属接地故障波形

（3）整流侧换流母线单相接地。如图5－23所示，整流侧交流进线A相接地。故障期间，换流阀无法正常换相，当导通的阀失去导通条件时，如导通达到120°且施加电压为负后则停止导通，以致换流变压器阀侧电流为零，直流电流为零。整流侧交流进线单相接地后，直流电流、直流电压都降低，且产生100Hz谐波。此外，受到交流故障穿越策略的影响，交流电压自然跌落导致换相角减小至5°后，控制系统将换相角限制在20°，防止交流电压恢复后产生较大的直流冲击电流。

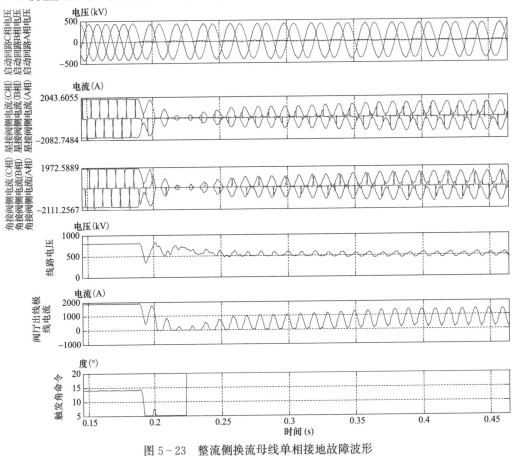

图5－23　整流侧换流母线单相接地故障波形

（4）整流侧母线三相接地。如果整流侧母线三相金属接地、则直流电流立即降为零，直流功率输送中断。如果整流侧母线三相经电阻接地，交流电压降低，直流电流减小，见图5－24。

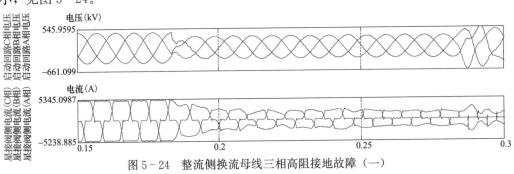

图5－24　整流侧换流母线三相高阻接地故障（一）

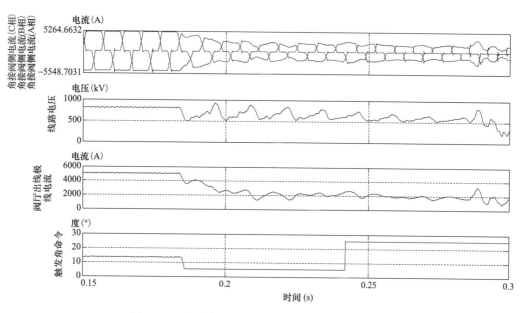

图 5-24　整流侧换流母线三相高阻接地故障（二）

5.2　保护设计和定值整定原则

5.2.1　直流保护设计原则

直流保护的目标是快速切除系统中的短路故障或不正常运行的设备，防止其损害或干扰系统其他部分的正常运行。直流保护设计应遵循以下原则：

（1）覆盖全面、无保护死区。直流保护及相关设备的配置应保证换流站中所有直流系统区域的设备都能得到全面、正确的保护，故障均能得到正确检测并尽快切除。

（2）适用于直流系统的各种运行方式和控制模式。直流保护应能适用交流系统的各种设计内的运行方式，且既能用于整流运行，也能用于逆变运行；应能适用于单极大地回线、双极运行、金属回线运行等不同运行方式；应能适用于全压、降压，以及不同的有功和无功控制模式。

（3）主备保护配置。每类保护除了配置主保护外，还应配置后备保护。后备保护应首先采用与主保护不同的原理，对于直流系统某些故障，可以采用相同保护原理的多重化配置互为主备。

（4）交流系统侧故障，交流系统侧快速保护切除故障，直流控制系统应保持直流输电系统平稳运行，避免直流闭锁。柔性直流系统故障时，控制保护系统应起到快速控制、调节作用，及时清除故障，交流系统保护不应越级动作。

（5）柔性直流保护整定需要与柔直换流阀阀控本体保护相配合，整定需考虑阀控本体保护快速闭锁的故障特性，提升故障识别、定位与隔离的可靠性。

（6）电压、电流互感器配置、选型、变比应满足保护性能的要求，整定时应考虑互感器精度、饱和等因素的影响。

（7）柔性直流系统保护整定应保证启动期间经启动回路电阻器故障的可靠切除。

（8）多重化冗余配置。为了提高直流保护的可靠性，直流保护应双重化或三重化配置。采用三重化配置的保护装置，应按照"三取二"的出口逻辑，即 A、B、C 冗余系统中至少同一保护的两套同时都有信号出口，即为保护出口信号；"三取二"出口判断逻辑装置及电源均应冗余配置。换流变压器本体作用于跳闸的非电量保护元件也应设置三副独立跳闸节点，按照"三取二"原则出口，三个开入回路要独立，不允许多副跳闸节点并联上送。

采用双重化配置的保护装置，每套保护中应采用"启动＋动作"逻辑，启动和动作的元件及回路应完全独立，不得有公共部分互相影响。

（9）保护的冗余配置应杜绝出现保护误动和拒动的可能性，且不失去准确性和灵敏性。保护系统中任何单一元件的故障不应导致保护误动。任何冗余的直流保护都应采取相应的防误动措施，在可能造成保护动作延时的情况下不宜采用两重保护系统之间的切换来实现。

与控制系统或控制系统异常密切相关的保护（如常规直流阀短路保护、柔性直流阀侧高频谐波保护等），除需要快速清除故障外，应首先发出控制系统切换指令，将控制系统从原来的值班状态切换至备用状态，以避免由控制系统故障引起不必要的跳闸。

（10）保护配置的独立性。

1）保护应具有其独立的、完整的硬件配置和软件配置。各重保护之间在物理上和电气上完全独立，即有各自独立的电源回路，测量互感器二次绕组，信号输入、输出回路，通信回路，主机，以及二次绕组与主机之间所有相关通道、装置和接口。任意一保护因故障、检修或其他原因完全退出时，不应影响其他保护正确动作和直流系统的正常运行。

2）直流系统保护应与控制系统相对独立，在硬件结构上配置相对独立的换流器/极/双极保护主机，并配置相应的接口、通道以及辅助设备。主机的硬件配置（包括主板、处理器、硬盘和内存等）应考虑一定裕度，以满足保护功能扩展之需。

3）两个极的直流保护装置应完全独立，也包括输入回路测量装置。每极保护中，中性母线和双极共用中性母线均应独立配置具有各自测量装置和输入回路的故障保护。直流保护的设计必须将双极停运率减至最小，尽最大可能避免双极停运。

4）对于采用双 12 脉动串联接线的直流输电工程，保护要以每个 12 脉动换流单元为基本单元进行配置，各 12 脉动换流单元的控制功能和保护配置要保持最大程度的独立；各 12 脉动控制和保护系统间的物理连接尽量简化。单 12 脉动换流器故障时，保护应能与控制相配合退出故障换流器，不影响非故障换流器的运行，避免单极停运。

（11）在所有运行条件和运行方式下，直流控制、直流保护及交流保护之间必须正确地协调配合。直流保护的设计必须综合考虑交/直流系统运行要求及其设备配置和应力限制的各个方面，并结合直流控制系统进行最优设计，使系统在故障暂态性能上达到最佳平衡。直流保护和直流控制的功能和参数应正确地协调配合。在需要的前提下，保护应首先借助直流控制系统的能力去抑制故障的发展，发送直流系统的暂态性能，减少直流系统的停运。交流保护与直流保护应正确地协调配合，使故障的清除及故障清除后的恢复得到最优的处理。

（12）直流保护应具有完整的自监测功能，保证全面完整的自检覆盖率。保护应配置内部故障录波功能，录波的范围包括输入模拟量、开关量和保护计算数字量。

（13）保护应能区别不同的故障状态，合理安排告警、设备切除、再启动、停运等不同的保护动作等级，并能根据故障的不同程度和发展趋势，分段执行动作。

综上所述，直流保护的配置应在保护设备免受过应力损害的同时，将故障对交直流系统的扰动减至到最小。

5.2.2　直流保护定值整定原则

（1）保护定值要涵盖设计的所有交/直流系统运行方式，包括交流系统的大、小方式，直流系统的各种运行接线方式、控制模式和输送功率水平。

（2）保护在正确动作的前提下还要考虑故障后的恢复性能，应避免给交流系统造成进一步的扰动。比较典型的是直流线路故障再启动策略、第三站在线退出策略。

（3）保护定值的确定需考虑设备特性及其承受能力。保护定值的确定需考虑设备特性和设备的承受能力，如过电流或过负荷保护需计及故障电流回路设备的过电流或发热的应力限制，直流过压保护需与设备所能承受的过电压配合，直流场开关重合保护定值需与开关的开断特性配合，站内接地过流保护需考虑站内接地网允许长期运行的电流和时间，谐波保护需考虑换流阀、换流变压器等主设备所能承受的谐波大小和时间配合等。

（4）保护定值的确定应考虑交流系统的故障和保护特性。在发生交流系统故障的情况下，应由交流保护对故障进行切除，而直流系统在交流系统故障期间的反应可能是换相失败、谐波含量增大，但仍处于系统和设备能够耐受的范围之内，不至于引起直流闭锁，所以在交流故障清除之前直流系统保护不应动作。

（5）保护定值的确定应考虑相关保护之间的配合。直流系统保护中各保护之间需配合，如柔直换流阀阀控桥臂过流保护是保护换流阀关键设备不因电流过大损坏设备的主保护，但同时应统筹考虑阀控桥臂过流保护与直流保护桥臂过流保护之间的配合。

（6）保护定值的确定需考虑测量的精度。直流保护中各类差动保护（如直流差动保护、极母线差动保护、汇流母线区差动保护等）的定值，需考虑测量误差，躲过系统短时过负荷情况下差动电流测量回路产生的误差。另外，还要躲过区外最严重故障时测量回路产生的最大不平衡电流。

（7）直流保护定值的确定应与控制系统响应时间配合。直流保护应尽量首先利用直流控制系统的快速控制特性抑制故障应力，无效时保护动作。

（8）保护定值的整定与保护动作策略密切相关。直流保护定值主要由阈值和动作时间两部分组成。与交流保护不同，直流保护的动作策略有移相、闭锁、重启、控制系统切换、极平衡、功率回降、交流断路器跳闸、极隔离、开关重合等。交流断路器跳闸、极隔离等动作策略的执行时间相对固定，所以直流保护定值主要考虑移相、闭锁、重启、控制系统切换、极平衡、功率回降等动作策略的阈值和时间配合。

（9）保护定值采用分段设置的原则。直流保护一般均设置了不同分段，各分段通常采用相同的检测原理，快速段的定值高、延时短，表明故障应力大，通常需要闭锁直流系统、断开交流断路器等；慢速段的定值低、延时长，依靠故障应力的积累使保护动作，也可采用告警、控制系统切换等动作策略减少直流的停运。

5.3 保护动作逻辑

5.3.1 直流系统保护动作逻辑类型及特性

通常，保护动作就意味需要跳闸、停运。但直流系统保护有其特殊性，它与直流控制系统联系紧密，因此根据不同的故障及其特性，直流系统保护可采用的动作逻辑大致可分为三类：第一类是充分利用控制功能抑制故障的发展、降低故障的应力，避免直流极的停运；第二类是预测故障采取措施后尽快恢复直流系统的正常运行；第三类是隔离故障设备或停运极。直流系统保护动作逻辑的含义和特点如下。

（1）控制系统切换。将冗余的控制系统由值班（有效）系统切至备用系统。如果值班控制系统出现故障或异常，可能引起某些关联的保护误动。例如，控制系统触发异常引起的慢速直流过电流保护（包括换流阀结温），或与控制系统计算相关的直流过电压/欠电压保护等。为了排除控制系统本体故障引起的保护误动，先进行控制系统切换，切换后如果故障消失，则维持现状；系统切换后如果故障仍然存在，则保护执行下一步出口动作逻辑。

（2）极平衡。无论直流系统双极是处于平衡或不平衡运行工况，一旦站内中性母线和接地极系统发生故障，首先进行两极电流的平衡控制，以减小接地极或站内接地电流，也可通过极平衡控制消除过负荷现象。

（3）功率回降。按保护的需要，以预定的速率降低直流功率到定值。通常直流系统功率回降的情况主要有 3 种：①绝对最小滤波器组不满足时，交流滤波器将承受过高的谐波应力，需降低直流功率以满足滤波器的额定值要求；②外部系统请求的功率回降。如阀冷系统出水温度高需通过降低直流功率来降低出水温度；③直流过电流、单极运行方式下的接地极线路过负荷等故障可通过功率回降来降低故障对设备和系统造成的影响。

（4）移相。常规直流换流阀以一定的速率增大触发角到最大触发角，对于整流侧而言则完全进入逆变状态，电压极性改变，从而有利于熄灭直流电流。

（5）再启动。整流侧移相但不闭锁触发脉冲，经过一段去游离时间后撤销移相指令，快速恢复触发角至正常值，以重新建立直流电压和电流，用于直流线路故障后的全压或降压再启动。

（6）投旁通对。同时触发 6 脉动换流器同相的两个换流阀，使其同时导通。由于形成直流侧短路，直流电压快速降低到零，可用于防止换流阀导通或关断时电流的断续和过电压；旁通对还可快速隔离交/直流系统，减小因故障使换流变压器发生直流偏磁的时间，并便于交流侧断路器快速跳闸；一极由双 12 脉动换流器串联时，投旁通对还用于单 12 脉动换流器的退出。

（7）阀闭锁。停止向换流器发送触发脉冲，对于在直流电流自然过零之后，换流器将停止导通而停运，对于柔性直流无论故障停运或计划停运，均采取闭锁脉冲的策略。

对于每极双 12 脉动换流器串联的直流系统，阀闭锁还伴随着 12 脉动换流器的旁路开关的控制动作。

（8）交流断路器跳闸。跳开换流变压器网侧开关，隔离交/直流系统。通常，柔性直流保护动作后均需跳开网侧断路器，常规直流保护动作一般情况下需跳开换流变压器网侧断路器。

（9）交流断路器锁定。交流断路器跳开后，锁定该断路器，只有当故障清除后才允许合断路器，以提高安全性。

（10）启动断路器失灵。如果交流断路器未正确跳开，则启动跳上级断路器、目的是将故障隔离。

（11）极隔离。将直流场设备与直流线路、接地极线路断开，用于保护动作后退出故障极。通常用于当交流进线断路器跳开之后进一步隔离故障，将直流场设备与直流线路、接地极线路断开。如果是二次系统（非一次设备）引起的故障停运，通常不需要极隔离。

（12）换流器单元隔离。主要用于多 12 脉动阀组串、并联接线方式，当某个换流器发生内部故障时，将该换流器单元闭锁、隔离，使退出的设备与运行系统有明显的断开点，且不影响健全设备的正常运行。

（13）重合开关。在收到保护断开开关指令后，如果由于开关故障而不能断弧，则应将开关重新合上，以免开关损坏。主要用于直流开关。

5.3.2　特高压多端混合直流输电系统的保护闭锁特点

5.3.2.1　双换流器串联接线方式的直流保护闭锁特点

对于多换流器串、并联接线方式，直流保护闭锁逻辑更加灵活，以图 5-25 所示双 12 脉动换流器串联接线为例进行分析，BPS 为阀组旁路开关，BPI 为阀组旁路隔离开关，CI、AI 为阀组连接隔离开关。

对于上述接线的特高压直流输电工程，每极中的故障可导致两种保护闭锁形式，一种是闭锁停运完整极，另一种是仅闭锁故障的换流器单元，健全换流器单元仍保持运行。

双 12 脉动换流器串联接线方式的主回路，除在极区发生故障时会导致两个串联换流器单元同时退出外，在 12 脉动换流器保护区内部的接地故障以及两个 12 脉动换流器之间连接线接地故障也会导致整极停运。在故障换流器隔离的过程中，虽然故障

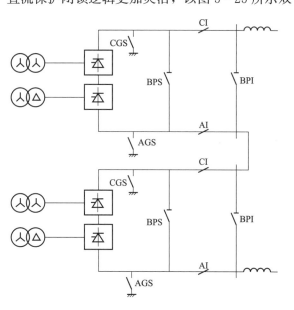

图 5-25　双 12 脉动换流器串联接线示意图

换流器的旁通开关 BPS 合上，但为了保持整个回路电流的流通，隔离开关 CI、AI 始终闭合，整个回路的故障点一直存在，因此极差动保护将会接着将整个 12 脉动换流器闭

锁，导致极闭锁退出一极。

（1）每极双 12 脉动换流器串联运行，退出极的保护闭锁，即同时退出双 12 脉动换流器，其时序可与每极单 12 脉动换流器接线方式的时序基本相同。

（2）在单换流器单元故障类型中，可以不同时退出两个换流器单元的故障主要包括阀短路、过电流、旁通开关不能正常打开等故障。在发生上述故障时，只有故障换流器单元退出，另一个健康单元可以继续远行。但如果长时间丢脉冲，引起谐波保护动作，则可能需要闭锁整个极。单换流器单元保护闭锁原则仍与上述原则相同，即仍是由移相、直接闭锁触发脉冲、立即投或延时投旁通对并闭锁触发脉冲等不同时序组合而成的闭锁。单换流器单元故障退出有如下特点：在退出故障换流器单元的过程中，增加一个闭合换流器单元旁路开关 BPS 的逻辑，可使故障换流器单元从运行状态转为隔离状态，再转为旁通状态。

（3）对于每极双 12 脉动换流器串联结构，当故障退出一端换流器单元时，需设定同一极另一端换流器退出原则，例如，同时退出相应的高压、低压端换流器单元，或退出优先选择的阀组。

（4）若因故障退出某一 12 脉动换流器时，串联的另一换流器需配合移相，保证故障换流器能够平稳顺利退出，待故障换流器 BPS 完成退出后，非故障换流器解除移相，恢复正常运行，若计划退出某一 12 脉动换流器，只需待退出换流器完成移相、合 BPS 等操作，不影响串联的另一换流器运行。

对于特高压多端混合直流系统，柔直换流站也采用双换流器串联结构，故障退出换流器的过程与双 12 脉动换流器串联结构的常规直流换流站类似，需要降压、合 BPS、闭锁换流器等操作，非故障柔直换流器也需降压，配合故障换流器完成退出过程。对于阀区的接地故障，通过退出故障换流器的方式无法有效隔离接地故障，因此最终的保护出口也必须采用退出一极的出口方式。

5.3.2.2 多端直流输电系统的保护闭锁特点

相较于传统两端输电系统，多端输电系统运行方式更加灵活，因此直流保护闭锁策略也将更加灵活，当故障站不是唯一受端站或送端站时，可以选择仅闭锁单站，通过 HSS 开关将故障站与其他非故障站隔离，把故障对功率输送的影响降到最小，这种闭锁方式为 Y‑ESOF。如图 5‑26 所示三端直流输电系统，当受端站 1 故障采用 Y‑ESOF 的方式退出运行，送端站和受端站 2 依然保持运行。

对于故障站的 Y‑ESOF 闭锁方式，故障站闭锁后其他站需要配合移相或闭锁，待流过 HSS 开关的电流小于 HSS 开断电流，通过拉开 HSS 实现故障站的隔离，随后非故障站再重启，完成故障站的退出。

对于只有唯一送端或受端的直流工程，当送端或者受端站唯一时，由于缺乏送端或受端，此时只能闭锁所有在运站，这种闭锁方式为 X‑ESOF。昆柳龙直流工程由一

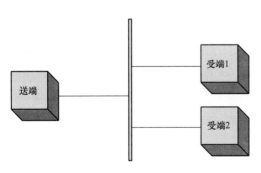

图 5‑26 三端直流输电系统示意图

个送端站和两个受端站组成，因此当其中一个受端站单极故障时，保护出口动作策略为本站极紧急停运（Y‑ESOF）。

在运站极 ESOF（X‑ESOF）和本站极 ESOF（Y‑ESOF）的区分原则为：对于可以通过 HSS 开关进行退站退极完成故障隔离的，按本站极 ESOF（Y‑ESOF）出口；否则，按在运站极 ESOF（X‑ESOF）出口。按在运站极 ESOF（X‑ESOF）出口的特高压柔直站极保护包括：柳北站极母线差动保护（87HV）、柳北站金属回线横差保护（87DCLT）、柳北站 HSS1 开关保护（82‑HSS）。

5.3.3　特高压多端混合直流保护出口

5.3.3.1　阀组保护动作策略

（1）特高压常规直流阀组保护动作策略。特高压常规直流站阀组保护出口动作策略有：告警、控制系统切换、阀组闭锁脉冲、阀组 ESOF、在运站极紧急停运（X‑ESOF）、跳阀组交流断路器/同时锁定交流断路器（简称为跳阀组交流断路器）、跳极层交流断路器/同时锁定交流断路器（简称为跳极层交流断路器）、极隔离、重合旁路开关（BPS）、禁止换流器解锁、启动失灵、降功率、固定分接头。

与以往特高压常规直流阀组保护相比，主要区别是：

1）根据多端故障隔离需求，极 ESOF 改为在运站极 ESOF（X‑ESOF）。在运站 ESOF（X‑ESOF）指所有在运的站故障极均执行极 ESOF 操作。

2）在高低阀组 400kV 连接处引入高低端阀组连接线测点 I_{dM}，增加了阀组差动保护（87DCV），可用于定位故障是发生在高端阀组还是低端阀组。但由于阀区接地故障情况下，无法快速隔离故障并重启另一非故障阀组，故故障处理的结果仍是极 ESOF，由极保护中的直流差动保护（87DCM）来动作。因此，阀组差动保护（87DCV）的动作出口为告警。

（2）特高压柔性直流阀组保护动作策略。与特高压常规直流相比，特高压柔性直流站阀组保护出口新增本站极紧急停运（Y‑ESOF）和启动失灵。

本站 ESOF（Y‑ESOF）指仅对故障站故障极均执行极 ESOF 操作，剩余站（剩余站不小于 2）在故障站被隔离后恢复运行。在两端运行情况下，Y‑ESOF 与 X‑ESOF 执行效果一致。

特高压混合多端工程在柔直连接变网侧有 5000Ω 电阻，与鲁西工程在阀侧不同，启动期间发生启动电阻与连接变间的接地故障时，故障电流约 60A，间隔内开关失灵保护无灵敏度，为此工程前期在阀组保护增加启动失灵出口，并升级开关保护"无流失灵保护"功能，适应弱故障特征下的失灵启动要求。

特高压柔性直流站阀组保护与阀控保护、极保护的动作配合原则如下：

1）在故障情况下，柔性直流换流阀耐受短时过流能力较弱。为了保护器件，在阀控中配置快速的桥臂电流上升率保护、桥臂过流保护和子模块过压保护。阀控保护出口闭锁时间非常快，通常在百微秒级。在阀区故障情况下，阀控保护很可能在阀组保护动作前先出口闭锁阀组。但在阀组闭锁后，交流侧依然会向故障点注入电流，阀组闭锁后差流依然存在且保持时间大于阀组保护中差动保护的动作时间，因此阀组保护中的差动保护在阀控闭锁后仍可动作出口，对故障区域进行定位。

2）针对阀区接地故障，推荐闭锁高低端阀组，执行（本站）极 ESOF、极隔离、跳极层交流断路器；对于阀区相间故障或桥臂模块短路故障，推荐闭锁故障阀组，执行阀组 ESOF、跳阀组交流断路器。

5.3.3.2 极保护动作策略

（1）特高压常规直流极保护动作策略。特高压常规直流站极保护出口的动作策略有：告警、控制系统切换、在运站极 ESOF（X－ESOF）、跳极层交流断路器、降功率、极隔离、极平衡、线路重启、合高速接地开关（HSGS）、重合中性母线开关（HSN-BS）、重合高速接地开关（HSGS）。

与以往特高压常直工程相比，主要差别在于极 ESOF 改为在运站极 ESOF（X－ESOF）。

（2）特高压柔性直流极保护动作策略。与特高压常直极保护动策略相比，特高压柔性直流站极保护出口的动作策略主要差别在于极 ESOF 区分为在运站极 ESOF（X－ES-OF）和本站极 ESOF（Y－ESOF），新增重合高速并联开关（HSS）。

5.3.3.3 线路保护动作策略

由于各站线路保护两两之间均配置了通信通道，因此当某两站之间通信故障，可通过另一站转发，基于双端量的线路保护动作延时需要考虑极端情况下的转发延时。在三站两两之间均出现通信故障，才是完全的通信故障（后文仅讨论此类通信故障情况）。在此情况下，线路纵差保护（87DCLL）、金属回线纵差保护（87MRL）均退出运行。

（1）通信正常。在通信正常情况下，特高压多端混合直流系统的线路保护出口与常规两端直流基本相比，主要差别在于：

1）由于汇流母线是三端运行的关键结构，因此汇流母线差动保护（87DCBUS）出口为在运站极 ESOF（X－ESOF）；

2）由于 HSS2 开关发生故障后，无法快速隔离，因此线路 2 的高速并联开关保护82－HSS 出口为在运站极 ESOF（X－ESOF）；

3）由于交直流碰线保护涉及到交流系统保护动作及重合闸，与直流系统配合较为复杂，整流站移相后若交流系统还未跳开，直流线路将存在较大 50Hz 分量，影响非故障极运行。因此交直流碰线保护 81－I/U 出口为在运站极 ESOF（X－ESOF）。

4）由于三端金属运行方式下，线路 2 可由两端的 HSS2 和 HSS3 开关进行快速隔离，因此线路 2 的金属回线纵差保护（87MRL）的动作段可进行 VSC2 站极 ESOF（Y－ESOF）出口（仅跳开 VSC2 站极层交流断路器和极隔离），待线路 2 隔离后，执行 VSC1 和 LCC 站两端重启，保护动作段出口由 VSC2 发出。线路 1 的金属回线纵差保护（87MRL）的动作段需执行在运站极 ESOF（X－ESOF）。

5）线路永久性故障或交直流碰线故障、汇流母线故障情况下，LCC 站不跳交流断路器，VSC 站需跳交流断路器。

（2）通信故障。此处讨论的通信故障是指三站两两之间均出现通信故障，当直流线路站间通信通道故障，直流线路纵差保护、金属回线纵差保护退出。

线路保护的动作结果可以通过线路保护与极控站间通信通道进行传输，如果线路保护和极控均出现站间通信故障，如果有直流线路保护动作，昆北站按本站极 ESOF（X－ESOF）出口，柳北、龙门站按极 ESOF（本站 Y－ESOF 或在运站 X－ESOF 均可）、跳极层交流断路器、极隔离出口。

5.4　直流阀组保护系统

5.4.1　常规直流阀组保护系统概述

5.4.1.1　一般原则

保护的目的是防止危害直流换流站内设备的过应力，以及危害整个系统（含交流系统）运行的故障。保护自适应于直流输电运行方式（双极大地运行方式、单极大地运行方式、金属回线运行方式）及其运行方式转换，以及自适应于输送功率方向转换。

至少具有对如下故障进行保护的功能：

（1）换流桥（含整流和逆变）的故障，包括：

1）换流器的桥臂短路；

2）六脉冲或十二脉冲换流器桥短路；

3）换流器或其一部分丢失触发脉冲或误触发故障；

4）换流器换相失败等。

（2）换流变二次侧在阀厅内的 AC 连线的接地或相间短路故障；换流器保护系统对大部分故障提供两种及两种以上原理保护，以及主后备保护。换流器保护系统根据不同的故障类型，采取不同的故障清除措施，具体出口动作处理策略类型如下：

1）请求控制系统切换到备用的控制系统；

2）整流侧闭锁脉冲；

3）直流紧急停运（ESOF）；

4）逆变侧禁止投旁通对；

5）换流器移相以改变电压极性，快速抑制直流电流；

6）跳交流侧断路器（同时锁定交流开关）；

7）换流器隔离；

8）重合旁路开关（BPS）；

9）禁止解锁。

5.4.1.2　保护配置

根据常规直流换流阀的保护原则，特高压常直站的阀组保护在常规保护配置的基础上新增阀组差动保护，提供阀组定位功能，保护配置及其所用测点信号见表 5-1、图 5-27。

表 5-1　　　　　　　　　　　特高压常规阀组保护配置列表

序号	保 护 名 称	保护缩写	测　　点	备注
1	换流器短路保护	87CSY/ 87CSD	高阀： 87CSY：I_{acY}，I_{dH}，I_{dM} 87CSD：I_{acD}，I_{dH}，I_{dM} 低阀： 87CSY：I_{acY}，I_{dN}，I_{dM} 87CSD：I_{acD}，I_{dN}，I_{dM}	

续表

序号	保 护 名 称	保护缩写	测 点	备注
2	交直流过流保护	50/51C	I_{acY}，I_{acD}，I_{dH}，I_{dN}	
3	桥差保护	87CBY/ 87CBD	I_{acY}，I_{acD}	
4	交流阀侧绕组接地保护	59ACVW	U_{acY_L1}，U_{acY_L2}，U_{acY_L3} U_{acD_L1}，U_{acD_L2}，U_{acD_L3}	
5	交流低电压保护	27AC	U_{ac}	
6	交流过电压保护	59AC	U_{ac}	
7	旁路开关保护	82-BPS	I_{dBPS}	
8	阀组差动保护	87DCV	高阀：I_{dH}，I_{dM} 低阀：I_{dM}，I_{dN}	新增
9	换流变饱和保护	50/51CTNY 50/51CTND	50/51CTNY：I_{dNY} 50/51CTND：I_{dND}	
10	直流过电压保护	59DC	I_{dN} 高阀：U_{dL}，U_{dM} 低阀：U_{dM}，U_{dN}	
11	直流低电压保护	27DC	U_{dL}，U_{dM}	

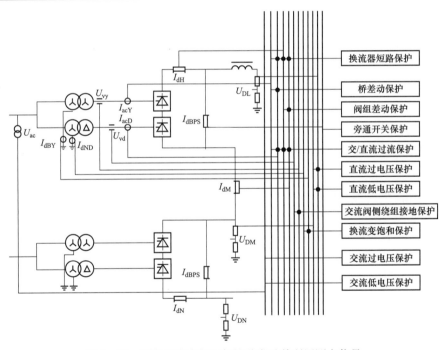

图 5-27 特高压常直阀组保护种类及其所用测点信号

5.4.1.3 冗余配置和可靠性

换流器保护采取三重化配置方案，具有以下特点：

(1) 换流器保护系统有完善的自检功能，防止由于换流器保护系统装置本身故障而引起不必要的系统停运。

（2）换流器保护采用三重化模式，并且任意一套保护退出运行而不影响直流系统功率输送。每重保护采用不同测量器件、通道、电源、出口的配置原则。当保护监测到某个测点故障时，仅退出该测点相关的保护功能，当保护监测到装置本身故障时，闭锁全部保护功能。

（3）每个换流器的保护是完全独立的。

（4）方便的定值修改功能。可以随时对保护定值进行检查和必要的修改。

（5）换流器保护采用独立的数据采集和处理单元模块。

（6）换流器保护系统不需要站间通信。

（7）换流器保护系统采用动作矩阵出口方式，灵活方便的设置各类保护的动作处理策略。区别不同的故障状态，对所有保护合理安排警告、报警、设备切除和停运等不同的保护动作处理策略。

（8）每一个保护的跳闸出口分为两路供给同一断路器的两个跳闸线圈。

（9）所有保护的报警和跳闸都在运行人员工作站上事件列表中醒目显示。

（10）当某一换流器断电并隔离后，停运设备区中的保护系统不向已断电的换流器发出没有必要的跳闸和操作顺序信号。

（11）保护有各自准确的保护算法和跳闸、报警判据，以及各自的动作处理策略；根据故障程度的不同、发展趋势的不同，某些保护具有分段的执行动作。

（12）所有的换流器保护有软件投退的功能，每套保护屏装设有独立的跳闸出口压板。

（13）设置保护工程师工作站，显示或可修改保护动作信号、装置故障信号、保护定值、动作矩阵、故障波形以及通道告警信号。

（14）直流电源上、下电时保护不误出口。

（15）换流器保护系统工作在试验状态时，保护除不能出口外，正常工作。保护在直流系统非试验状态运行时，均正常工作，并能正常出口。保护自检系统检测到严重故障时，闭锁部分保护功能；在检测到紧急故障时，闭锁保护出口。

5.4.2　柔性直流阀组保护系统概述

5.4.2.1　一般原则

保护的目的是防止危害直流换流站内设备的过应力，以及危害整个系统（含交流系统）运行的故障。保护自适应于直流输电运行方式（双极大地运行方式、单极大地运行方式、金属回线运行方式）及其运行方式转换，以及自适应于输送功率方向转换。至少具有对如下故障进行保护的功能。

（1）启动电阻回路的故障，包括：

1）启动电阻短路故障；

2）启动回路网侧短路故障；

3）启动回路变压器侧短路故障。

（2）换流变二次侧在阀厅内的 AC 连线的接地或相间短路故障。

（3）换流器的故障，包括：

1）换流阀桥臂的模块间短路故障；

2）桥臂电抗器端间闪络故障；

3）桥臂电抗器阀侧接地故障。

（4）换流器保护系统对大部分故障提供两种及两种以上原理保护，以及主后备保护。换流器保护系统根据不同的故障类型，采取不同的故障清除措施，具体出口动作处理策略类型如下：

1）告警；

2）请求控制系统切换；

3）阀组 ESOF；

4）跳交流断路器（同时锁定交流开关）；

5）阀组隔离；

6）重合旁路开关（BPS）；

7）禁止换流器解锁；

8）极 ESOF；

9）极层跳换流变开关；

10）极隔离。

对比柔性直流阀组保护系统和常规直流阀组保护系统的保护原则可以发现，柔性直流阀组保护系统的保护范围更大，除了对换流器本身以外，还需要保护位于交流侧的启动回路，考虑到换流变具备单独的保护系统，因此可以对柔性直流阀组保护系统的保护区域进一步划分，分为交流连接母线保护区和换流器保护区。

5.4.2.2 保护配置

针对特高压柔直换流站在启动回路、桥臂电抗器等一次的结构布置差异，新增了变压器网侧中性点偏移保护（59ACGW），针对充电过程中投入的保护配置起动失灵出口，取消中性点电阻热过载保护（49ACZ），修改了桥臂电抗器差动保护和桥臂差动保护判据。为了避免高频谐波对设备造成损毁，新增高频谐波保护（81－V），柳北、龙门特高压柔直站的阀组保护配置及其所用测点信号如图 5－28、图 5－29、表 5－2 所示。

表 5－2 阀 组 保 护 配 置 列 表

序号	保 护 名 称	保护缩写	测 点	备注
1	交流连接母线差动保护	87CH	I_{ac2}，I_{vC}	
2	交流连接母线过流保护	50/51T	I_{ac2}，I_{vC}	
3	交流低电压保护	27AC	U_{ac}	
4	交流过电压保护	59AC	U_{ac}	
5	启动回路热过载保护	49CH	I_{acs}	
6	启动电阻过流保护	50/51R	I_{acs}	
7	变压器网侧中性点偏移保护	59ACGW	U_{ac1_A}，U_{ac1_B}，U_{ac1_C}	新增
8	变压器阀侧中性点偏移保护	59ACVW	U_{vC_A}，U_{vC_B}，U_{vC_C}	
9	变压器中性点直流饱和保护	50/51CTNY	I_{dNY}	
10	高频谐波保护	81－V	U_{ac2}，I_{vC}	新增
11	交流频率保护	81－U	U_{ac2}	
12	桥臂差动保护	87CG	I_{vC}，I_{bP}，I_{bN}	

续表

序号	保护名称	保护缩写	测点	备注
13	桥臂过流保护	50/51C	I_{bP}, I_{bN}	
14	桥臂电抗器差动保护	87BR	高阀上桥臂：I_{bP}, I_{dH}, I_{dBPS} 高阀下桥臂：I_{bN}, I_{dM}, I_{dBPS} 低阀上桥臂：I_{bP}, I_{dM}, I_{dBPS} 低阀下桥臂：I_{bN}, I_{dN}, I_{dBPS}	
15	直流过电压保护	59DC	高阀：U_{dL}, U_{dM} 低阀：U_{dM}, U_{dN}	
16	直流低电压保护	27DC	U_{dL}, U_{dM}, U_{dN}	
17	旁路开关保护	82BPS	I_{dBPS}	
18	桥臂电抗器谐波保护	81BR	I_{bP}, I_{bN}	

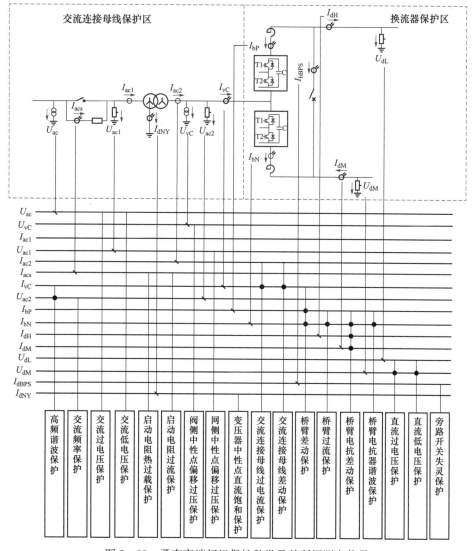

图 5-28　柔直高端阀组保护种类及其所用测点信号

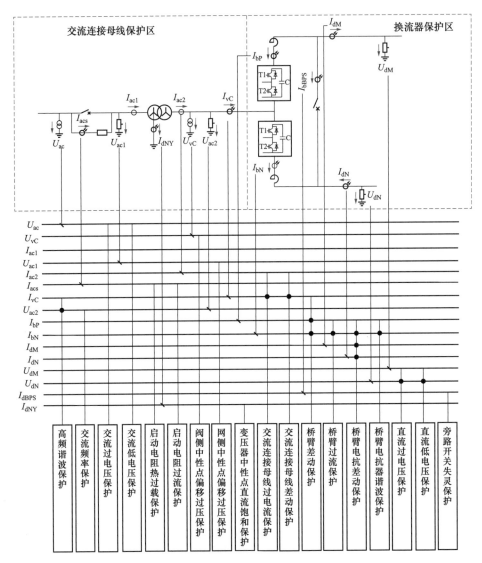

图 5-29 柔直低端阀组保护种类及其所用测点信号

5.4.2.3 冗余配置和可靠性

柔性直流阀组保护系统的冗余配置要求和可靠性要求与常规直流阀组保护系统基本一致，具体参见 5.4.1.3 中冗余配置和可靠性要求的相关介绍。

5.4.3 硬件回路

5.4.3.1 整体架构

在昆柳龙直流工程中，各站以阀组（高端/低端）为间隔配置阀组保护，阀组保护系统分为 A/B/C 三套，每套保护含有 1 面屏柜，主要包含保护主机，A/B 套保护屏柜中另外含有三取二装置。阀组保护装置的硬件整体结构可分为三部分：

（1）控制主机：完成阀组保护的各项保护功能，完成保护与控制的通信、站间通信，完成和现场 I/O 的接口，完成后台通信、事件记录、录波、人机界面等辅助功能。

（2）三取二主机：实现与保护的通信及三取二逻辑、跳交流开关、重合直流旁路开关 BPS。完成后台通信、事件记录、录波、人机界面等辅助功能。

5.4.3.2　外部接口

阀组保护装置的外部接口，通过硬接线、现场总线与站内其他设备完成信息交互，阀组保护网络结构图如图 5－30 所示。通过 IEC 60044—8 总线与测量系统通信，实现直流场模拟量的读取；通过 SCADALAN（站 LAN 网）与后台交互信息；通过 CTRL-LAN（阀组层控制 LAN 网）是 PCP、CCP、CPR 主机在换流器层之间的实时通信；三取二装置通过硬接线实现保护出口，直流控制保护系统 IEC 60044—8 总线示意图如图 5－31 所示。

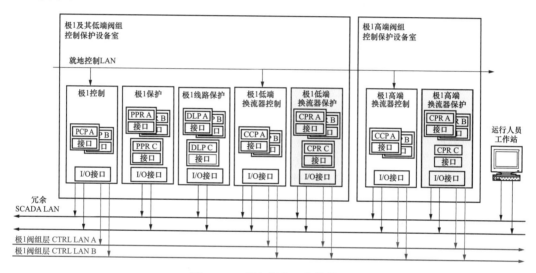

图 5－30　阀组保护网络结构图

（1）IEC 60044—8 总线。IEC 60044—8 标准总线具有传输数据量大、延时短和无偏差的特点，满足控制保护系统对数据实时性的需求。控制保护系统中的 IEC 60044—8 总线是单向总线类型，用于高速传输测量信号。两个数字处理器的端口按点对点的方式连接（DSP－DSP 连接）。

（2）SCADA_LAN。SCADALAN 网采用星型结构连接，为提高系统可靠性，SCADALAN 网设计为完全冗余的 A、B 双重化系统，单网线或单硬件故障都不会导致系统故障。底层 OSI 层通过以太网实现，而传输层协议则采用 TCP/IP。阀组保护系统与站内交换机双网连接，用于上送事件、波形等信息。

（3）CTRL_LAN。阀组层控制 LAN 网以光纤为介质，用于 CPR、CCP 等阀组层直流控制保护主机之间的实时通信。阀组层控制 LAN 是冗余和高速实时的，每个阀组层的控制 LAN 是相互独立的，任何一套主机发生故障时不会对另一换流器主机的功能造成任何限制。

（4）断路器的接口。保护主机发出的跳/锁定换流变交流开关的命令同时发给 CCP 及保护三取二装置，经三取二逻辑后出口，通过硬压板直接接至交流断路器操作箱，实

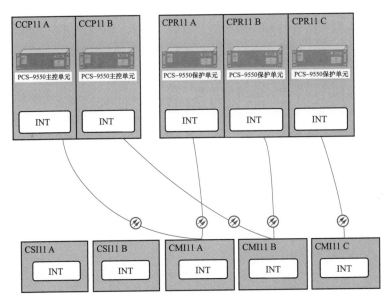

图 5-31　直流控制保护系统 IEC 60044—8 总线示意图

现出口跳闸。保护主机发出的重合直流旁路开关 BPS 的命令，经三取二逻辑判断后出口，通过硬压板直接接至 HSS 开关操作箱，实现重合。

（5）站主时钟 GPS 系统的接口。阀组保护系统通过两种方式与站主时钟系统对时：完整的时间信息对时和秒脉冲 PPS 对时，其中控制主机对时采用 B 码对时，I/O 单元对时采用 PPS 对时。

5.4.4　功能描述

5.4.4.1　常规直流阀组保护

为了方便对各阀组保护功能的介绍，对 I_{acY} 和 I_{acD} 进行定义：

$I_{acY} = \max\ (\ |\ I_{acY\_L1}\ |,\ \ |\ I_{acY\_L2}\ |,\ \ |\ I_{acY\_L3}\ |\ )$;

$I_{acD} = \max\ (\ |\ I_{acD\_L1} - I_{acD\_L2}\ |,\ \ |\ I_{acD\_L2} - I_{acD\_L3}\ |,\ \ |\ I_{acD\_L3} - I_{acD\_L1}\ |\ )$;

式中，I_{acY_L1}，I_{acY_L2}，I_{acY_L3} 分别为换流变阀星侧三相电流的瞬时值；I_{acD_L1}，I_{acD_L2}，I_{acD_L3} 分别为换流变阀角侧环内三相电流的瞬时值。

（1）短路保护（87CSY/87CSD）配置如表 5-3 所示。

表 5-3　　　　　　　　　短路保护（87CSY/87CSD）配置

保护区域	换流阀
保护名称	阀短路保护
保护的故障	阀臂短路、接地故障
保护原理	阀短路故障将造成换流变阀星/角侧两相短路，很大电流流过短路阀以及正在导通的正常阀，需快速检测并闭锁阀，以保护正常阀免受损坏。以换流器阀侧电流以及换流器高（低）压端电流作为动作判据。 高阀： 87CSY：$I_{acY} - \mathrm{Min}\ (I_{dH},\ I_{dM}) > \mathrm{Max}\ [I_{sc\_set},\ \mathrm{k\_set} * \mathrm{min}\ (I_{dH},\ I_{dM})\ ]$ 87CSD：$I_{acD} - \mathrm{Min}\ (I_{dH},\ I_{dM}) > \mathrm{Max}\ [I_{sc\_set},\ \mathrm{k\_set} * \mathrm{min}\ (I_{dH},\ I_{dM})\ ]$

保护原理	低阀： 87CSY：$I_{acY}-Min\ (I_{dN},\ I_{dM})>Max\ [I_{sc\_set},\ k\_set*min\ (I_{dN},\ I_{dM})]$ 87CSD：$I_{acD}-Min\ (I_{dN},\ I_{dM})>Max\ [I_{sc\_set},\ k\_set*min\ (I_{dN},\ I_{dM})]$
保护配合	动作时间要保证避免第三只阀导通
后备保护	过流保护（50/51C） 桥差动保（87CBY/87CBD）直流低电压保护（27DC）
是否依靠通信	否
出口方式	保护动作后立即闭锁脉冲、跳/锁定换流变开关等

（2）阀组差动保护（87DCV）配置如表 5-4 所示。

表 5-4　　　　　　　　　　阀组差动保护（87DCV）配置

保护区域	换流阀及换流变阀侧绕组
保护名称	直流差动保护
保护的故障	阀组及换流变阀侧绕组接地故障
保护原理	阀组差动保护是换流器发生接地故障时的主保护，以换流器高（低）压端电流与高低压阀组连接线电流的差流作为动作判据。 高阀：$\mid I_{dH}-I_{dM}\mid>max\ [I\_set,\ k\_set*\ (I_{dH}+I_{dM})\ /2]$ 低阀：$\mid I_{dM}-I_{dN}\mid>max\ [I\_set,\ k\_set*\ (I_{dM}+I_{dN})\ /2]$
保护配合	与直流后备差动保护配合
后备保护	直流后备差动保护（87DCB）直流低电压保护（27DC）
是否依靠通信	否
出口方式	告警

（3）桥差保护（87CBY/87CBD）配置如表 5-5 所示。

表 5-5　　　　　　　　　　桥差保护（87CBY/87CBD）配置

保护区域	换流阀
保护名称	桥差动保护（也称交流差动保护）
保护的故障	换流阀的接地、短路故障以及换相失败；也能反映交流系统接地故障
保护原理	正常运行时，同一电流流过阀星侧和阀角侧，也就是 I_{acY} 等于 I_{acD}，发生故障时两者不等。 星侧：$max\ (I_{acY},\ I_{acD})\ -I_{acY}>I\_set$ 角侧：$max\ (I_{acY},\ I_{acD})\ -I_{acD}>I\_set$
保护配合	与换相失败保护和 50Hz/100Hz 保护协调
后备保护	50Hz/100Hz 保护直流低电压保（27DC）
是否依靠通信	否
出口方式	分切换段和 2 个跳闸段。慢速段与交流保护的失灵保护或后备保护配合。 跳闸段动作后，立即闭锁脉冲、跳/锁定换流变开关等

（4）交/直流过流保护（50/51C）配置如表 5‑6 所示。

表 5‑6　　　　　　　　交/直流过流保护（50/51C）配置

保护区域	换流阀
保护名称	交、直流过流保护
保护的故障	检测换流阀的接地、短路故障，以及换流阀过载
保护原理	$\max(I_{acY}, I_{acD}, \lvert I_{dH}\rvert, \lvert I_{dN}\rvert) > I\_set$ 分切换段和4个动作段。4个动作段：故障快速段、故障慢速段、3s过负荷配合段、2h过负荷配合段
保护配合	需要与系统过负荷能力配合
后备保护	对阀、对站的交直流过电流保护（76、50/51C）换流变压器的过电流保护
是否依靠通信	否
出口方式	Ⅰ、Ⅱ段：动作后立即闭锁脉冲，跳/锁定换流变开关等。 Ⅲ、Ⅳ段：动作后闭锁换流器，跳/锁定换流变开关等

（5）交流过电压保护（59AC）配置如表 5‑7 所示。

表 5‑7　　　　　　　　交流过电压保护（59AC）配置

保护区域	换流阀
保护名称	交流过电压保护
保护的故障	交流电压过高
保护原理	该保护防止由于交流系统异常引起交流电压过高导致设备损坏 $U_{ac} > U\_set$
保护配合	定值选择需按交流系统设备耐压情况、最后一个断路器跳闸后交流场的过压水平（仅逆变站）、孤岛方式下过电压控制要求相配合，并与交流系统保护相配合
后备保护	另一系统换流器交流过电压保护（59AC）
是否依靠通信	否
出口方式	立即 ESOF、立即跳/锁定换流变开关等

（6）交流低电压保护（27AC）配置如表 5‑8 所示。

表 5‑8　　　　　　　　交流低电压保护（27AC）配置

保护区域	换流阀
保护名称	交流低电压保护
保护的故障	交流电压过低
保护原理	该保护防止由于交流电压过低引起直流系统异常 $U_{ac} < U\_set$
保护配合	定值选择需与交流系统保护相配合，与交流系统故障的切除时间相配合。与换相失败保护、直流谐波保护时间定值相配合
后备保护	另一系统换流器交流低电压保护（27AC）
是否依靠通信	否
出口方式	立即 ESOF、立即跳/锁定换流变开关等

（7）交流阀侧绕组接地保护（59ACVW）配置如表 5－9 所示。

表 5－9　　　　　　　交流阀侧绕组接地保护（59ACVW）配置

保护区域	换流阀及换流变阀侧绕组
保护名称	交流阀侧绕组接地保护
保护的故障	阀组及换流变阀侧绕组接地故障
保护原理	该保护在直流输电系统未解锁时投入，解锁后退出。 $\mid U_{acY\_L1}+U_{acY\_L2}+U_{acY\_L3}\mid > U_{acY0\_set}$ 或 $\mid U_{acD\_L1}+U_{acD\_L2}+U_{acD\_L3}\mid > U_{acD0\_set}$
保护配合	解锁后保护退出
后备保护	直流差动保护（87DCM）直流后备差动保护（87DCB）
是否依靠通信	否
出口方式	动作后，发出告警信息，禁止控制系统解锁

（8）旁通开关保护（82－BPS）配置如表 5－10 所示。

表 5－10　　　　　　　旁通开关保护（82－BPS）配置

保护区域	旁通开关
保护名称	旁通开关保护
保护的故障	该保护旁通开关（BPS）在分闸或合闸过程中的异常
保护原理	Ⅰ段（分失灵）：收到分闸指令且旁通开关（BPS）指示分闸位置后，满足 $\mid I_{dBPS}\mid > I\_set$ Ⅱ段（合失灵）：收到保护性退阀组或在线退阀组发出的合闸指令后，满足 $\mid I_{dBPS}\mid < I\_set1$ 且 $I_{dH} > I\_set2$
保护配合	BPS 的开断能力
后备保护	另一系统旁通开关保护（82－BPS）
是否依靠通信	否
出口方式	Ⅰ段动作后，立即重合并锁定旁通开关（BPS）。 Ⅱ段动作后，向控制系统发闭锁极命令

（9）换流变饱和保护（50/51CTNY，50/51CTND）配置如表 5－11 所示。

表 5－11　　　　换流变饱和保护（50/51CTNY，50/51CTND）配置

保护区域	换流变
保护名称	换流变中性点直流电流饱和保护
保护的故障	防止换流变压器中性点流过较大直流电流而损坏换流变压器
保护原理	$I_{dNY} > I\_set$ 或 $I_{dND} > I\_set$ 根据换流变设备厂家提供的饱和曲线（选取 6 组直流电流、运行时间数据进行拟合），根据实测换流变中性点直流电流进行反时限累积判断
保护配合	无
后备保护	另一系统换流变饱和保护（50/51CTNY，50/51CTND）

是否依靠通信	否
出口方式	告警、请求控制系统切换

（10）直流过电压保护（59/37DC）配置如表 5-12 所示。

表 5-12　　　　　　　　直流过电压保护（59/37DC）配置

保护区域	承受直流电压的设备
保护名称	直流过电压保护
保护的故障	直流线路或其他位置开路以及控制系统调节错误等易使直流电压过高。该保护检测高压直流过电压，保护高压线上的设备。另一用途为无通信下逆变站闭锁且未投旁通对时用于整流站闭锁阀组或极
保护原理	$VD=\lvert U_{dL}-U_{dM}\rvert$（高阀）或 $\lvert U_{dM}-U_{dN}\rvert$（低阀） Ⅰ段：$VD>U\_set1\ \&\ I_{dN}<I\_set$　Ⅱ段：$VD>U\_set2$ Ⅲ段：$VD>U\_set3$ 定值门槛和动作延时以设备耐压能力为依据，定值分正常运行 OLT 试验两种方式
保护配合	控制系统的电压控制器
后备保护	对站的直流过电压保护（59/37DC）
是否依靠通信	否
出口方式	分切换段和跳闸段。跳闸段动作后，立即 ESOF、跳/锁定换流变进线开关等

（11）直流低电压保护（27DC）配置如表 5-13 所示。

表 5-13　　　　　　　　直流低电压保护（27DC）配置

保护区域	直流系统
保护名称	直流低电压保护
保护的故障	保护整个极区的所有设备的后备保护，检测各种原因造成的接地短路故障。另一用途为无通信下逆变站闭锁后用于整流站闭锁阀组或极
保护原理	Ⅰ段：仅双阀组运行时投入，$U\_set2<\lvert U_{dL}\rvert<U\_set1$，且 $\lvert U_{dL}-U_{dM}\rvert<\Delta$（高端阀组）或 $\lvert U_{dL}-U_{dM}\rvert>\Delta$（低端阀组）； Ⅱ段：$\lvert U_{dL}\rvert<U\_set$
保护配合	交流系统故障
后备保护	本身为后备保护
是否依靠通信	否
出口方式	该保护是个总后备保护。分切换段和动作段。延时大于阀区、极区其他所有保护延时。 Ⅰ段动作后，立即 ESOF，跳/锁定本阀组换流变进线开关等。 Ⅱ段动作后，立即执行极层闭锁换流器，跳/锁定双阀组换流变进线开关、极隔离等

5.4.4.2　柔性直流阀组保护

根据柔性直流阀组保护系统保护区域的进一步细分，本文在功能描述部分也将分交流连接母线保护和换流器区保护进行介绍。

（1）交流连接母线保护。

1）交流连接母线差动保护（87CH）配置如表 5‑14 所示。

表 5‑14　　　　　　　　交流连接母线差动保护（87CH）配置

保护区域	交流连接线区
保护名称	交流连接母线差动保护
保护的故障	检测换流器与柔直变压器之间的故障
保护原理	三相 $\mid I_{ac2}+I_{vC}\mid>I\_set$
保护配合	无
后备保护	50/51T
是否依靠通信	否
出口方式	阀组 ESOF、跳阀组交流断路器、阀组隔离

2）交流连接母线过电流保护（50/51T）配置如表 5‑15 所示。

表 5‑15　　　　　　　交流连接母线过电流保护（50/51T）配置

保护区域	交流连接线区
保护名称	连接线过电流保护
保护的故障	检测连接线和换流阀的接地、短路故障
保护原理	三相 $\max(I_{ac2},\,I_{vC})>I\_set$ 分 2 个动作段：快速段用瞬时值，慢速段用有效值
保护配合	无
后备保护	50/51C
是否依靠通信	否
出口方式	阀组 ESOF、跳阀组交流断路器、阀组隔离

3）交流低电压保护（27AC）配置如表 5‑16 所示。

表 5‑16　　　　　　　　　交流低电压保护（27AC）配置

保护区域	交流连接线区
保护名称	交流低电压保护
保护的故障	交流电压过低
保护原理	该保护防止由于交流电压过低引起直流系统异常。 $U_{ac}<U\_set$
保护配合	定值选择需与交流系统保护相配合，与交流系统故障的切除时间相配合。与换相失败保护、直流谐波保护时间定值相配合
后备保护	另一系统换流器交流低电压保护（27AC）
是否依靠通信	否
出口方式	阀组 ESOF、跳阀组交流断路器、阀组隔离

4）交流过电压保护（59AC）配置如表 5‑17 所示。

表 5‑17 交流过电压保护（59AC）配置

保护区域	交流连接线区
保护名称	交流过电压保护
保护的故障	交流电压过高
保护原理	该保护防止由于交流系统异常引起交流电压过高导致设备损坏。 $U_{ac}>U\_set$
保护配合	定值选择需按交流系统设备耐压情况、最后一个断路器跳闸后交流场的过压水平（仅逆变站）、孤岛方式下过电压控制要求相配合，并与交流系统保护相配合
后备保护	另一系统换流器交流过电压保护（59AC）
是否依靠通信	否
出口方式	阀组 ESOF、跳阀组交流断路器、阀组隔离

5）启动电阻热过载保护（49CH）配置如表 5‑18 所示。

表 5‑18 启动电阻热过载保护（49CH）配置

保护区域	交流连接线区
保护名称	启动电阻热过载保护
保护的故障	启动电阻过负荷
保护原理	检测启动电阻的电流，计算总电流热效应，如果超过定值，保护动作。保护动作延时应能躲过暂态过负荷的影响，以免误动。应采用反时限原理进行设置。电流积分 $\int I_{acs}^2 dt>\Delta I$。 启动电阻旁路后本保护退出
保护配合	失灵段定值需与开关失灵保护定值配合
后备保护	另一系统启动电阻热过载保护
是否依靠通信	否
出口方式	跳阀组交流断路器、阀组隔离，失灵段动作后启动失灵

6）启动电阻过电流保护（50/51R）配置如表 5‑19 所示。

表 5‑19 启动电阻过电流保护（50/51R）配置

保护区域	交流连接线区
保护名称	启动电阻过电流保护
保护的故障	启动电阻之后的接地故障
保护原理	RMS$(I_{acs})>I\_set$ 启动电阻旁路后本保护退出
保护配合	失灵段定值需与开关失灵保护定值配合
后备保护	49CH
是否依靠通信	否
出口方式	跳阀组交流断路器、阀组隔离，失灵段动作后启动失灵

7) 交流网侧零序过电压保护（59ACGW）配置如表 5-20 所示。

表 5-20　　　　　　　　交流网侧零序过电压保护（59ACGW）配置

保护区域	交流连接线区
保护名称	交流网侧零序过电压保护
保护的故障	启动电阻与柔直变压器之间的接地故障
保护原理	$\mid U_{acl\_A}+U_{acl\_B}+U_{acl\_C}\mid>U_{s0}\_set$ 启动电阻旁路后本保护退出起动失灵出口柔直阀组解锁后本保护退出
保护配合	需与交流保护定值整定配合；失灵段定值需与开关失灵保护定值配合
后备保护	启动电阻过电流保护（50/51R）
是否依靠通信	否
出口方式	不可控充电：跳阀组交流断路器、阀组隔离，失灵段动作后启动失灵。 可控充电：阀组 ESOF、跳阀组交流断路器、阀组隔离

8) 阀侧零序过电压保护（59ACVW）配置如表 5-21 所示。

表 5-21　　　　　　　　阀侧零序过电压保护（59ACVW）配置

保护区域	交流连接线区
保护名称	交流阀侧绕组接地保护
保护的故障	阀组及柔直变压器之间的接地故障
保护原理	$\mid U_{ac2\_A}+U_{ac2\_B}+U_{ac2\_C}\mid>U_{V0}\_set$ 保护采用换流变阀侧末屏电压，启动电阻旁路后本保护退出起失灵出口。 柔直阀组解锁后本保护退出
保护配合	失灵段定值需与开关失灵保护定值配合
后备保护	无
是否依靠通信	否
出口方式	不可控充电：跳阀组交流断路器、阀组隔离，失灵段动作后启动失灵。 可控充电：阀组 ESOF、跳阀组交流断路器、阀组隔离

9) 换流变饱和保护（50/51CTN）配置如表 5-22 所示。

表 5-22　　　　　　　　换流变饱和保护（50/51CTN）配置

保护区域	交流连接线区
保护名称	换流变中性点直流电流饱和保护
保护的故障	防止换流变压器中性点流过较大直流电流而损坏换流变压器
保护原理	根据换流变设备厂家提供的饱和曲线（选取 6 组直流电流、运行时间数据进行拟合），根据实测换流变中性点直流电流进行反时限累积判断
保护配合	无
后备保护	另一系统换流变饱和保护（50/51CTN）
是否依靠通信	否
出口方式	告警、请求控制系统切换

10）交流频率保护（81‐U）配置如表5‐23所示。

表5‐23　　　　　　　　交流频率保护（81‐U）配置

保护区域	交流连接线区
保护名称	交流频率异常保护
保护的故障	交流频率异常
保护原理	该保护防止由于交流频率异常引起设备损坏。 $\mid \text{Freq\_Uac2} - \text{FreqNom} \mid > \text{F\_SET}$ 且 $U_{ac2} > U\_\text{set}$
保护配合	无
后备保护	另一系统交流频率异常保护（81‐U）
是否依靠通信	否
出口方式	阀组 ESOF、跳阀组交流断路器、阀组隔离

11）网侧高频谐波保护（81V）配置如表5‐24所示。

表5‐24　　　　　　　　网侧高频谐波保护（81V）配置

保护区域	交流连接线区
保护名称	网侧高频谐波保护
保护的故障	避免高次谐波对直流设备及系统造成损害
保护原理	$U_{acl\_har} > U_{THD}\_\text{set}$ 或 $I_{acl\_har} > I_{THD}\_\text{set}$ U_{acl_har} 取网侧总谐波电压减去基波、二次谐波与常规直流特征次谐波电压分量； I_{acl_har} 取网侧总谐波电流减去基波、二次谐波与常规直流特征次谐波电流分量
保护配合	无
后备保护	另一系统网侧高频谐波保护
是否依靠通信	否
出口方式	阀组 ESOF、跳阀组交流断路器、阀组隔离

（2）换流器区保护。

1）桥臂差动保护（87CG）配置如表5‐25所示。

表5‐25　　　　　　　　桥臂差动保护（87CG）配置

保护区域	换流器区
保护名称	桥臂差动保护
保护的故障	换流阀接地故障
保护原理	三相 $\mid I_{vC} + I_{bP} - I_{bN} \mid > I\_\text{set}$
保护配合	无
后备保护	桥臂过流保护（50/51B），换流器过流保护（50/51V）
是否依靠通信	否
出口方式	阀组 ESOF、跳阀组交流断路器、阀组隔离

2）桥臂过电流保护（50/51C）配置如表5‐26所示。

　　　　　　　　　桥臂过电流保护（50/51C）配置

保护区域	换流器区
保护名称	桥臂过电流保护
保护的故障	检测换流阀桥臂的接地、短路故障
保护原理	三相 Max（I_{bP}，I_{bN}）$>I\_set$ 分切换段和 2 个动作段。 2 个动作段：故障快速段采用瞬时值，故障慢速段采用有效值
保护配合	无
后备保护	50/51T
是否依靠通信	否
出口方式	阀组 ESOF、跳阀组交流断路器、阀组隔离

3）桥臂电抗器差动保护（87BR）配置如表 5‑27 所示。

表 5‑27　　　　　　　　　桥臂电抗器差动保护（87BR）配置

保护区域	换流器区
保护名称	桥臂电抗器差动保护
保护的故障	电抗器及相连母线接地故障
保护原理	高端阀组：$\lvert\sum(I_{bPA}+I_{bPB}+I_{bPC})+I_{dH}\rvert>I\_set$（上桥臂） $\lvert\sum(I_{bNA}+I_{bNB}+I_{bNC})+I_{dM}\rvert>I\_set$（下桥臂）低端阀组： $\lvert\sum(I_{bPA}+I_{bPB}+I_{bPC})+I_{dM}\rvert>I\_set$（上桥臂） $\lvert\sum(I_{bNA}+I_{bNB}+I_{bNC})+I_{dN}\rvert>I\_set$（下桥臂）
保护配合	无
后备保护	桥臂过流保护（50/51B），换流器过流保护（50/51V）
是否依靠通信	否
出口方式	阀组 ESOF、跳阀组交流断路器、阀组隔离

4）直流过电压保护（59/37DC）配置如表 5‑28 所示。

表 5‑28　　　　　　　　　直流过电压保护（59/37DC）配置

保护区域	换流器区
保护名称	直流过电压保护
保护的故障	直流线路或其他位置开路以及控制系统调节错误等易使直流电压过高。该保护检测高压直流过电压，保护高压线上的设备。另一用途为无通信下逆变站闭锁且未投旁通对时用于整流站闭锁阀组或极
保护原理	VD=$\lvert U_{dL}-U_{dM}\rvert$（高阀）或 $\lvert U_{dM}-U_{dN}\rvert$（低阀） Ⅰ段：VD$>U\_set1$ & $I_{dLN}<I\_set$ Ⅱ段：VD$>U\_set2$ Ⅲ段：VD$>U\_set3$ 定值门槛和动作延时以设备耐压能力为依据，定值分正常运行 OLT 试验两种方式
保护配合	控制系统的电压控制器

后备保护	对站的直流过压保护（59/37DC）
是否依靠通信	否
出口方式	阀组 ESOF、跳阀组交流断路器、阀组隔离

5）直流低电压保护（27DC）配置如表 5 - 29 所示。

表 5 - 29　　　　　　　　　直流低电压保护（27DC）配置

保护区域	换流器区
保护名称	直流低电压保护
保护的故障	保护整个极区的所有设备的后备保护，检测各种原因造成的接地短路故障。另一用途为无通信下逆变站闭锁后用于整流站闭锁阀组或极
保护原理	Ⅰ段：仅双阀组运行时投入，$U\_set2 < \lvert U_{dL} \rvert < U\_set1$，且 $\lvert U_{dL} - U_{dM} \rvert < \Delta$（高端阀组）$U\_set2 < \lvert U_{dL} \rvert < U\_set1$，且 $\lvert U_{dM} - U_{dN} \rvert < \Delta$（低端阀组）Ⅱ段：$\lvert U_{dL} \rvert < U\_set$
保护配合	交流系统故障
后备保护	本身为后备保护
是否依靠通信	否
出口方式	该保护是个总后备保护。分切换段和动作段。延时大于阀区、极区其他所有保护延时。 Ⅰ段动作后，控制系统切换、阀组 ESOF、跳阀组柔直变开关、阀组隔离。 Ⅱ段动作后，控制系统切换、极 ESOF、极层跳柔直变开关、极隔离

6）旁通开关保护（82 - BPS）配置如表 5 - 30 所示。

表 5 - 30　　　　　　　　　旁通开关保护（82 - BPS）配置

保护区域	换流器区
保护名称	旁通开关保护
保护的故障	该保护旁通开关（BPS）在分闸或合闸过程中的异常
保护原理	Ⅰ段（分失灵）：收到分闸指令且旁通开关（BPS）指示分闸位置后，满足 $\lvert I_{dBPS} \rvert > I\_set$ Ⅱ段（合失灵）：收到保护性退阀组或在线退阀组发出的合闸指令后，满足 $\lvert I_{dBPS} \rvert < I\_set1$ 且 $I_{DH} > I\_set2$
保护配合	BPS 的开断能力
后备保护	另一系统旁通开关保护（82 - BPS）
是否依靠通信	否
出口方式	Ⅰ段动作后，立即重合并锁定旁通开关（BPS）。 Ⅱ段动作后，极 ESOF、极层跳柔直变开关、极隔离

5.4.5　保护定值整定原则

5.4.5.1　常规直流阀组保护

常规直流阀组保护包括换流器短路保护、桥差保护、阀组差动保护、交直流过流保护、换流变压器阀侧中性点偏移保护、交流过电压保护、交流低电压保护、直流过压开路保护、旁路开关失灵保护、直流低电压保护、换流变压器中性点直流饱和保护。各个保护的定值选取原则如下。

（1）换流器短路保护。换流器短路保护采用比率差动，比率系数 k_set、启动值 I_{sc_set}。

1）k_set 的整定考虑躲过区外最严重故障时，两测量回路产生的最大不平衡电流。测量精度 I_{acY}/I_{acD} 按 5%，I_{dH}/I_{dN} 按 3% 计算，测量回路产生的最大不平衡比率电流为 0.08。推荐值取 0.2。

2）I_{sc_set} 为保护启动定值，应该躲过换流变充电时对阻尼回路的充电电流，起动电流定值的选取需考虑提高可靠性，并兼顾逆变侧保护的灵敏性，建议取 0.5p.u. 以上。

3）为防止充电时励磁涌流的影响，解锁之前，起动定值自动抬高至 2p.u.。

4）保护固有动作时间为 0.5ms，不需整定，根据阀应力（最大短路持续时间）确定，动作时间要尽快以避免第三只阀导通。

（2）桥差保护。

1）Ⅰ段主要反应阀区故障，动作时间为 200ms。

2）由于该保护不带制动特性，Ⅱ段起动值的整定，需躲过区外故障时测量回路产生的最大不平衡电流，I_{acY}/I_{acD} 测量精度按 5% 计算，测量回路产生的最大不平衡电流为 2×0.05=0.1，起动值若按 0.1p.u. 整定，在小方式最小功率运行时保护可能灵敏度不足；考虑到保护为后备保护，动作时间较长，区外故障时会有主保护及时切除故障，或者极控会降低故障电流，I_{acY}/I_{acD} 测量精度若按 1% 计算，测量回路产生的最大不平衡电流为 2×0.01=0.02，推荐取 0.07。起动值按 0.07p.u. 整定。

3）交流电压正常时，Ⅱ段作为阀区故障的后备，切换时间为 120ms，动作时间为 500ms；交流电压低时，Ⅱ段作为交流系统故障的后备，动作时间建议取较长值，建议 1s 以上。

交流电压的检测，由于采取了瞬时值算法，可以灵敏的检测到交流电压的波动。为防止充电时励磁涌流的影响，解锁之前，Ⅱ段动作时间定值（交流电压正常）自动切换到 1s。

4）Ⅱ段增加切换段，减少控制系统故障引起的该保护停极的可能性。

（3）阀组差动保护。阀组差动保护用于在 87DCM 动作时，辅助 87DCM 定位故障阀组，其定值选取原则如下：

1）报警段定值与 87DCM 的动作段进行配合，确保 87DCM 的Ⅰ段和Ⅱ段动作时能可靠地动作从而识别故障阀组。其中：比率系数 k_set 的整定考虑躲过区外最严重故障时，两测量回路产生的最大不平衡电流。测量精度 $I_{dH}/I_{dM}/I_{dN}$ 按 3% 计算，最大不平衡比率电流为 0.06，推荐取 0.2p.u.。起动定值应比直流差动保护（87DCM）更灵敏，取值 0.05p.u.。

2）该保护不应晚于 87DCM 保护Ⅰ段动作闭锁脉冲之前出口，推荐与 87DCM 一致，取 5ms。

（4）交直流过流保护。交直流过流保护配置 4 段。Ⅰ段为阀组故障的保护，Ⅱ段与阀组承受能力配合，Ⅲ段与暂时过负荷（3s 过负荷）能力配合，Ⅳ段与连续过负荷（2h 过负荷）能力配合考虑 5% 的误差，取 1.09p.u.。

（5）换流变压器阀侧中性点偏移保护。换流变压器阀侧中性点偏移保护的定值选取原则如下：

1）定值以标幺值的形式下达（末屏电压），建议取 1.0p.u.，1p.u. 的基准值为相电压有效值。

2）动作时间定值建议取 2000ms，保护动作后禁止控制系统解锁。

3）有 1 个内部固有定值：低电压定值。用于检测故障相（报事件）。

（6）交流过电压保护。交直流过电压保护定值按交流系统设备耐压情况考虑，该保护以线电压 550kV 为标幺值计算基准。参照以往工程取 1.3p.u.、400ms。

（7）交流低电压保护。交流低电压保护的动作时间需与交流系统保护相配合，一般设为交流系统保护的后备。参照以往工程取 0.5p.u.、4s。

（8）直流过压开路保护。直流过电压保护配置 3 段，其定值选取原则如下：

1）电压定值及其动作时间定值整定，以换流器和高压母线上设备耐压水平为准。

2）电压定值分正常带功率运行定值和空载加压试验定值。空载加压试验动作时间定值和正常带功率运行动作时间定值一样。

3）定值以标幺值的形式整定，其基准为单个阀组的额定电压 400kV。

4）Ⅰ段针对开路的情况，与控制系统特性配合，定值要大于可持续的直流电压，延时要大于系统闭锁时产生的过电压时间。

5）Ⅱ段为独立电压判据慢速段，针对长期过电压情况，要大于可持续的直流电压加测量误差，延时需大于无通信情况下 27DC 保护Ⅰ段退阀组的动作延时。

6）Ⅲ段为独立电压判据快速段，针对故障过电压的情况，需躲过一极故障时非故障极产生的过电压，小于避雷器保护水平，延时大于暂态过电压持续时间，参照以往工程取 1.55p.u.。

7）过压保护定值选取与 C2/C1 型避雷器参数配合。

（9）旁路开关失灵保护。旁路开关保护的电流及时间定值根据开关厂家提资来整定，其中Ⅰ段保护用于 BPS 分闸失灵，动作后果为重合 BPS；Ⅱ段保护用于保护性退阀组和顺控退阀组时 BPS 合闸失灵，考虑到 BPS 合闸有隔离故障的作用，因此Ⅱ段保护延时不宜太长，其动作后果为极层闭锁。

（10）直流低电压保护。直流电压保护配置 2 段，其定值选取原则如下：

1）Ⅰ段主要用于双阀组运行时，无通信下非故障站退单阀组，动作时间定值同时还考虑按照快于控制系统里面的阀组不平衡保护功能、电压参考值的下限及直流过电压保护Ⅱ段动作时间定值的原则整定，并且考虑线路高阻接地故障只有线路纵差能动作时，27DCⅠ段应避免在线路纵差前动作，时间定值设为 900ms。控制系统里面的阀组不平衡保护功能作为 27DCⅠ段的后备。

2）Ⅱ段为直流极故障的总后备保护，U_set 参照以往工程取 0.4p.u.，双阀运行或单阀运行时其有名值自动根据不同的基准值计算；切换时间 3s，动作时间 4s。

3）交流故障若长期不切除，本保护有可能会动作，首先会跳单阀，若仍然有故障，可能会造成双极停极，建议动作时间取较长延时。

（11）换流变压器中性点直流饱和保护。

1）换流变饱和曲线电流和时间定值参照换流变厂家提供的饱和曲线或数据整定，由于各厂家提供的参数不尽相同，定值整定时采取各厂家参数近似值。

2）保护软件根据实测换流变中性点直流电流按照饱和曲线进行反时限累积，当达到累积时间值后保护动作，动作定值以倍数整定，其基准值为反时限累积达到的跳闸段时间值。

3）设置报警段和切换段，不设置跳闸段。

5.4.5.2　柔性直流阀组保护

柔性直流阀组保护包括交流连接母线差动保护、交流连接母线过流保护、交流低电压保护、交流过电压保护、启动电阻热过载保护、启动电阻过流保护、变压器网侧中性点偏移保护、变压器阀侧中性点偏移保护、变压器中性点直流饱和保护、高频谐波保护、交流频率异常保护、桥臂差动保护、桥臂过流保护、桥臂电抗器差动保护、直流过压开路保护、直流低电压保护、旁路开关保护、桥臂电抗器谐波保护。各个保护的定值选取原则如下：

（1）交流连接母线差动保护。交流连接母线差动保护的定值选取原则如下：

1）该保护取柔直变阀侧套管电流 I_{ac2} 和柔直变压器阀侧电流 I_{vC} 三相电流瞬时值，按相进行差动。先根据有名值进行差动，再将差值以额定直流电流为基准值换算成标幺值。

2）为保护区域内严重故障的主保护，建议定值不低于 0.3p.u.。

3）定值整定按躲过区外最严重故障时两测量回路产生的最大不平衡电流考虑。

（2）交流连接母线过流保护。交流连接母线过流保护的定值选取原则如下：

1）Ⅰ段为阀组故障的保护，取 I_{ac2} 和 I_{vC} 的最大值，基准值为额定工况下 I_{ac2} 和 I_{vC} 电流的峰值，与阀控保护中的过流跳闸段相配合，整定原则是保护的动作时间大于控制系统暂时过负荷的持续时间，并小于设备厂家提资文档中设备承受时间。

2）Ⅱ段基准值为额定工况下 I_{ac2} 和 I_{vC} 电流的有效值，根据阀厂提供的短时过流耐受能力相配合。

（3）交流低电压保护。交流低电压保护的定值选取原则如下：

1）该保护取网侧CVT电压互感器 U_{ac} 的三相线电压有效值取或门，以 525kV 为基准值。

2）动作时间需与交流系统保护相配合；一般设为交流系统保护的后备。

3）交流故障若长期不切除，对本工程来说，可能会造成双极停极，建议动作时间取较长延时。

（4）交流过电压保护。交流过电压保护的定值选取原则与常规直流交流过电压保护的选取原则相同。

（5）启动电阻热过载保护。启动电阻热过载保护的定值选取原则如下：

1）根据电阻厂家提供的电阻热负荷模型设计定值，考虑启动电阻的耐受能力。该保护以 63.5A 为基准值。

2）根据典型的反时限模型，计算是否满足保护判据。

（6）启动电阻过流保护。启动电阻过流保护分为 2 段，其定值选取原则如下：

1）Ⅰ段为慢速段，确定时间长于正常充电时间后，判断有流。

2）Ⅱ段为快速段，躲过正常充电的最大电流。

3）定值由电阻厂家给出的参数确定，该保护以 63.5A 为基准值。

（7）变压器网侧中性点偏移保护。变压器网侧中性点偏移保护的定值选取原则如下：

1）该保护反映充电过程中，启动电阻阀侧单相接地故障。

2）该保护取网侧电子式电压互感器 U_{ac1} 的相电压有效值，定值以标幺值的形式下达，建议取 1.0p.u.，基准值为 525/1.732kV。

3）动作时间定值，建议取 150ms。

4）有 1 个内部固有定值：低电压定值，用于检测故障相（报事件）。

（8）变压器阀侧中性点偏移保护。变压器阀侧中性点偏移保护的定值选取原则如下：

1）该保护取柔直变阀侧套管电压 U_{vC} 的相电压有效值，龙门站以 244/1.732kV 为基准值，柳北站以 220/1.732kV 为基准值。

2）定值以标幺值的形式下达，建议取 1.0p.u.。

3）动作时间定值建议取 150ms。

4）有 1 个内部固有定值：低电压定值，用于检测故障相（报事件）。

（9）变压器中性点直流饱和保护。变压器中性点直流保护的定值选取原则如下：

1）柔直变饱和曲线电流和时间定值参照柔直变厂家提供的饱和曲线或数据整定，由于各厂家提供的参数不尽相同，定值整定时采取各厂家参数近似值。

2）保护软件根据实测柔直变中性点直流电流按照饱和曲线进行反时限累积，当达到累积时间值后保护动作，动作定值以倍数整定，其基准值为反时限累积达到的跳闸段时间值。

3）设置报警段和切换段，不设置跳闸段。

（10）高频谐波保护。高频谐波保护的定值选取原则如下：

1）根据柔直变、换流阀等设备厂家提供的谐波承受能力决定。

2）电流定值的基准值为 I_{vc} 在额定工况下的相电流有效值，电压定值的基准值为 U_{ac2} 在额定电压下的相电压有效值，龙门站 244kV/1.732，柳北站 220kV/1.732。

3）谐波电压段只设置告警段，电压定值 U_{THD_set} 取需要确保正常运行和操作不发生误动。后期根据换流阀、换流变谐波电压耐受能力的提资进行更新。

4）谐波电流设切换段，出口为控制系统切换。

（11）交流频率异常保护。交流频率异常保护的定值选取原则如下：

1）Freq_U_{ac2} 取柔直变阀侧电子式互感器电压 U_{ac2} 的频率值；$U_{sFreqNom}$ 为电力系统正常额定频率 50Hz。

2）定值与交流系统耐受能力配合，为交流系统保护的后备保护。

（12）桥臂差动保护。桥臂差动保护的定值选取原则如下：

1）该保护取桥臂电流 I_{bP}、I_{bN} 和柔直变压器阀侧电流 I_{vC} 三相电流瞬时值，按相进行差动。先根据有名值进行差动，再将差值以额定直流电流（柳北站 1875A、龙门站 3125A）为基准值换算成标幺值。

2）定值整定按躲过区外最严重故障时两测量回路产生的最大不平衡电流考虑。

3）为保护区域内严重故障的主保护，建议定值不低于 0.3p.u.。

（13）桥臂过流保护。桥臂过流保护的定值选取原则如下：

Ⅰ段为阀组故障的保护，取桥臂电流瞬时值，与阀控保护中的过流跳闸段相配合，整定原则是保护的动作时间大于控制系统暂过负荷的持续时间，并小于设备厂家提资文档中设备承受时间，基准值为额定工况下的桥臂电流 I_{bP}、I_{bN} 峰值。

Ⅱ段、Ⅲ段取桥臂电流有效值，I_{bP}、I_{bN} 以根据阀厂提供的短时过流耐受能力相配合，桥臂电流 I_{bP}、I_{bN} 基准值为额定工况下的桥臂电流 I_{bP}、I_{bN} 有效值。

（14）桥臂电抗器差动保护。桥臂电抗器差动保护的定值选取原则如下：

该保护先对电流有名值（瞬时值）进行差动，再将差值以额定直流电流为基准值换算成标幺值。为保护区域内严重故障的主保护，建定值不低于 0.3p.u.。

定值整定按躲过区外最严重故障时两测量回路产生的最大不平衡电流考虑。

（15）直流过压开路保护。直流过电压开路保护的定值选取原则与常规直流的直流过电压开路保护定值选取原则相同。

（16）直流低电压保护。直流低电压开路保护的定值选取原则与常规直流的直流低电压开路保护定值选取原则相同。

（17）旁路开关保护。旁路开关保护的定值选取原则与常规直流的旁路开关保护定值选取原则相同。

（18）桥臂电抗器谐波保护。桥臂电抗器谐波保护的定值选取原则如下：

此保护用于检测桥臂电抗器端间及匝间短路故障，定值选取需躲过最大测量误差和桥臂电抗器的最大制造公差。

由于现场设备的制造公差、测量装置偏差等因素较难判断，为了避免频繁误告警，对现场运行产生干扰，需根据现场运行情况按需要再进行调整。

5.5　直流极保护系统

直流极保护系统包括极区保护和双极区保护，按极单独配置，其所覆盖区域包括：

（1）直流极母线保护（或称直流开关场高压保护）区域包括从阀厅高压直流穿墙套管至直流出线上的直流电流互感器之间的所有极设备和母线设备（包括平波电抗器，不包括直流滤波器设备）。

（2）极中性母线保护区域包括从阀厅低压直流穿墙套管至接地极线路连接点之间的所有设备和母线设备，含直流高速开关（HSNBS）保护。

（3）双极保护（包括接地极线路保护）区域从双极中性母线的电流互感器到接地极连接点，含直流高速开关（MRTB，MRS，HSGS）保护。双极中性母线和接地极线路是两个极的公共部分，其保护没有死区，以保证对双极利用率的影响减至最小。

5.5.1　概述

5.5.1.1　一般原则

保护的目的是防止危害直流换流站内设备的过应力，以及危害整个系统（含交流系统）运行的故障。保护自适应于直流输电运行方式（双极大地运行方式、单极大地运行方式、金属回线运行方式）及其运行方式转换，以及自适应于两端运行或三端运行转换。至少具有对如下故障进行保护的功能：

(1) 直流场内设备故障，闪络或接地故障；

(2) 金属返回线故障（含开路、对地短路故障）；

(3) 接地极线路开路或对地短路故障；

(4) 直流套管至直流线路出口间极母线短路故障；

(5) 中性母线开路或对地故障；

(6) 平波电抗器故障；

(7) 直流高速开关（MRTB、HSNBS、MRS、HSGS、HSS）分断时不能断弧的故障；

(8) 换流站地过流危害。

直流保护系统对大部分故障提供两种及两种以上原理保护，以及主后备保护。直流保护系统根据不同的故障类型，采取不同的故障清除措施，具体出口动作处理策略类型如下：

(1) 告警；

(2) 控制系统切换；

(3) 在运站极 ESOF（X-ESOF）；

(4) 本站极 ESOF（Y-ESOF）；

(5) 跳极层交流断路器/同时锁定交流断路器（后文简称为跳极层交流断路器）；

(6) 降功率；

(7) 极隔离；

(8) 极平衡；

(9) 线路重启；

(10) 合高速接地开关（HSGS）；

(11) 重合中性母线开关（HSNBS）；

(12) 重合高速接地开关（HSGS）；

(13) 重合金属回线转换开关（MRTB）（柳北站和龙门站）；

(14) 重合大地回线转换开关（MRS）（柳北站和龙门站）；

(15) 重合高速并联开关（HSS）（柳北站和龙门站）。

5.5.1.2 常规直流极保护系统保护配置

根据保护原则，常直站的极保护（以下简称：常规直流极保护）按照极进行配置，每个极配置 3 面屏，包含保护装置、I/O 采集单元、三取二装置，其中 I/O 采集单元采集直流场开关量状态信息，三取二装置用于保护动作后的出口逻辑处理。常规直流极区保护和双极区保护的种类及其所用测点信号如表 5-31、图 5-32 所示，由于常直站未配置 MRTB 和 MRS 开关，故双极区保护中取消了相应的开关保护。

表 5-31 常规直流极区保护种类列表

序号	保护名称	保护缩写	测点	备注
1	极母线差动保护	87HV	I_{dH}，I_{dL}	极区
2	中性母线差动保护	87LV	I_{dN}，I_{dE}	极区
3	直流差动保护	87DCM	I_{dH}，I_{dN}	极区

续表

序号	保 护 名 称	保护缩写	测 点	备注
4	直流后备差动保护	87DCB	I_{dL}，I_{dE}	极区
5	接地极开路保护	59EL	U_{dN}，I_{dL}_OP，I_{dEE1}，I_{dEE2}	极区
6	50Hz 保护	81-50Hz	I_{dN}	极区
7	100Hz 保护	81-100Hz	I_{dN}	极区
8	快速中性母线开关保护	82-HSNBS	I_{dE}	极区
9	接地极母线差动保护	87EB	I_{dE}，I_{dE}_OP，I_{dEE1}，I_{dEE2}，I_{dSG}，I_{dL}_OP	双极区
10	接地极过流保护	76EL	I_{dEE1}，I_{dEE2}	双极区
11	接地极电流平衡保护	60EL	I_{dEE1}，I_{dEE2}	双极区
12	站内接地网过流保护	76SG	I_{dSG}	双极区
13	接地系统保护	87GSP	I_{dE}，I_{dE}_OP	双极区
14	金属回线接地保护	51MRGF	I_{dSG}，I_{dEE1}，I_{dEE2}	双极区
15	快速接地开关保护	82-HSGS	I_{dSG}	双极区
16	金属回线横差保护	87DCLT	昆北和龙门站：I_{dL}，I_{dL}_OP；柳北站：I_{dL}，I_{dL}_YN_OP，I_{dL}_GD_OP	双极区

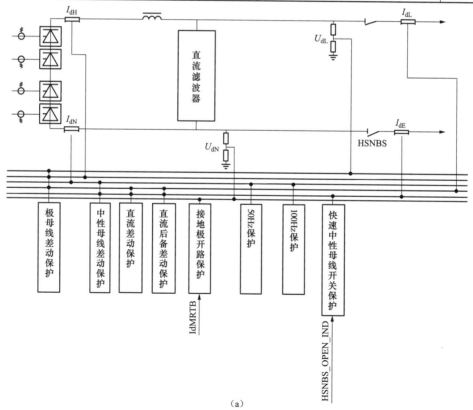

（a）

图 5-32 常规直流极区保护种类及其所用测点信号（一）

（a）常规直流极区保护种类及其所用测点信号

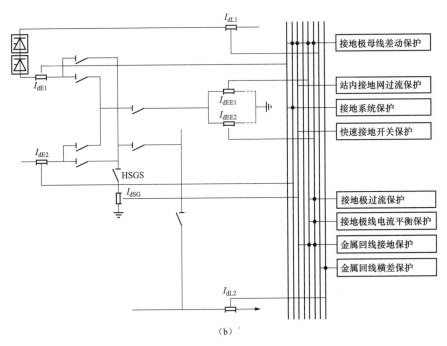

图 5-32　常规直流极区保护种类及其所用测点信号（二）

（b）常规直流双极区保护种类及其所用测点信号

5.5.1.3　柔性直流极保护系统保护配置

柔性直流站的极保护（以下简称柔性直流极保护）按照极进行配置，每个极配置 3 面屏，包含保护装置、I/O 采集单元、三取二装置，其中 I/O 采集单元采集直流场开关量状态信息，三取二装置用于保护动作后的出口逻辑处理。

柔性直流极保护的种类及其所用测点信号如表 5-32、图 5-33 所示，柔直站新增有高速并联开关保护和直流谐波差动保护，根据设备耐受能力，未配置 50Hz 和 100Hz 保护。

表 5-32　　　　　　　　　　　　　　柔性直流极保护种类列表

序号	保护名称	保护缩写	测点	备注
1	极母线差动保护	87HV	I_{dH}，I_{dL}	极区
2	中性母线差动保护	87LV	I_{dN}，I_{dE}	极区
3	直流差动保护	87DCM	I_{dH}，I_{dN}	极区
4	直流后备差动保护	87DCB	I_{dL}，I_{dE}	极区
5	接地极开路保护	59EL	U_{dN}，I_{dL_OP}，I_{dEE1}，I_{dEE2}	极区
6	快速中性母线开关保护	82-HSNBS	I_{dE}	极区
7	高速并联开关保护	82-HSS	I_{dH}，U_{dL}	极区
8	直流谐波差动保护	87DCH	I_{dH}，I_{dN}	极区
9	接地极母线差动保护	87EB	I_{dE}，I_{dE_OP}，I_{dEE1}，I_{dEE2}，I_{dSG}，I_{dL_OP}	双极区

续表

序号	保　护　名　称	保护缩写	测　　点	备注
10	接地极过流保护	76EL	I_{dEE1}，I_{dEE2}	双极区
11	接地极电流平衡保护	60EL	I_{dEE1}，I_{dEE2}	双极区
12	站内接地网过流保护	76SG	I_{dSG}	双极区
13	接地系统保护	87GSP	I_{dE}，I_{dE}_OP	双极区
14	金属回线接地保护	51MRGF	I_{dSG}，I_{dEE1}，I_{dEE2}	双极区
15	高速接地开关保护	82‐HSGS	I_{dSG}	双极区
16	金属回线转换开关保护	82‐MRTB	I_{dL}_Op	双极区
17	大地回线转换开关保护	82‐MRS	I_{dMRTB}，I_{dEE1}，I_{dEE2}	双极区
18	金属回线横差保护	87DCLT	昆北和龙门站：I_{dL}，I_{dL}_OP； 柳北站：I_{dL}，$I_{dL}\_YN\_OP$，$I_{dL}\_GD\_OP$	双极区

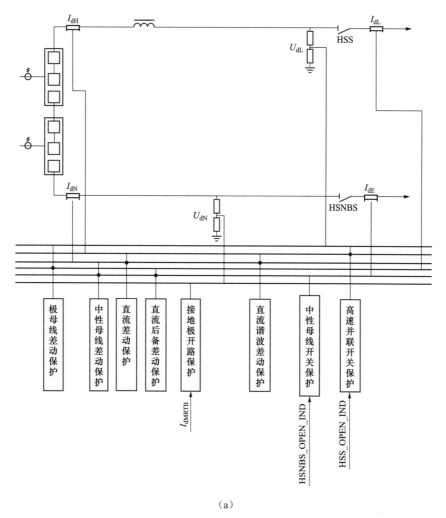

（a）

图 5‐33　柔性直流极保护种类及其所用测点信号（一）

（a）柔性直流极区保护种类及所用测点信号

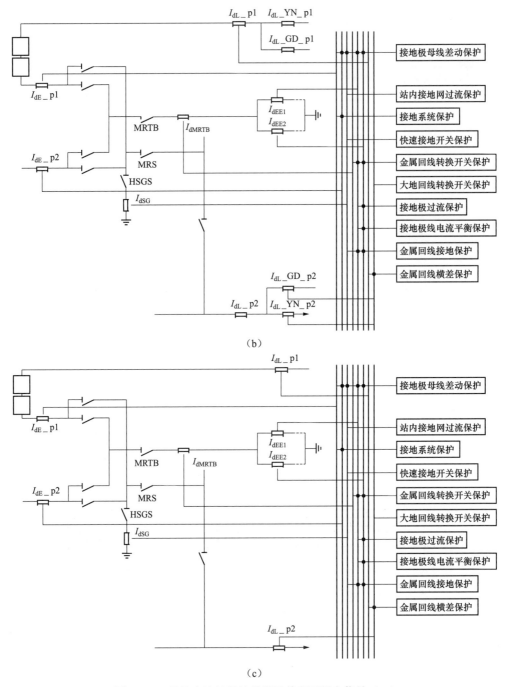

图 5-33 柔性直流极保护种类及其所用测点信号（二）

（b）柔性直流双极区保护种类及所用测点信号（柳北站）；

（c）柔性直流双极区保护种类及所用测点信号（龙门站）

　　直流输电具有多种灵活的接线方式及运行方式，比如单极大地运行、双极大地运行、单极金属回线运行等，这些运行方式的切换都是通过相关隔离开关或直流断路器的操作在线完成的，运行方式切换前后、包括切换过程中，都不能失去保护，因而对直流保护的基本要求是：在不同的运行方式下，其保护原理能够在线自动投退、切换，且采取相应的保护定值和出口方式。

为此，直流保护要求能够获取以下两方面信息：

（1）当前直流的接线方式，目前是通过保护直接采集相关的隔离开关、直流断路器的双位置信号获得；

（2）当前直流的运行方式，如解锁、闭锁、OLT 等无法通过隔离开关位置得到的信号，目前是通过极控和保护主机间通信获得。

另外，还需要满足对模拟量测点进行注流试验时保护不能误动。因此在双极区相关保护中，通过测点附近的直流开关或隔离开关的位置来决定模拟量取值，当隔离开关在合位时取实际值，当隔离开关在分位时，认为采集到的模拟量不是系统本身的，强制取 0。

由于直流输电具有多种灵活的接线方式及运行方式，直流保护的定值也必须具有自适应性，大部分保护定值在选取时就考虑到了各种运行工况，但在某些特殊工况下（例如无接地极运行），仍然有少量定值与其他工况取值不同，对这些定值，目前采取的方式是，根据运行工况设置多条定值，事先整定好，当控制系统进入该运行工况时，直流保护自动选取相应的值。

5.5.1.4　冗余配置和可靠性

直流极保护采取三取二配置方案，具有以下特点：

（1）直流保护系统有完善的自检功能，防止由于直流保护系统装置本身故障而引起不必要的系统停运。

（2）每一个设备或保护区的保护采用三重化模式，并且任意一套保护退出运行而不影响直流系统功率输送。每重保护采用不同测量器件、通道、电源、出口的配置原则。当保护监测到某个测点故障时，仅退出该测点相关的保护功能，当保护监测到装置本身故障时，闭锁全部保护功能。

（3）两个极的直流保护是完全独立的。

（4）方便的定值修改功能。可以随时对保护定值进行检查和必要的修改。

（5）直流保护采用独立的数据采集和处理单元模块。对于双极共用的测点，极一和极二的控制保护具备完全独立的二次测量通道，可以实现双极测量系统的完全解耦，当其中一个极的二次测量系统检修时，并不影响另一个极的正常运行。

（6）直流保护系统采用动作矩阵出口方式，灵活方便的设置各类保护的动作处理策略。区别不同的故障状态，对所有保护合理安排警告、报警、设备切除、再起动和停运等不同的保护动作处理策略。

（7）每一个保护的跳闸出口分为两路供给同一断路器的两个跳闸线圈。

（8）所有保护的报警和跳闸都在运行人员工作站上事件列表中醒目显示。

（9）当某一极断电并隔离后，停运设备区中的保护系统不向已断电的极或可能在运行的另一极发出没有必要的跳闸和操作顺序信号。

（10）保护有各自准确的保护算法和跳闸、报警判据，以及各自的动作处理策略；根据故障程度的不同、发展趋势的不同，某些保护具有分段的执行动作。

（11）所有的直流保护有软件投退的功能，每套保护屏装设有独立的跳闸出口压板。

（12）设置保护工程师工作站，显示或可修改保护动作信号、装置故障信号、保护定值、动作矩阵、故障波形以及通道告警信号。

（13）直流电源上、下电时保护不误出口。

（14）直流保护系统工作在试验状态时，保护除不能出口外，正常工作。保护在直流系统非试验状态运行时，均正常工作，并能正常出口。保护自检系统检测到严重故障时，闭锁部分保护功能；在检测到紧急故障时，闭锁保护出口。

5.5.2 硬件回路

5.5.2.1 整体架构

常规直流换流站和柔性直流换流站在极保护的硬件设置上基本相同，以极（极Ⅰ/极Ⅱ）为间隔配置极保护，极保护系统分为 A/B/C 三套，每套保护含有 1 面屏柜，主要包含保护主机、I/O 采集单元，A/B 套保护屏柜中另外含有三取二装置。极保护网络结构图如图 5-34 所示。

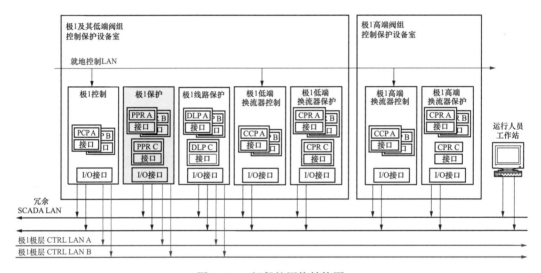

图 5-34　极保护网络结构图

极保护装置的硬件整体结构可分为三部分：

（1）保护主机：完成极保护系统的各项保护运算逻辑功能，将保护动作信息送到极控系统和三取二装置，完成与运行人员工作站以及远动工作站的通信，完成与极控系统、后台录波、主时钟、和现场 I/O 的接口。

（2）I/O 采集单元：完成对现场直流开关、隔离开关位置状态的采集监视，并通过 CAN 总线将状态信息传送到保护主机装置。

（3）三取二装置：接收各套保护装置以及非电量跳闸的分类动作信息，进行三取二逻辑判断，出口实现跳双阀组换流变开关以及部分保护分合直流开关动作的功能。

5.5.2.2 外部接口

极保护装置的外部接口，通过硬接线、现场总线与站内其他设备完成信息交互。通过 IEC 60044—8 总线与测量系统通信，实现直流场模拟量的读取；通过 SCADALAN（站 LAN 网）与后台交互信息；通过 CTRLLAN（极层控制 LAN 网）的 DCC、PCP、

PPR、DLP 主机在极层之间的实时通信；I/O 采集单元通过硬接线、CAN 总线实现直流场隔离开关状态的采集及上送；三取二装置通过硬接线实现保护出口。

5.5.3 功能描述

以昆柳龙直流输电工程为例，对直流极区保护的详细功能原理以及动作出口方式进行介绍，其中相关原理和定值仅作为一典型设计。

5.5.3.1 极区保护

（1）极母线差动保护（87HV）配置如表 5 - 33 所示。

表 5 - 33 极母线差动保护（87HV）配置

保护区域	极母线
保护名称	极母线差动保护
保护的故障	高压直流母线接地故障
保护原理	$\mid I_{dH}-I_{dL} \mid > \max\left[I\_set, k\_set \times \max\left(I_{dH}, I_{dL}\right)\right]$ 快速段增加直流电压低判据：$U_{dL}<U\_set$，固有动作延时 7ms。 保护定值（门槛值和延时值）应躲过直流滤波器电流（正常运行和故障期间）
保护配合	直流后备差动保护（87DCB）
后备保护	直流后备差动保护（87DCB）、直流低电压保护（27DC）
是否依靠通信	否
出口方式	分报警段和动作段。动作段出口方式分别为： 1）昆北和柳北站：在运站极 ESOF、跳/锁定极层交流断路器、极隔离。 2）龙门站：本站极 ESOF、跳/锁定极层交流断路器、极隔离

（2）中性母线差动保护（87LV）配置如表 5 - 34 所示。

表 5 - 34 中性母线差动保护（87LV）配置

保护区域	中性母线
保护名称	中性母线差动保护
保护的故障	中性母线接地故障
保护原理	$\mid I_{dN}-I_{dE} \mid > I\_set+k\_set \times \max\left(I_{dN}, I_{dE}\right)$ 保护定值（门槛值和延时值）应躲过直流滤波器电流（正常运行和故障期间）
保护配合	直流后备差动保护（87DCB）
后备保护	直流后备差动保护（87DCB）
是否依靠通信	否
出口方式	分报警段和动作段。 动作段出口方式分别为： 1）昆北站：在运站极 ESOF、跳/锁定极层交流断路器、极隔离。 2）柳北和龙门站：本站极 ESOF、跳/锁定极层交流断路器、极隔离

（3）直流差动保护（87DCM）配置如表 5 - 35 所示。

表 5‑35 　　　　　　　　　**直流差动保护（87DCM）配置**

保护区域	换流阀及换流变阀侧绕组
保护名称	直流差动保护
保护的故障	阀组及换流变阀侧绕组接地故障
保护原理	换流器直流差动保护是换流器发生接地故障时的主保护，以换流器高（低）压端电流作为动作判据。 $\mid I_{dH}-I_{dN}\mid >\max\left[I\_set,\ k\_set\times(I_{dH}+I_{dN})/2\right]$
保护配合	直流后备差动保护（87DCB）
后备保护	直流后备差动保护（87DCB）直流低电压保护（27DC）
是否依靠通信	否

（4）直流后备差动保护（87DCB）配置如表 5‑36 所示。

表 5‑36 　　　　　　　　　**直流后备差动保护（87DCB）配置**

保护区域	极区
保护名称	直流后备差动保护
保护的故障	换流器以及直流场的接地故障
保护原理	$\mid I_{dL}-I_{dE}\mid >I\_set+k\_set\times I_{dE}$
保护配合	直流差动保护（87DCM）极母线差动保护（87HV）中性母线差动保护（87LV）
后备保护	本身为后备保护
是否依靠通信	否
出口方式	分报警段和动作段。 动作段出口方式分别为： 1）昆北站：在运站极 ESOF、跳/锁定极层交流断路器、极隔离。 2）柳北和龙门站：本站极 ESOF、跳/锁定极层交流断路器、极隔离

（5）接地极开路保护（59EL）配置如表 5‑37 所示。

表 5‑37 　　　　　　　　　**接地极开路保护（59EL）配置**

保护区域	极中性母线区
保护名称	接地极开路保护
保护的故障	接地极线开路造成的过压
保护原理	保护分四段： Ⅰ段和Ⅱ段带电流判据，可防止感应电压的影响：$U_{dN}>U\_set$&（$I_{dL}\_OP<I\_set$ 或 $\mid I_{dEE1}+I_{dEE2}\mid <I\_set$），其中Ⅰ段仅在双极平衡运行时投入，过电压定值稍低。 Ⅲ段和Ⅳ段仅考虑电压判据：$U_{dN}>U\_set$，其中Ⅳ段仅在本极闭锁后 5min 内开放
保护配合	与设备的绝缘能力配合
后备保护	冗余系统中的本保护
是否依靠通信	保护原理并不依靠通信，但出口方式与通信有关。 逆变侧极平衡命令需要通过站间通信传送给整流侧极控主机。站间通信故障的情况下，极平衡命令无法得到执行。逆变侧最终会闭锁换流器，并投入旁通对，整流侧通过低电压保护动作闭锁换流器

（6）50Hz 保护（81-50Hz）配置如表 5-38 所示。

表 5-38　　　　　　　　　　　　　50Hz 保护（81-50Hz）配置

保护区域	系统
保护名称	50Hz 保护
保护的故障	主要保护由于昆北站触发回路故障造成的阀不正常触发，需与最薄弱主设备承受能力配合
保护原理	$I_{dN\_50} > I\_set + k\_set \times I_{dN}$ 其中，I_{dN_50} 为 I_{dN} 的 50Hz 分量值
保护配合	触发异常保护
后备保护	本身为后备保护
是否依靠通信	否
出口方式	分报警段、切换段和动作段。 动作段出口方式分别为： 1）昆北站：在运站极 ESOF、跳/锁定极层交流断路器、极隔离。 2）柳北和龙门站：本站极 ESOF、跳/锁定极层交流断路器、极隔离

（7）100Hz 保护（81-100Hz）配置如表 5-39 所示。

表 5-39　　　　　　　　　　　　　100Hz 保护（81-100Hz）配置

保护区域	系统
保护名称	100Hz 保护
保护的故障	主要保护昆北站交流系统故障，需与交流系统故障清除时间配合
保护原理	$I_{dN\_100} > I\_set + k\_set \times I_{dN}$ 其中，I_{dN_100} 为 I_{dN} 的 100Hz 分量值
保护配合	交流系统保护
后备保护	本身为后备保护
是否依靠通信	否
出口方式	分报警段、切换段和动作段。 动作段出口方式分别为： 1）昆北站：在运站极 ESOF、跳/锁定极层交流断路器、极隔离。 2）柳北和龙门站：本站极 ESOF、跳/锁定极层交流断路器、极隔离

（8）中性母线开关保护（82-HSNBS）配置如表 5-40 所示。

表 5-40　　　　　　　　　　　　中性母线开关保护（82-HSNBS）配置

保护区域	HSNBS 开关
保护名称	中性母线开关保护
保护的故障	在 HSNBS 无法断弧的情况下，重合开关以保护设备
保护原理	中性母线开关（HSNBS）指示分闸位置后，满足 $\lvert I_{dE} \rvert > I\_set$
保护配合	HSNBS 的开断能力

后备保护	冗余系统中的本保护
是否依靠通信	否
出口方式	重合 HSNBS

（9）高速并联开关保护（82 - HSS）配置如表 5 - 41 所示。

表 5 - 41　　　　　　　　高速并联开关保护（82 - HSS）配置

保护区域	柳北站和龙门站极母线上的 HSS 开关
保护名称	高速并联开关保护
保护的故障	在 HSS 无法断弧的情况下，重合开关以保护设备
保护原理	高速并联开关（HSS）指示分闸位置后，满足 $\mid I_{\text{dH}}\mid>I\_\text{set}$
保护配合	HSS 的开断能力
后备保护	冗余系统中的本保护
是否依靠通信	否
出口方式	重合段重合 HSS。 动作段执行在运站极 ESOF、跳/锁定极层交流断路器、极隔离

5.5.3.2　双极区保护

（1）接地极母线差动保护（87EB）配置如表 5 - 42 所示。

表 5 - 42　　　　　　　　接地极母线差动保护（87EB）配置

保护区域	双极中性线连接区
保护名称	接地极母线差动保护
保护的故障	该保护检测接地母线区的接地故障
保护原理	保护判据为： 单极大地：$\mid I_{\text{dE}}-I_{\text{dEE1}}-I_{\text{dEE2}}-I_{\text{dSG}}\mid>I\_\text{set}+\text{k\_set}\times\mid I_{\text{dE}}\mid$ 单极金属：$\mid I_{\text{dE}}-I_{\text{dL}}\_\text{OP}-I_{\text{dSG}}\mid>I\_\text{set}+\text{k\_set}\times\mid I_{\text{dE}}\mid$ 双极大地：$\mid I_{\text{dE}}-I_{\text{dE}}\_\text{OP}-I_{\text{dEE1}}-I_{\text{dEE2}}-I_{\text{dSG}}\mid>I\_\text{set}+\text{k\_set}\times\mid I_{\text{dE}}-I_{\text{dE}}\_\text{OP}\mid$
保护原理自适应性	模拟量根据测点附近的开关或隔离开关位置取值： I_{dE}：与 Q1、Q11 或 Q2、Q12 有关 I_{dE}_OP：与 Q1、Q11 或 Q2、Q12 有关 I_{dL}_OP：柳北站、龙门站与 Q3、Q94 有关 I_{dSG}：与 Q7 有关 I_{dEE1}、I_{dEE2}：昆北站与 Q5 有关，柳北站、龙门站与 Q5 或 Q4、Q6、Q95 有关
保护配合	与直流系统运行方式有关
后备保护	冗余系统中的本保护（87EB）站内接地网过流保护（76SG）（金属回线方式下）
是否依靠通信	是（逆变侧保护动作请求极平衡运行指令依赖于站间通信状况）
出口方式	分报警段、极平衡段和动作段。双极运行时，动作后，首先进行极平衡；依然动作后执行极 ESOF（昆北站执行在运站极 ESOF、柳北和龙门站执行本站极 ESOF）、跳/锁定极层交流断路器、极隔离单极运行时，动作后，立即执行极 ESOF（昆北站执行在运站极 ESOF、柳北和龙门站执行本站极 ESOF）、跳/锁定极层交流断路器、极隔离

（2）接地极过电流保护（76EL）配置如表 5 - 43 所示。

表 5 - 43　　　　　　　　　接地极过电流保护（76EL）配置

保护区域	接地极线
保护名称	接地极过电流保护
保护的故障	接地极线过载
保护原理	$\mid I_{dEE1}\mid > I\_set$ 或 $\mid I_{dEE2}\mid > I\_set$
保护原理自适应性	模拟量根据测点附近的开关或隔离开关位置取值： IDEE1、IDEE2：与 Q5 或 Q4、Q6、Q95 有关
保护配合	与设备的过载能力配合
后备保护	冗余系统中的本保护（76EL）
是否依靠通信	保护原理并不依靠通信，但出口方式与通信有关。 逆变侧极平衡、功率回降命令需要本站极控主机通过站间通信传送给整流侧极控主机。站间通信故障的情况下，逆变侧的上述指令无法通过整流侧极控主机完成，逆变侧最终会闭锁换流器，并投入旁通对，整流侧将通过低电压保护闭锁换流器
出口方式	分报警段、极平衡段、功率回降段和动作段。 双极运行时，动作后，首先进行极平衡；依然动作后执行极 ESOF（昆北站执行在运站极 ESOF、柳北和龙门站执行本站极 ESOF）、跳/锁定极层交流断路器、极隔离单极运行时，动作后，首先进行功率回降；仍然动作后执行极 ESOF（昆北站执行在运站极 ESOF、柳北和龙门站执行本站极 ESOF）、跳/锁定极层交流断路器、极隔离

（3）接地极电流平衡保护（60EL）配置如表 5 - 44 所示。

表 5 - 44　　　　　　　　　接地极电流平衡保护（60EL）配置

保护区域	接地
保护名称	接地极电流平衡保护
保护的故障	接地极故障
保护原理	$\mid I_{dEE1} - I_{dEE2}\mid > I\_set$
保护原理自适应性	模拟量根据测点附近的开关或隔离开关位置取值： IDEE1、IDEE2：昆北站与 Q5 有关，柳北站、龙门站与 Q5 或 Q4、Q6、Q95 有关
保护配合	—
后备保护	冗余系统中的本保护（60EL）
是否依靠通信	保护原理并不依靠通信，但出口方式与通信有关。 逆变侧极平衡需要本站极控主机通过站间通信传送给整流侧极控主机。站间通信故障的情况下，逆变侧的上述指令无法通过整流侧极控主机完成，逆变侧最终会闭锁换流器，并投入旁通对，整流侧将通过低电压保护闭锁换流器。 本站重启命令需要本站极控主机通过站间通信传送给其他两站的极控主机。站间通信故障的情况下，重启指令将无法完成
出口方式	分报警段、系统重启动段、极平衡段和动作段。 双极运行时，动作后，首先进行极平衡；依然动作后执行极 ESOF（昆北站执行在运站极 ESOF、柳北和龙门站执行本站极 ESOF）、跳/锁定极层交流断路器、极隔离单极运行时，动作后，首先进行再启动，仍然动作后执行极 ESOF（昆北站执行在运站极 ESOF、柳北和龙门站执行本站极 ESOF）、跳/锁定极层交流断路器、极隔离

（4）站内接地网过电流保护（76SG）配置如表 5-45 所示。

表 5-45　　　　　　　站内接地网过电流保护（76SG）配置

保护区域	站接地网
保护名称	站内接地网过电流保护
保护的故障	保护站接地网，防止过大的接地电流对站接地网造成的破坏
保护原理	$\|I_{dSG}\|>I\_set$
保护原理自适应性	模拟量根据测点附近的开关或隔离开关位置取值： IDSG：与 Q7 有关
保护配合	运行方式
后备保护	冗余系统中的本保护（76SG）接地系统保护（87GSP）
是否依靠通信	保护原理并不依靠通信，但出口方式与通信有关。 逆变侧极平衡命令需要本站极控主机通过站间通信传送给整流侧极控主机。站间通信故障的情况下，极平衡指令无法通过整流侧极控主机完成，逆变侧最终会闭锁换流器，并投入旁通对，整流侧将通过低电压保护闭锁换流器
出口方式	分报警段、极平衡段和动作段。 双极运行时，动作后，首先进行极平衡；依然动作后执行极 ESOF（昆北站执行在运站极 ESOF、柳北和龙门站执行本站极 ESOF）、跳/锁定极层交流断路器、极隔离单极运行时，动作后执行极 ESOF（昆北站执行在运站极 ESOF、柳北和龙门站执行本站极 ESOF）、跳/锁定极层交流断路器、极隔离

（5）接地系统保护（87GSP）配置如表 5-46 所示。

表 5-46　　　　　　　接地系统保护（87GSP）配置

保护区域	站接地网
保护名称	接地系统保护
保护的故障	保护站接地网，防止过大的接地电流对站接地网造成的破坏
保护原理	仅在双极平衡运行，以及快速接地开关（HSGS）合上时投入。 $\|I_{dE}-I_{dE}\_OP\|>I\_set$
保护原理自适应性	模拟量根据测点附近的开关或隔离开关位置取值：I_{dE} 与 Q1、Q11 或 Q2、Q12 有关，I_{dE}_OP 与 Q1、Q11 或 Q2、Q12 有关
保护配合	运行方式
后备保护	本身为后备保护冗余系统中的本保护（87GSP）
是否依靠通信	否
出口方式	动作后，立即执行 ESOF（昆北站 X-ESOF，柳北站和龙门站 Y-Y-ESOF）

（6）金属回线接地保护（51MRGF）配置如表 5-47 所示。

表 5-47　　　　　　　金属回线接地保护（51MRGF）配置

保护区域	金属回线
保护名称	金属回线接地保护
保护的故障	保护金属回线运行时金属回线的接地故障

续表

保护原理	$\mid I_{dSG}+I_{dEE1}+I_{dEE2}\mid >I\_set+k\_set\times I_{dE}$
保护原理自适应性	模拟量根据测点附近的开关或隔离开关位置取值： I_{dSG}：与 Q7 有关 I_{dEE1}、I_{dEE2}：与 Q5 或 Q4、Q6、Q95 有关
保护配合	直流线路横差保护（87DCLT）金属回线纵差保护（87MRL）站内接地网过流保护（76SG）
后备保护	冗余系统中的本保护（51MRGF）
是否依靠通信	否
出口方式	动作后，立即执行 ESOF（昆北站 X‐ESOF，柳北站和龙门站 Y‐ESOF）、跳/锁定交流断路器、进行极隔离等

（7）快速接地开关保护（82‐HSGS）配置如表 5‐48 所示。

表 5‐48　　　　　　快速接地开关保护（82‐HSGS）配置

保护区域	接地开关
保护名称	快速接地开关保护
保护的故障	该保护检测站地开关（HSGS）断弧失败
保护原理	站地开关（HSGS）指示分闸位置后，满足 $\mid I_{dSG}\mid >I\_set$
保护配合	HSGS 的开断能力
后备保护	冗余系统中的本保护（82‐HSGS）
是否依靠通信	否
出口方式	动作后，立即重合站地开关（HSGS）

（8）金属回线转换开关保护（82‐MRTB）配置如表 5‐49 所示。

表 5‐49　　　　　　金属回线转换开关保护（82‐MRTB）配置

保护区域	金属回线转换开关
保护名称	金属回线转换开关保护
保护的故障	该保护检测金属回线转换开关（MRTB）在大地金属方式转换过程中的异常，以保护开关
保护原理	金属回线转换开关（MRTB）指示隔离开关位置后，满足 $\mid I_{dMRTB}\mid >I\_set1$ 或 $\mid I_{dEE1}+I_{dEE2}\mid >I\_set1$
保护配合	MRTB 的开断能力
后备保护	冗余系统中的本保护（82‐MRTB）
是否依靠通信	否
出口方式	动作后，立即重合金属回线转换开关（MRTB），并锁定金属回线转换开关（MRTB）等。 另外，在极控中完成：合上 MRS 后，$\mid I_{dL}\_OP\mid <I\_set2$，禁止分 MRTB

（9）大地回线转换开关保护（82‐MRS）配置如表 5‐50 所示。

表 5‑50   大地回线转换开关保护（82‑MRS）配置

保护区域	大地回线转换开关
保护名称	大地回线转换开关保护
保护的故障	该保护检测大地回线转换开关（MRS）在金属大地方式转换过程中的异常
保护原理	大地回线转换开关（MRS）指示分闸位置后，满足 $\mid I_{dL}\_OP\mid >I\_set$ 这里，I_{dL}_OP 为另一极线路电流
保护配合	MRS 的开断能力
后备保护	冗余系统中的本保护（82‑MRS）
是否依靠通信	否
出口方式	动作后，立即重合大地回线转换开关（MRS）、并锁定大地回线转换开关（MRS）等。 另外，在极控中完成：合上 MRTB 后，$\mid I_{dMRTB}\mid <I\_set2$，禁止分 MRS

（10）金属回线横差保护（87DCLT）配置如表 5‑51 所示。

表 5‑51   金属回线横差保护（87DCLT）配置

保护区域	金属回线运行时的线路
保护名称	金属回线横差保护
保护的故障	保护金属回线运行时的接地故障
保护原理	昆北站和龙门站：$\mid I_{dL}-I_{dL}\_OP\mid >I\_set+k\_set\times I_{dL}$ 柳北站：$\mid I_{dL}-I_{dL1}\_OP-I_{dL2}\_OP\mid >I\_set+k\_set\times I_{dL}$
保护原理自适应性	模拟量（通过隔离开关位置取值）：I_{dL}、I_{dL}_OP 运行方式（极控送来的信号＋隔离开关位置）：仅金属回线方式保护投入
保护配合	运行方式（仅在金属回线运行方式投入）、87DCLT、87DCB 动作
后备保护	本身为后备保护
是否依靠通信	否
出口方式	分报警段和动作段。 动作段的出口方式分别为： 1）昆北站：在运站极 ESOF、跳/锁定极层交流断路器、极隔离。 2）柳北和龙门站需结合保护动作信号进一步区分： a）87DCM 动作，则执行本站极 ESOF、跳/锁定极层交流断路器、极隔离； b）若 87DCM 未动作，则执行在运站极 ESOF、跳/锁定极层交流断路器、极隔离

5.5.4 保护定值整定原则

（1）极母线差动保护。极母线差动保护的定值选取原则如下：

1）Ⅰ段为快速段，整定方法：

I_set 的整定从保护动作可靠性考虑，起动定值宜大一些，不严重的小故障电流，由Ⅱ段或直流后备差动保护（87DCB）或者 27DC 来动作，结合工程经验，建议取 0.3p.u.。k_set 的整定考虑躲过区外最严重故障时，两测量回路产生的最大不平衡电流，测量精度 I_{dH}/I_{dL} 按 3% 计算，测量回路产生的最大不平衡比率电流为 0.06，推荐取 0.2。动作时间应考虑阀放电及电流的承受能力，推荐固有动作时间 1ms。

低电压定值需兼顾该保护拒动和误动，取经验值 0.54。

2）Ⅱ段为慢速段，作为后备保护考虑。

I_set：考虑与Ⅰ段和 87DCBⅡ段的配合，结合工程经验，建议取 0.25p.u.。k_set 的整定考虑躲过区外最严重故障时，两测量回路产生的最大不平衡电流，测量精度 I_{dH}/I_{dL} 按 3% 计算，测量回路产生的最大不平衡比率电流为 0.06，考虑与Ⅰ段及 87DCBⅡ段的配合，推荐取 0.15。动作时间建议取 120ms。

3）由于柳北站电流测点 I_{dL} 与 HSS1 开关之间的故障无法通过 HSS1 隔离，为确保站内人身设备安全，故柳北站 87HV 出口为在运站极 ESOF（X-ESOF）。

（2）中性母线差动保护。中性母线差动保护的定值选取原则如下：

1）Ⅰ段为快速段，Ⅱ段为慢速段。

2）Ⅰ段：I_set 从保护动作可靠性考虑，起动定值宜大一些，不严重的故障，由Ⅱ段或直流后备差动保护（87DCB）来动作，结合工程经验，建议取 0.2p.u.。k_set 的整定考虑躲过区外最严重故障时，两测量回路产生的最大不平衡电流，测量精度 I_{dN}/I_{dE} 按 3% 计算，测量回路产生的最大不平衡比率电流为 0.06，推荐取 0.2。某些情况下中性母线故障时，故障发展缓慢，87DCBⅠ段由于灵敏度较高会先开始计时，本段保护动作时间应与 87DCBⅠ段拉开距离，推荐值为 30ms。

3）Ⅱ段为慢速段，同时又为灵敏段，作为Ⅰ段的后备，同时又与 87DCBⅡ段配合，所以 I_set 可适当小点，推荐取 0.07p.u.，考虑到与 87DCBⅡ段时序上的配合，结合工程经验，动作时间推荐取 180ms。

（3）直流差动保护。直流差动保护的定值选取原则如下：

1）报警段：I_{cd}_alm 建议整定为 0.03p.u.，时间 100ms。

2）Ⅰ段整定方法：

比率系数 k_set 的整定考虑躲过区外最严重故障时，两测量回路产生的最大不平衡电流。测量精度 I_{dH}/I_{dN} 按 3% 计算，最大不平衡比率电流为 0.06，推荐取 0.5。

起动定值 I_{cd}_set：从保护动作可靠性考虑，起动定值宜大一些，不严重的小故障电流，由Ⅱ段或直流后备差动保护（87DCB）来动作。

动作时间应考虑控制系统响应时间，取 1ms。

3）Ⅱ段整定方法：Ⅱ段为慢速段，比率系数 k_set 建议取 0.2，起动定值 I_{cd}_set 建议取 0.05p.u.，动作时间建议为 150ms，和 87DCB 配合。

（4）直流后备差动保护。直流后备差动保护的定值选取原则如下：

1）保护分两段，Ⅰ段为快速段，Ⅱ段为慢速段。

2）k_set 的整定考虑躲过区外最严重故障时，两测量回路产生的最大不平衡电流，测量精度 I_{dL}/I_{dE} 按 3% 计算，测量回路产生的最大不平衡比率电流为 0.06，推荐取 0.2。

3）Ⅰ段电流起动定值推荐取 0.2p.u.，动作时间 60ms，应比 87HV、87LV 的Ⅰ段动作延时长。

4）Ⅱ段电流起动定值推荐取 0.07p. u.，动作时间 300ms，大于重叠区内所有接地保护的动作时间，为直流场接地差动总后备保护。

5）双极不平衡运行时，采用制动特性不能反应故障，故对Ⅱ段动作门槛进行限幅，该值取值范围为 0.1～0.15p. u.，该值越小则保护灵敏度越高，但可靠性降低，因此综合考虑推荐值为 0.15p. u.，即 750A。

（5）接地极开路保护。接地极开路保护的定值选取原则如下：

1）本保护的定值应与设备的绝缘水平配合。

2）Ⅰ段：带电流判据，可防止感应电压的影响，双极运行时该保护投入。正常双极运行，U_{dN} 电压很低，保护动作后首先合站地开关（HSGS），然后极平衡，最后 ESOF。

极平衡时间定值与动作时间定值差距需大于控制系统极平衡所花费的时间（考虑最不平衡运行情况），建议相隔 1.2s 以上。

3）Ⅱ段：带电流判据，大地回线运行时，电流取接地极线路中电流，金属回线运行时，电流取金属回线中电流，保护动出口 ESOF，如是单极大地运行则同时合 HSGS。

4）Ⅲ段为独立电压判据，与设备的绝缘水平相适应。大地回线方式下，动作定值不超过 100ms，金属回线方式下取 300ms，Ⅲ段动作策略是 ESOF。

5）中性母线上安装有 E 型避雷器，U_{dN} 过压定值与避雷器参数配合。

（6）中性母线开关保护。中性母线开关保护的定值选取原则如下：

1）保护中性母线开关的失灵故障。定值与开关特性配合。

2）动作后，发重合快速中性母线开关（HSNBS）命令，并锁定开关。

（7）高速并联开关保护。高速并联开关保护的定值选取原则如下：

1）在 HVDC 运行工况下投入重合段和动作段，在 STATCOM 或 OLT 工况下投入电压段，仅柔直站配置。

2）保护 HSS 开关的偷跳、失灵故障，定值与开关特性配合。

3）动作后，发重合快速 HSS 开关命令，并锁定开关。

（8）直流谐波差动保护。直流谐波差动为比率差动，比率系数 k_set，启动定值 I_set，选取原则如下：

1）此保护作为后备保护考虑，用于检测换流阀与中性母线连接区的接地故障，尤其针对双极运行工况下，仅柔直站配置。

2）I_set 起动电流定值小于各功率等级中最小的故障电流，大于此最小故障电流的稳态测量误差，试验验证后推荐取 0.005。

3）k_set 考虑躲过稳态工况时，两测量回路产生的最大不平衡电流，测量精度 I_{dH}/I_{dL} 按 1% 计算，测量回路产生的最大不平衡比率电流为 0.02，推荐取 0.03。动作时间建议大于昆北站直流谐波保护的定值，推荐取 6000ms。

（9）接地极母线差动保护。接地极母线差动保护的定值选取原则如下：

1）报警段没有比率制动，直接门槛比较，动作时间固定为 1s。

2）k_set 的整定考虑躲过区外最严重故障时，测量回路产生的最大不平衡电流，根据不同运行方式（单极大地、双极大地或金属回线，站内接地或接地极接地），保护实际使用到的 CT 可按 4 个计算，同时考虑到 I_{dEE1} 和 I_{dEE2} 平分接地极电流，测量回路产生的最大不平衡比率电流为 $2 \times 0.03 + 2 \times 0.015 = 0.09$，推荐取 0.1。

3）双极运行时，保护动作后先极平衡，再跳闸。极平衡时间定值取 200ms。

4）单极运行时，保护动作后直接跳闸。

5）该保护实际动作时间可能会大于动作时间定值设定的值；特别是双极运行中一极停运期间。应躲过故障极保护动作闭锁后，完成极隔离的时间（含可能的 82 - HSN-BS 保护动作）。不宜因此造成双极停运。HSNBS 分断不成功，则保护动作，双极停运。

（10）接地极电流不平衡保护。接地极电流不平衡保护的定值选取原则如下：

1）告警段电流定值取 75A，动作段电流定值取 150A。

2）单极运行时，保护动作后先触发低压线路重起动，若重启动后故障仍未消除，则出口跳闸。

3）重起动次数程序内部固定为 1 次，去游离时间程序内部固定为 200ms。

（11）接地极线路过流保护。接地极线路过流保护的定值选取原则如下：

1）乌东德直流没有短时和长时间过负荷能力，根据正常运行和暂态过负荷运行不动作整定，推荐参照以往工程。

2）双极运行时，保护动作后先极平衡，再跳闸。

3）单极运行时，保护动作后先降功率，再跳闸。

4）无接地极运行指的是对侧任一站无接地极运行，本侧带接地极运行时，定值与对侧的 76SG 的无接地极动作段以及 87GSP 的无接地极运行Ⅱ段相配合，并作为两者的后备保护，动作定值取柳北站额定电流的 0.15p.u.，即 281A，时间延时 750ms，柳北站和龙门站定值保持统一。

5）保护逻辑根据无接地极运行信号自动进行定值选择。

（12）站内接地网过流保护。站内接地网过流保护的定值选取原则如下：

1）定值应根据站内接地网过流能力设置。

2）双极运行时，保护动作后先极平衡，再跳闸。

3）单极运行时，保护动作后直接跳闸。

4）无接地极运行时，为了早发现站内接地极的电流并减少双极闭锁的风险，无接地极运行时配置了独立的的极平衡段，动作值取龙门站额定电流的 0.01p.u.，即 31.25A，动作延时改为 5000ms，柳北站和龙门站定值保持统一。

5）无接地极运行时，配置大电流动作段作为控制连跳双极失败的后备保护；定值躲过解锁，投退阀组等引起的最大不平衡电流值，动作时间躲过投退阀组和启停极等顺控操作产生的不平衡时间，结合接地规程，考虑接地网耐受水平，动作值取柳北站额定电流的 0.3p.u.，延时取 350ms，柳北站和龙门站定值保持统一。

6）无接地极运行时，双极运行方式下的动作段继续保留。

7）保护定值根据无接地极运行信号自动进行选择。

（13）金属回线接地保护。金属回线接地保护的定值与直流线路横差保护（87DCLT）、金属回线纵差保护（87MRL）配合。金属回线区接地故障应由金属回线纵差保护

（87MRL）首先执行重启动，金属回线接地保护（51MRGF）动作段不宜快于金属回线纵差保护（87MRL）重启动段。根据工程经验，起动定值取 100A，比率系数取 0.1，动作时间定值取 1000ms。

（14）接地系统保护。接地系统保护的定值选取原则如下：

1）仅在双极平衡运行，以及快速接地开关（HSGS）合上时投入。

2）定值应根据站内接地网过流能力设置。与站内接地网过流保护（76SG）配合。

3）无接地极运行时，Ⅰ段动作值为龙门站额定电流的 0.05p.u.，即 156A，参照带接地极运行时Ⅰ段时间定值，在动作定值提高的前提下，建议时间延时整定为 1500ms，柳北站和龙门站定值保持统一。

4）无接地极运行时，Ⅱ段与 76SG 的无接地极运行动作段配合并作为其后备，动作值取柳北站额定电流的 0.3p.u.，即 562.5A，延时取 500ms，柳北站和龙门站定值保持统一。

5）保护逻辑根据无接地极运行信号自动进行定值选择。

（15）高速接地开关保护。高速接地开关保护的定值选取原则如下：

1）保护高速接地开关的失灵故障，定值与开关特性配合。

2）保护动作发重合快速接地开关（HSGS）命令，并锁定开关。

（16）金属回线转换开关保护。金属回线转换开关保护的定值选取原则如下：

1）保护金属回线转换开关的失灵故障，定值与开关特性配合。

2）保护动作发重合金属回线转换开关（MRTB）命令，并锁定开关。

（17）大地回线转换开关保护。大地回线转换开关保护的定值选取原则如下：

1）保护大地回线转换开关的失灵故障，定值与开关特性配合。

2）保护动作发重合大地回线转换开关（MRS）命令，并锁定开关。

（18）金属回线横差保护。金属回线横差保护的定值选取原则如下：

1）报警段：结合工程经验，报警定值取 0.03p.u.，报警时间定值取 4s。

2）动作段：k_set 的整定考虑躲过两测量回路产生的最大不平衡电流，测量精度 I_{dL}/I_{dL}_op 按 3% 计算，测量回路产生的最大不平衡比率电流为 0.09，推荐取 0.2。起动定值应低于最小直流电流（0.1p.u.），根据工程经验，取 0.05p.u.。延时推荐取值 1000ms。

3）保护只在金属回线运行时，在主控极投入，需与 87DCLL、87MRL、87DCLT 的动作时间相配合。

5.6 直流线路保护

5.6.1 概述

5.6.1.1 保护区域划分

本章 5.1 节已对直流线路故障区域进行划分，鉴于每个换流站均配有直流线路保护，与阀组保护、极保护不同的是，各站所配线路保护覆盖区域会有重复，下面依次介绍各站线路保护覆盖区域。

昆北站直流线路保护系统所覆盖的区域如下：昆北站昆柳线线路保护区域包括昆北站直流出线上的直流电流互感器和柳北站昆柳线的直流电流互感器之间的直流导线和所有设备，其中行波保护和电压突变量保护Ⅰ段保护昆柳线的一部分，Ⅱ段保护昆柳线全长、汇流母线并延伸至柳龙线一部分；线路低电压保护和线路纵差保护覆盖昆柳线路全长。

柳北站直流线路保护区域包括昆北站直流出线上的直流电流互感器和柳北站昆柳线的直流电流互感器之间的直流导线和所有设备、柳北站汇流母线上所有的导线和设备、柳北站柳龙线的直流电流互感器和龙门站直流出线上的直流电流互感器之间的直流导线和所有设备。线路保护范围包括昆柳线路保护的范围、柳龙线路保护的范围、及汇流母线保护范围。

龙门站直流线路保护区域包括龙门站直流出线上的直流电流互感器和柳北站柳龙线的直流电流互感器之间的直流导线和所有设备，其中行波保护和电压突变量保护Ⅰ段保护柳龙线的一部分，Ⅱ段保护柳龙线全长、汇流母线并延伸至昆柳线一部分；线路低电压保护和线路纵差保护覆盖柳龙线路全长。

5.6.1.2　一般原则

直流线路保护的目的是防止线路故障危害直流换流站内设备的过应力，以及整个系统的运行。直流线路保护自适应于直流输电运行方式（双极大地运行方式、单极大地运行方式、金属回线运行方式）及其运行方式转换，以及自适应于换流站运行数量的变化（三端运行方式、昆北—柳北两端运行、昆北—龙门两端运行、柳北—龙门两端运行方式）。

直流线路保护至少具有对如下故障进行保护的功能：

（1）直流输电线路的金属性短路；

（2）直流输电线路的高阻接地故障；

（3）直流输电线路的开路故障；

（4）与另一极直流线路碰接；

（5）与其他交流输电线路碰接的故障；

（6）金属回线故障；

（7）HSS 开关故障（仅柳北站柳龙线 HSS）。直流线路保护系统对大部分故障提供两种及两种以上原理保护，以及主后备保护。直流线路保护系统根据不同的故障类型，采取不同的故障清除措施，具体出口动作处理策略类型如下：

1）请求线路故障重启；

2）X‐ESOF；

3）柔直站跳交流断路器（同时锁定交流开关，并启动断路器失灵保护，及闭锁重合闸）；

4）重合 HSS 开关；

5）Y‐ESOF。

5.6.1.3　线路保护配置

（1）昆北站线路保护。昆北站线路行波保护和突变量保护配置Ⅰ段和Ⅱ段。在柳北站不投运期间，仅投入行波保护和突变量保护Ⅱ段，直流线路纵差保护和金属回线纵差保护选择龙门站相应电流作差动。在三端投运后，投入行波保护、突变量保护Ⅰ段和Ⅱ段，直流线路纵差保护和金属回线纵差保护选择柳北站相应电流作差动。具体的线路保护配置及测点信号如表 5-52、图 5-35 所示。

表 5-52 昆北站线路保护配置列表

序号	保 护 名 称	保护缩写	测 点	备注
1	直流线路行波保护	WFPDL	I_{dL}_A, U_{dL}_A, $I_{dL}\_A\_OP$, $U_{dL}\_A\_OP$	配置Ⅰ段和Ⅱ段
2	直流线路突变量保护	$27\mathrm{d}u/\mathrm{d}t$	I_{dL}_A, U_{dL}_A	配置Ⅰ段和Ⅱ段
3	直流线路低电压保护	27DCL	U_{dL}_A	
4	直流线路纵差保护	87DCLL	I_{dL}_A, I_{dL1}_B（柳北） 或 I_{dL1}_C（龙门）	过渡时期采用 I_{dL1}_C，投运后 采用 I_{dL1}_B
5	交直流碰线保护	$81-I/U$	I_{dL}_A, U_{dL}_A	
6	金属回线纵差保护	87MRL	$I_{dL}\_A\_OP$, $I_{dL1}\_B\_OP$（柳北） 或 $I_{dL1}\_C\_OP$（龙门）	过渡时期采用 $I_{dL1}\_C\_OP$，投运后 采用 $I_{dL1}\_B\_OP$

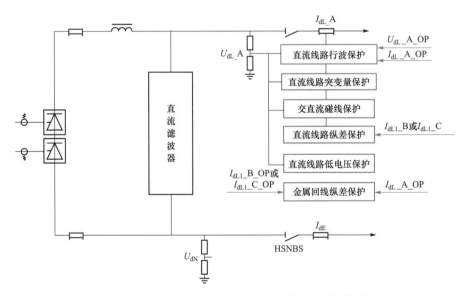

图 5-35 昆北直流线路保护配置及其所用测点信号

（2）柳北站直流线路保护。柳北站同时配置昆柳线和柳龙线两套线路保护，在柳北站投运后上述保护投入。汇流母线差动保护在两套线路保护系统中分别配置，任一系统满足三取二即可出口；柳龙线线路保护还配置了高速并联开关保护。具体的线路保护配置及测点信号如表 5-53、图 5-36 所示。

表 5 - 53　　　　　　　　　　昆柳线与柳龙线线路保护配置列表

序号	保 护 名 称	保护缩写	昆柳线保护测点	柳龙线保护测点
1	直流线路行波保护	WFPDL	I_{dL1}_B, U_{dBUS}, $I_{dL1}\_B\_OP$, U_{dBUS}_OP	I_{dL2}_B, U_{dL2}, $I_{dL2}\_B\_OP$, U_{dL2}_OP
2	直流线路突变量保护	$27du/dt$	I_{dL1}_B, U_{dBUS}	I_{dL2}_B, U_{dL2}
3	直流线路低电压保护	27DCL	U_{dBUS}	U_{dL2}
4	直流线路纵差保护	87DCLL	I_{dL1}_B, I_{dL}_A	I_{dL2}_B, I_{dL}_C
5	金属回线纵差	87MRL	$I_{dL1}\_B\_OP$, $I_{dL}\_A\_OP$	$I_{dL2}\_B\_OP$, $I_{dL}\_C\_OP$
6	交直流碰线保护	81 - I/U	I_{dL1}_B, U_{dBUS}	I_{dL2}_B, U_{dL2}
7	汇流母线差动保护	87DCBUS	I_{dL}_B, I_{dL1}_B, I_{dL2}_B, U_{dBUS}	I_{dL}_B, I_{dL1}_B, I_{dL2}_B, U_{dBUS}
8	高速并联开关保护	82 - HSS	未配置	I_{dL2}_B

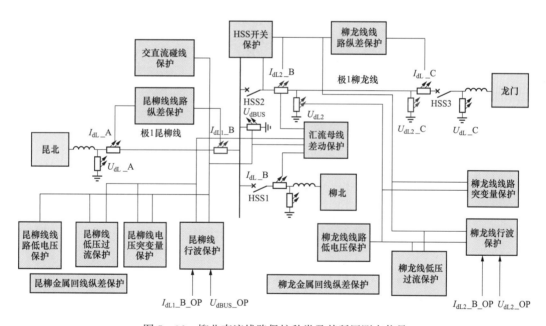

图 5 - 36　柳北直流线路保护种类及其所用测点信号

（3）龙门站直流线路保护。龙门站线路保护与昆北站线路保护类似。行波保护和突变量保护配置Ⅰ段和Ⅱ段。在过渡期，仅投入行波保护和突变量保护Ⅱ段，直流线路纵差保护和金属回线纵差保护选择昆北站相应电流作差动。在三端投运后，投入行波保护、突变量保护Ⅰ段和Ⅱ段，直流线路纵差保护和金属回线纵差保护选择柳北站相应电流作差动。具体的线路保护配置及测点信号如表 5 - 54、图 5 - 37 所示。

221

表 5-54   龙门线路保护配置列表

序号	保　护　名　称	保护缩写	测　　点	备注
1	柳龙直流线路行波保护	WFPDL	I_{dL2}_C, U_{dL2}_C, $I_{dL2}\_C\_OP$, $U_{dL2}\_C\_OP$	配置Ⅰ段和Ⅱ段
2	柳龙直流线路突变量保护	$27du/dt$	I_{dL2}_C, U_{dL2}_C	配置Ⅰ段和Ⅱ段
3	柳龙直流线路低电压保护	27DCL	U_{dL2}_C	
4	柳龙直流线路纵差保护	87DCLL	I_{dL2}_C, I_{dL}_A（昆北） 或 I_{dL2}_B（柳北）	过渡时期采用 I_{dL1}_A，投运后 采用 I_{dL1}_B
5	交直流碰线保护	81-I/U	I_{dL2}_C, U_{dL2}_C	
6	柳龙线金属回线纵差	87MRL	$I_{dL2}\_C\_OP$, $I_{dL}\_A\_OP$（昆北） 或 $I_{dL2}\_B\_OP$（柳北）	过渡时期采用 $I_{dL1}\_A\_OP$，投运后 采用 $I_{dL1}\_B\_OP$

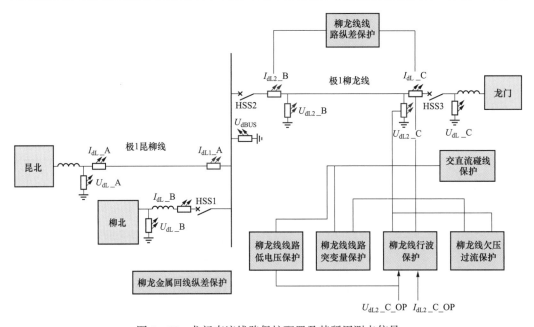

图 5-37 龙门直流线路保护配置及其所用测点信号

各站线路/汇流母线保护在不同情况下的投入情况如表 5-55 所示。

表 5-55   各站线路/汇流母线保护在不同情况下的投入情况

换流站	线路/汇流母线保护		三端 运行	昆北— 柳北两端	柳北— 龙门两端	昆北— 龙门两端	昆北— 龙门过渡期
昆北站	WFPDL & $27du/dt$	Ⅰ段	√	√		√	
		Ⅱ段	√	√		√	√
	27DCL、87DCLL、81-I/U、87MRL		√	√		√	√

续表

换流站	线路/汇流母线保护		三端运行	昆北—昆北两端	柳北—龙门两端	昆北—龙门两端	昆北—龙门过渡期
柳北站	昆柳线所有类型线路保护		√			√	
	柳龙线所有类型线路保护		√		√	√	
	汇流母线差动		√	√	√	√	
龙门站	WFPDL & 27du/dt	Ⅰ段	√		√	√	
		Ⅱ段	√		√	√	√
	27DCL、87DCLL、81-I/U、87MRL		√		√	√	√

5.6.1.4 冗余配置和可靠性

直流线路保护采取三取二配置方案，具有以下特点：

（1）直流线路保护系统有完善的自检功能，防止由于直流保护系统装置本身故障而引起不必要的系统停运。

（2）每一个设备或保护区的保护采用三重化模式，并且任意一套保护退出运行而不影响直流系统功率输送。每重保护采用不同测量器件、通道、电源、出口的配置原则。当保护监测到某个测点故障时，仅退出该测点相关的保护功能，当保护监测到装置本身故障时，闭锁全部保护功能。

（3）两个极的直流线路保护是完全独立的。

（4）方便的定值修改功能。可以随时对保护定值进行检查和必要的修改。

（5）直流线路保护采用独立的数据采集和处理单元模块。

（6）直流线路保护系统充分考虑和自适应于站间通信信道的好坏。当直流系统运行在站间通信失去的工况时，如果发生故障，保护仍能可靠动作使对系统的扰动减至最小，让设备免受过应力，保证系统的安全。

（7）直流线路保护系统采用动作矩阵出口方式，灵活方便地设置各类保护的动作处理策略。区别不同的故障状态，对所有保护合理安排警告、报警、设备切除、再起动和停运等不同的保护动作处理策略。

（8）每一个保护的跳闸出口分为两路供给同一断路器的两个跳闸线圈。

（9）所有保护的报警和跳闸都在运行人员工作站上事件列表中醒目显示。

（10）当某一极断电并隔离后，停运设备区中的直流线路保护系统不向已断电的极或可能在运行的另一极发出没有必要的跳闸和操作顺序信号。

（11）保护有各自准确的保护算法和跳闸、报警判据，以及各自的动作处理策略；根据故障程度的不同、发展趋势的不同，某些保护具有分段的执行动作。

（12）所有的直流保护有软件投退的功能，每套保护屏装设有独立的跳闸出口压板。

（13）设置保护工程师工作站，显示或可修改保护动作信号、装置故障信号、保护定值、动作矩阵、故障波形以及通道告警信号。

（14）直流电源上、下电时保护不误出口。

（15）直流线路保护系统工作在试验状态时，保护除不能出口外，正常工作。保护在直流系统非试验状态运行时，均正常工作，并能正常出口。保护自检系统检测到严重故障时，闭锁部分保护功能；在检测到紧急故障时，闭锁保护出口。

5.6.2　直流线路及汇流母线保护装置硬件回路

5.6.2.1　整体架构

在本工程中，三站均以每极为间隔配置线路保护，每极线路保护装置分为 A/B/C 三套，每套保护含有 1 面屏柜，主要包含（I/O）采集单元及主机。其中仅柳北在 A/B 套保护屏柜中另外含有三取二装置。线路保护装置的硬件整体结构可分为三部分：

（1）控制主机：完成线路保护的各项保护功能，完成保护与控制的通信、站间通信，完成和现场 I/O 的接口，完成后台通信、事件记录、录波、人机界面等辅助功能。

（2）三取二主机：柳北站线路保护主机不仅包含线路保护、而且包含汇流母线保护和 HSS 开关保护，因此柳北站配置线路保护三取二装置。实现与保护的通信及三取二逻辑、跳交流开关、重合直流 HSS 开关。完成后台通信、事件记录、录波、人机界面等辅助功能。

（3）分布式 I/O 及现场总线：完成线路及汇流母线保护所需要的隔离开关位置的采集，完成与现场总线的接口。

柳北站因为在每台直流线路保护主机中都集成了昆柳线和柳龙线路的所有保护，因此对柳北站直流线路的可靠性提出了更高的要求，尤其是在一条线路运行，另外一条线路检修或者柳北站检修，两条线路都运行时。下面就对柳北站的检修安全措施进行描述：

（1）停电检修。

1）昆柳线检修。昆柳线检修时，要求图 5-38 所示的 Q1 处于分位。直流线路保护需要采集 Q1 的位置信号和接收控制系统发过来的柳北—龙门两端运行模式信号。线路保护对上述两个信号取或逻辑后闭锁昆柳线路保护，以上逻辑由软件系统自动实现，运行人员只需要确保 Q1 处于分位，即可对昆柳线路上的测点进行注流或者加压试验，昆柳线的合并单元也可以断电或者进行其他操作。

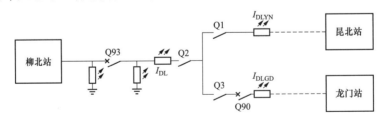

图 5-38　柳北站汇流母线隔离开关配置

另外，还可以将线路保护屏的昆柳线路保护功能压板退出，退出昆柳线路保护功能，但是如果没有分开 Q1 则不能对 I_{DLYN} 注流，否则会引起柳龙线路保护的汇流母线差动动作，因此建议不单独采用退出硬压板的方式来实现昆柳线检修。

2）柳北站检修。柳北站检修时，要求图 5-39 所示的 Q93、Q2 处于分位。直流线路保护需要采集 Q2 的位置信号和接收控制系统发过来的柳北站退出运行信号并对此信号进行保持。线路保护对上述两个信号取或逻辑后将 I_{DL} 测点采集的电流量强制置零，不参与任何保护算法，以上逻辑由软件系统自动实现，运行人员只需要确保 Q2 处于分位，即可对极母线上的测点 I_{DL} 进行注流试验，因为 I_{DL} 测点被送入极合并单元、昆柳线合并单元、柳龙线合并单元，因此在 I_{DL} 注流期间可以在极层合并单元查看相关数值，不需要去昆柳线、柳龙线合并单元进行任何操作，具体如图 5-38 所示。

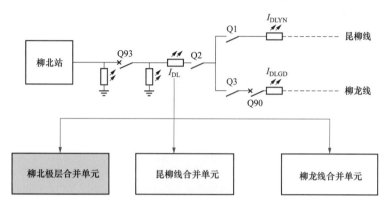

图 5-39　柳北站 I_{DL} 测点合并单元

3）柳龙线检修。柳龙线检修时，要求图 5-38 所示的 Q3、Q90 处于分位。直流线路保护需要采集 Q3 的位置信号和接收控制系统发过来的昆北—柳北两端运行模式信号。线路保护对上述两个信号取或逻辑后闭锁柳龙线路保护，以上逻辑由软件系统自动实现，运行人员只需要确保 Q3 处于分位，即可对柳龙线路上的测点进行注流或者加压试验，柳龙线的合并单元也可以断电或者进行其他操作。

另外，还可以将线路保护屏的柳龙线路保护功能压板退出，退出柳龙线路保护功能，但是如果没有分开 Q3 则不能对 I_{DLGD} 注流，否则会引起昆柳线路保护的汇流母线差动动作，因此建议不单独采用退出硬压板的方式来实现柳龙线检修。

（2）在线运行检修当两条线路或者柳北站都处于运行状态时，如果需要对二次设备进行检修，则只需要将检修设备所对应的线路保护装置的硬压板退出即可，比如检修昆柳线合并单元 A，则只需要将线路保护装置 A 套的昆柳线路保护硬压板退出。

5.6.2.2　外部接口

线路保护装置的外部接口，与极保护装置类似，通过硬接线、现场总线与站内其他设备完成信息交互。通过 IEC 60044—8 总线与测量系统通信，实现直流场模拟量的读取；通过 SCADALAN（站 LAN 网）与后台交互信息；通过 CTRLLAN（极层控制 LAN 网）是 DCC、PCP、PPR、DLP 主机在极层之间的实时通信；I/O 采集单元通过硬接线、CAN 总线实现直流场隔离开关状态的采集及上送；三取二装置通过硬接线实现保护出口，其线路保护网络结构图如图 5-40 所示。

每套直流线路保护使用 4 路 2M 光纤，分别与其他两站通信。每两个站之间采用两个通道（主通道 1 路、备用通道 1 路），线路保护具体站间保护通道配置如图 5-41 所示。按三重化配置方式，本直流工程每站配置 6 套保护，即每站共 24 路 2M 光纤，当 4 个通道全部断开才认为通道故障。

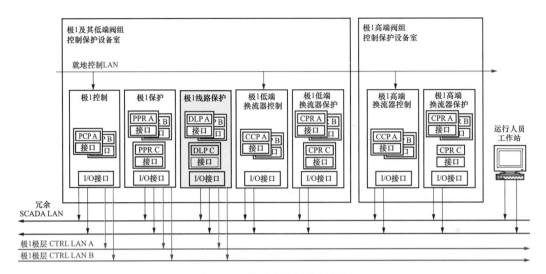

图 5‑40　线路保护网络结构图

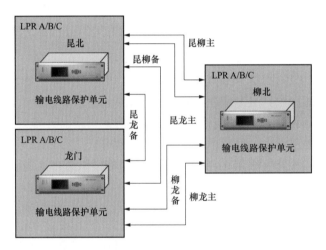

图 5‑41　线路保护站间保护通道配置示意图

5.6.3　功能描述

线路保护功能包括行波保护、电压突变量保护、线路低电压保护、纵差保护、交直流碰线保护、金属回线纵差保护、汇流母线差动保护、高速并联开关（HSS）保护，其中仅柳北站线路保护有汇流母线差动保护、高速并联开关（HSS）保护。

（1）直流线路行波保护（WFPDL）配置如表 5‑56 所示。

表 5‑56　　　　　　　　　直流线路行波保护（WFPDL）配置

保护区域	直流线路
保护名称	直流线路行波保护
保护的故障	检测直流线路上的金属性接地故障
保护原理	当直流线路发生故障时，相当于在故障点叠加了一个反向电源，这个反向电源造成的影响以行波的方式向两站传播。保护通过检测行波的特征来检出线路的故障。

保护原理	反向行波：$b(t)=Z\times delta(I_{dL}(t))-delta(U_{dL}(t))$ delta (.) 表示微分计算。 极 1、极 2 反向行波经过相模变换，获得线模行波 Diff_b(t) 和共模行波 Com_b(t)， delta (Com_b(t)) ＞Com_dt_set integ (Diff_b(t)) ＞Dif_int_set integ (Com_b(t)) ＞Com_int_set integ (.) 表示积分计算
保护配合	交流系统保护系统起停
后备保护	直流线路突变量保护（27du/dt） 直流线路纵差保护（87DCLL） 直流线路低电压保护（27DCL）
是否依靠通信	保护原理并不依靠通信，柳北站此保护动作后直接启动线路重启逻辑
出口方式	启动线路重起逻辑

（2）直流线路突变量保护（27du/dt）配置如表 5-57 所示。

表 5-57　　　　　　　　　直流线路突变量保护（27du/dt）配置

保护区域	直流线路
保护名称	直流线路突变量保护
保护的故障	检测直流线路上的金属性接地故障
保护原理	当直流线路发生故障时，会造成直流电压的跌落。故障位置的不同，电压跌落的速度也不同。通过对电压跌落的速度进行判断，可以检测出直流线路上的故障。 delta $(U_{dL}(t))$＜dU_set $\lvert U_{dL}\rvert$＜U_set 此保护分线路配置
保护配合	交流系统保护系统起停
后备保护	直流线路行波保护（WFPDL） 直流线路纵差保护（87DCLL） 直流线路低电压保护（27DCL）
是否依靠通信	保护原理并不依靠通信，柳北站此保护动作后直接启动线路重启逻辑
出口方式	启动线路重起逻辑

（3）直流线路低电压保护（27DCL）配置如表 5-58 所示。

表 5-58　　　　　　　　　直流线路低电压保护（27DCL）配置

保护区域	直流线路
保护名称	直流线路低电压保护
保护的故障	检测直流线路上的金属性和高阻接地故障。主要用于线路再启动后，电压建立过程中仍然存在的线路故障
保护原理	当直流线路发生故障时，会造成直流电压无法维持。通过对直流电压的检测，如果发现直流电压持续一定的时间低，判断为直流线路故障。 $\lvert U_{dL}\rvert$＜U_set

保护配合	交流系统保护 换相失败预测与保护 系统起停
后备保护	直流线路纵差保护（87DCLL）
是否依靠通信	该保护需排除其他原因引起的直流电压降低，例如是否发生交流系统故障等。在通信正常时，接收对站是否有交流系统故障的信号。当通信中断后，如果是单极运行方式，保护动作延时加长，与对站交流故障切除时间配合；如果是双极运行方式，则同时检测另一极直流电压（判别是否对站发生交流系统故障）。确保直流线路故障时，该保护才动作。通信故障下，柳北站 27DCL 不退出
出口方式	启动线路重起逻辑

（4）直流线路纵差保护（87DCLL）配置如表 5－59 所示。

表 5－59　　　　　直流线路纵差保护（87DCLL）配置

保护区域	直流线路
保护名称	直流线路纵差保护
保护的故障	检测直流线路上的金属性和高阻接地故障
保护原理	当直流线路发生故障时，必然造成直流线路两端的电流大小不等。 昆柳线： $\|I_{dL\_}A-I_{dL1\_}B\|>\max(I\_set，k\_set\times I_{dL})$ $I_{dL1\_}B$ 是柳北站昆柳线直流电流，$I_{dL\_}A$ 为昆北站直流线路电流（通过站间通信通道传递）。 柳龙线： $\|I_{dL2\_}B-I_{dL\_}C\|>\max(I\_set，k\_set\times I_{dL})$ $I_{dL2\_}B$ 是柳北站柳龙线直流电流，$I_{dL\_}C$ 为龙门站直流线路电流（通过站间通信通道传递）
保护配合	交流系统保护 系统起停
后备保护	本身为后备保护
是否依靠通信	完全依靠通信。站间通信故障时，将闭锁本保护
出口方式	分报警和动作段。动作后启动线路重起逻辑

（5）交直流碰线保护（81-I/U）配置如表 5－60 所示。

表 5－60　　　　　交直流碰线保护（81-I/U）配置

保护区域	直流线路
保护名称	交直流碰线保护
保护的故障	检测交直流线路碰接造成的故障
保护原理	$U_{dL\_}50Hz>U_{dL\_}50Hz\_set \& I_{dL\_}50Hz>I_{dL\_}50Hz\_set$ 或 $I_{dL}>I_{dL\_}set \& I_{dL\_}50Hz>I_{dL\_}50Hz\_set$
保护配合	无

后备保护	无
是否依靠通信	否
出口方式	动作后，立即本站极 ESOF、跳/锁定换流变开关等

（6）汇流母线差动保护（87DCBUS）配置如表 5-61 所示。

表 5-61　　　　　　汇流母线差动保护（87DCBUS）配置

保护区域	柳北站汇流母线
保护名称	汇流母线差动保护
保护的故障	柳北站汇流母线区的接地故障
保护原理	第 I 段：$\mid I_{dL}\_BUS-I_{dL}\_KL-I_{dL}\_LL \mid > I\_set \& U_{DL}\_BUS < U\_set$ 第 II 段：$\mid I_{dL}\_BUS-I_{dL}\_KL-I_{dL}\_LL \mid > I\_set$ I_{dL}_BUS：柳北站极母线电流，当极母线隔刀分开时，程序自动将其值强制等于 0； I_{dL}_KL：柳北站昆柳线电流，当昆柳线隔刀分开时，程序自动将其值强制等于 0； I_{dL}_LL：柳北站柳龙线电流，当柳龙线隔刀分开时，程序自动将其值强制等于 0； U_{DL}_BUS：汇流母线电压
保护配合	与一次设备的过流能力配合
后备保护	无
是否依靠通信	否
出口方式	启动极层 ESOF 闭锁三站；跳/锁定换流变开关等

（7）金属回线纵差保护（87MRL）配置如表 5-62 所示。

表 5-62　　　　　　金属回线纵差保护（87MRL）配置

保护区域	金属返回线路
保护名称	金属回线纵差保护
保护的故障	保护金属返回线路的接地故障
保护原理	$\mid I_{dL}\_OP-I_{dL}\_OP\_ost \mid > I\_set$ I_{dL}_OP 和 $I_{dL}\_OP\_ost$ 为对极直流电流和对极对站直流电流注：昆柳线路金属回线纵差保护的 $I_{dL}\_OP\_ost$ 取昆北站对极电流；柳龙线路金属回线纵差保护 $I_{dL}\_OP\_ost$ 取龙门站对极电流
保护段数	1
保护配合	无
后备保护	与对站极差动保护配合，与线路保护配合，金属回线运行时保护投入
是否依靠通信	完全依靠通信。站间通信故障时，将闭锁本保护
保护动作后果	1）重启； 2）重启不成功极层 ESOF

（8）快速 HSS 开关保护（82‑HSS）配置如表 5‑63 所示。

表 5‑63 快速 HSS 开关保护（82‑HSS）配置

保护区域	柳龙线 HSS 开关
保护名称	快速 HSS 开关保护
保护的故障	HSS 开关偷跳
保护原理	在 HSS 高速开关偷跳并且 HSS 高速开关指示合位消失后，满足 $\mid I_{dL2}\_B > I\_set$，保护动作
保护配合	与开关分开时间配合
后备保护	无
是否依靠通信	否
出口方式	1）重合 HSS； 2）重合不成功闭锁三站

当保护检测到与某一站的主、备站间通信均丢失时，这两个站的直流线路纵差保护（87DCLL）、金属回线纵差保护（87MRL）通过第三站的站间通信通道中转；当三站两两之间的站间通信都中断后，三站的流线路纵差保护（87DCLL）、金属回线纵差保护（87MRL）立即自动退出，通信恢复正常后延时自动投入。

5.6.4 保护定值整定原则

（1）直流线路行波保护。直流线路行波保护的定值选取原则如下：

1）两条线路的线模波阻抗整定值和零模波阻抗整定值以后根据线路参数由 RTDS/PSCAD 等工具根据线路杆塔参数计算而得。

2）为保证降压运行时保护范围与正常电压时基本相同，降压时各定值将自动根据当前电压调整。

3）Com_int_set、Dif_int_set、Com_dt_set 的最终确定应通过仿真与现场试验。

4）为防止误动，保护还具有电压跌落、电流方向、行波方向等辅助条件，无需整定。

5）站间通信故障时，不再执行线路重起动逻辑，直接出口跳闸。

（2）直流线路电压突变量保护。直流线路电压突变量保护的定值选取原则如下：

1）为保证降压运行时保护范围与正常电压时基本相同，降压时 dU_set 定值将根据当前电压自动调整。

2）U_set、dU_set 的最终确定应通过仿真与现场试验。

3）为防止误动，保护还具有电压跌落、电流方向等辅助条件，无需整定。

4）定值整定需要躲开交流系统故障、紧急停运、对极线路故障等情况。

5）站间通信故障时，不再执行线路重起动逻辑，直接出口跳闸。

（3）直流线路低电压保护。直流线路低电压保护的定值选取原则如下：

1）U_set，正常运行时 0.4p.u.，降压运行时 0.3p.u.。

2）27DCL 保护用于重启动过程中检测是否能建立电压，其动作时间定值与控制系统配合，固定为 80ms，无需整定，出口方式为起动重启动逻辑。

3）站间通信故障时，不再执行线路重起动逻辑，直接出口跳闸。

（4）直流线路纵差保护。直流线路纵差保护的定值选取原则如下：

1）k_set 的整定考虑躲过两测量回路产生的最大不平衡电流，测量精度 I_{dL}/I_{dL}_os 按 3% 计算，测量回路产生的最大不平衡比率电流为 0.06，推荐取 0.1。

2）I_set 为保护起动定值，推荐不超过 0.1p.u.。

3）本保护作为线路保护的总后备，动作时间推荐 500ms 以上。

4）站间通信故障时，将闭锁本保护。

（5）交直流碰线保护。交直流碰线保护的定值选取原则如下：

1）快速段电流定值需躲过暂时过负荷情况，以及丢失脉冲时的电流，推荐 2p.u. 以上，动作时间内部固定为 10ms。

2）为防止一极故障时，其余极保护误动作，慢速段 50Hz 电压定值不宜取太低，只考虑与 220kV 以上交流线路发生碰线的情况。动作时间推荐 150ms。

（6）金属回线纵差保护。金属回线纵差保护的定值选取原则如下：

1）报警段：k_set 的整定考虑躲过两测量回路产生的最大不平衡电流，测量精度 $I_{dL}\_op/I_{dL}\_op\_os$ 按 3% 计算，测量回路产生的最大不平衡比率电流为 0.06，推荐取 0.1。I_set 的整定应小于动作段的 I_set，同时需要躲过测量系统引起的误差，根据工程经验，起动定值取 0.02p.u.，时间定值取 1500ms。

2）动作段：k_set 的整定考虑躲过两测量回路产生的最大不平衡电流，测量精度 $I_{dL}\_op/I_{dL}\_op\_os$ 按 3% 计算，测量回路产生的最大不平衡比率电流为 0.06，推荐取 0.1。I_set 为保护起动定值，与逆变侧电流裕度控制相配合，推荐不超过 0.1p.u.。起动定值取 0.03p.u.，重起动时间定值取 500ms，动作时间定值取 800ms。

3）重起段动作后，触发低压线路重起动，重起动次数为 1，去游离时间为 200ms。

4）重起动后该保护条件依然满足，则动作闭锁直流。

5）站间通信故障时，将闭锁本保护。

（7）汇流母线差动保护。汇流母线差动保护的定值选取原则如下：

1）Ⅰ段为快速段，整定方法：

I_set：从保护动作可靠性考虑，起动定值宜大一些，不严重的小故障电流，由Ⅱ段来动作，建议取 0.3p.u.。k_set 的整定考虑躲过区外最严重故障时，两测量回路产生的最大不平衡电流，测量精度 I_{dL1}_B、I_{dL2}_B、I_{dL}_B 按 3% 计算，测量回路产生的最大不平衡比率电流为 0.09，推荐取 0.5。动作时间应考虑阀放电及电流的承受能力，推荐固有动作时间 1ms。

低电压定值需兼顾该保护拒动和误动，推荐取 0.5。

2）Ⅱ段为慢速段，作为后备保护考虑。

I_set：考虑与Ⅰ段的配合，建议取 0.25p.u.。k_set 的整定考虑躲过区外最严重故障时，两测量回路产生的最大不平衡电流，测量精度 I_{dL1}_B、I_{dL2}_B、I_{dL}_B 按 3% 计算，测量回路产生的最大不平衡比率电流为 0.09，考虑与Ⅰ段的配合，推荐取 0.15。动作时间建议取 20ms。

3）某一线路退出运行时，不再计算该线路连接至汇流母线区的电流值，该保护仅柳北站配置。

（8）HSS 开关保护。HSS 开关保护的定值选取原则如下：

1）在 HVDC 运行工况下投入重合段和电流段，在 STATCOM 或 OLT 工况下投入电压段。

2）保护 HSS 开关的偷跳故障。定值与开关特性配合，参照 ABB 提供的以往工程经验。

3）动作后，发重合快速 HSS 开关命令，并锁定开关，针对汇流母线区配置的 HSS 开关，仅柳北站配置。

5.7　直流系统保护、直流系统控制、交流系统保护间的协调配合

5.7.1　直流系统保护的主后备保护配置分析

直流阀组保护、极保护、线路保护每一重冗余的保护都配置完整的主保护和后备保护。主保护是满足直流系统和设备安全要求，能以最快速度有选择地切除被保护设备和线路故障的保护，后备保护是主保护或断路器拒动时，用以切除故障的保护。在时间配合上，后备保护比主保护动作时间要长。

后备保护检测原理一般有两种类型：

（1）与主保护采用不同的检测原因，检测故障时具有不同特征的物理量。如常直阀短路保护的后备保护是过流保护。阀短路的判据是换流变阀侧电流远大于直流电流，动作时间在 1ms 之内。当整流侧发生阀短路时，换流变阀侧电流急剧增大，因此将过电流保护作为阀短路的后备保护，其快速段的动作时间比阀短路时间稍长，为 2ms；其慢速段时间为几百毫秒到 2 分钟不等，因此它既可为阀短路保护的后备保护，还可对其他产生较低过电流应力的故障进行保护。

（2）与主保护采用相同的检测原理，但覆盖范围更大，定值相对较低，动作时间长。例如，站内极母线区、阀区和中性母线区分别配置了极母线差动保护、换流阀差动保护和中性母线差动保护，分别检测三个区域的接地故障，检测原理为故障区域两侧电流互感器测量值之差，保护动作时间为几个毫秒。为了防止上述主保护的拒动，还配置了可作为后备保护的极差动保护。极差动保护的覆盖范围更大，包含了极母线区、阀区和中性母线区三个区域，通过检测直流极线电流和中性母线电流的差值判断是否发生区内接地故障，动作时间为几十毫秒。

对于直流系统保护，由于范围大、设备相对复杂，在采用不同原理或扩大范围的保护作为后备保护的同时，还充分利用保护系统的冗余配置互为备用，进一步提高了系统的可靠性。

5.7.2　直流系统保护与直流系统控制的协调配合

直流系统保护与直流系统控制的协调配合紧密是直流控制保护系统的特点，主要体现在两方面：一是直流系统保护的动作策略主要由控制系统实施；二是直流系统保护需要的部分直流系统状态量从直流控制系统获得，直流系统保护定值的优化与控制系统密切相关。

（1）直流系统保护的动作策略由控制系统实施。严重故障引起的保护动作后果是闭锁直流，除了跳交流断路器是由直流保护系统直接发出指令到断路器操作箱外，几乎所有直流系统保护的动作都需要依靠直流控制系统来执行；例如线路故障时需执行重启动功能；与双极区有关的故障，如接地极电流不平衡、站内接地开关过流等需执行功率回降、重启动、极平衡等功能；阀误触发、谐波大等故障首先要执行控制系统切换；在故障隔离过程中，由于直流场开关故障而不能打开时需执行重合开关命令；需要隔离交流侧故障还需要跳交流进线断路器，启动断路器失灵功能；与直流场有关的故障还需要启动极隔离等。此外，直流系统的一些保护性监视通常设计在直流控制系统中，如大角度运行等。

保护的闭锁逻辑，包括移相、闭锁、阀组隔离、锁定分接开关等，也均需要由控制系统执行。直流保护的出口逻辑可在控制系统中实现，对于三重化配置的直流保护，动作逻辑是"三取二"，根据不同技术特点，该逻辑可在外部装置中，也可在控制系统中实现。

（2）直流系统保护需要的某些直流系统状态量由直流控制系统获得。直流系统的运行状态通常是由直流控制系统判断得到，这些状态量主要是指直流系统的运行方式、整流站/逆变站、接地站及非接地站等信息。

1）保护配置与定值设置与直流系统的运行方式和运行状态密切相关，在单极运行、双极运行以及金属回线运行时是不同的。

双极区保护的出口与所在极是控制主导极或是非控制主导极有关。由于双极保护的动作行为往往首先需要极平衡控制，而极平衡的操作只有在主导极才能实施，所以双极区保护出口只在主导极有效，当主导极的双极保护闭锁本极后，另一极自动成为主导极，其双极保护如果也检测到同样故障，则再闭锁本极。

2）保护定值设置与直流系统运行方式和状态密切相关。某些保护的定值与所在换流站是接地站还是非接地站有一定关系，如在金属回线下，非接地站与接地站对于接地极引线开路保护定值的设置不同，非接地站保护定值较接地站要大。

3）保护的有效性与直流系统的运行方式和状态密切相关。某些保护的出口只在整流站执行，如直流线路故障重启，线路保护动作后，需由整流站发起重启流程。

金属回线接地故障由于是依据接地极电流和站接地电流来判断，所以金属回线接地保护只在金属回线运行方式下的接地站才有效。

4）在某些特殊运行工况下需闭锁某些保护，以防止保护误动作闭锁直流。例如，空载加压试验时需闭锁直流低电流保护，以防止在电压上升过程中，直流低电压保护动作闭锁直流。

5.7.3　换流站交流保护的主要配置及其与直流系统保护的协调

换流站交流保护包括交流线路保护、交流母线保护、交流断路器保护、站用变压器保护等。如果换流站还配有其他交流设备，如联络变压器、线路高压电抗器或低压电抗器，还将配置相应的设备保护。

原则上，交流保护的保护范围是交流系统，而直流系统保护的范围是直流系统。交流保护动作本身不应发出闭锁直流的指令，直流系统保护动作本身除了闭锁直流外，还可跳开变压器进线开关，以断开也交流系统的联系。

但是，交流保护和直流保护动作存在协调配合关系。交流系统的故障如交流线路接地短路、断路，交流系统（包括线路和母线）电压低或过电压故障都会给直流系统造成影响，使直流电流、电压发生明显的变化。直流系统应至少对下述工况进行相应的保护：交流系统功率振荡或次同步振荡并且直流控制不足以抑制的情况下，对直流系统产生的扰动；交流系统故障，包括换流站远端交流系统短路故障、换流母线故障等，对直流系统产生较大扰动，或交流系统持续扰动对直流系统产生的扰动；换流站内交流母线电压的欠电压和过电压。

对于不严重的交流系统故障，直流保护应维持运行而不应将自身闭锁，待交流故障清除后，直流系统再自行恢复。对于交流系统故障无法清除或发生严重的交流系统故障，出于直流设备和系统运行安全的考虑，直流系统保护会动作，闭锁直流。从具体的保护功能来看，交流保护和直流保护的协调配合主要体现在 3 个方面：

（1）谐波保护与交流系统保护的配合。交流系统接地等不对称故障，将导致直流系统中出现 $100\mathrm{Hz}$ 谐波，但是交流系统单相接地重合闸往往持续 $1.2\mathrm{s}$，在此过程中，直流系统和设备足以承受交流系统故障带来的谐波影响，不应导致直流闭锁。所以，与此相关的直流保护动作时间应躲过交流系统故障动作时间，交流系统故障后备保护切除故障并重合闸成功期间，相关直流系统保护不应动作。

（2）换流站过电压保护与交流过电压保护的协调配合。与换流站相关的交流线路、母线及邻近交流元件基本都配置了过电压保护，以便在系统发生过电压的情况下跳开线路或母线。直流系统在交流滤波器保护、直流保护中都配置了过电压保护，检测换流母线或大组滤波器电压过高的情况下，为了保证换流站设备的安全，闭锁直流或跳开交流滤波器开关。从设备安全的角度上讲，如果交流系统发生严重过电压，首先应闭锁直流，然后再切除交流线路，而不是先切除交流线路再闭锁直流，否则会引起交流系统更严重的过电压。因此，直流系统过电压保护动作时间通常比交流系统过电压保护动作时间设置得更短。

结　语

昆柳龙直流工程通过一系列技术攻关，创造了 19 项世界第一，其中控制保护技术方面，研制了世界上第一套特高压多端混合直流输电控制保护系统，采用分层分布式功能架构，控制保护系统快速响应，克服了特高压多端混合直流运行方式繁多、故障工况复杂、控制保护新功能难度大等技术难题，保证了特高压多端混合直流系统的稳定运行，取得了以下显著成果：

（1）首次提出了特高压多端柔性直流协调控制策略，攻克了混合直流控制特性匹配、柔性直流换流站和阀组在线投退、多端直流金属大地转换等技术难题，实现了特高压直流多阀组、多换流站、多种运行方式快速灵活转换及安全运行。

（2）提出了特高压多端柔性直流保护配置方案，揭示了多端直流线路故障特性，制定了适用于多端直流分期建设的线路保护配置策略和高速并联开关（HSS）全工况保护策略，设计了能适应启动电阻、桥臂电抗器等一次设备弱故障特征的保护方法，实现了故障精准定位和快速隔离。

（3）基于柔性直流全桥、半桥混合换流阀拓扑，提出了柔性直流线路故障自清除与重启策略，解决了柔性直流线路故障自清除的技术难题；提出了特高压多端柔性直流交流故障穿越策略，实现了交流系统故障无闭锁全穿越和无功动态支撑，提升了接入大容量柔性直流电网的运行稳定性。

（4）提出了一种虚拟电网自适应控制策略，柔性直流负阻尼特性得到有效抑制，谐振风险大大降低，在保证柔性直流的动态性能的前提下，降低了柔性直流换流站发生高频谐振的风险，极大地提升了系统运行的稳定性。

昆柳龙直流工程的建设实现了柔性直流技术的跨越式发展，引领世界特高压技术迈进了柔性直流新时代，为我国抢占特高压多端直流、柔性直流输电技术制高点作出了重要贡献，持续擦亮了"特高压"国家名片。

我国已明确要在 2030 年前达到碳达峰，2060 年前达到碳中和目标。依托特高压多端柔性直流输电技术，未来可以把雅鲁藏布江等边陲地区庞大的清洁能源远距离输送到负荷中心地区，也可以解决大规模开发海上风电面临的送出难题，助力建成世界上最绿色高效的以新能源为主体的新型电力系统，将为贯彻落实"四个革命、一个合作"能源安全新战略做出更大贡献。

参 考 文 献

［1］ 中国南方电网超高压输电公司. 换流站主设备状态监测与配置［M］. 北京：中国电力出版社. 2016.

［2］ 陶瑜. 直流输电控制保护系统分析及应用［M］. 北京：中国电力出版社，2015.

［3］ 孙华东，王华伟，林伟芳，等. 多端高压直流输电系统［M］. 北京：中国电力出版社，2015.

［4］ 徐政. 柔性直流输电系统［M］. 北京：机械工业出版社，2013.

［5］ 赵成勇，郭春义，刘文静. 混合直流输电［M］. 北京：科学出版社，2014.

［6］ 胡文旺，唐志军，林国栋，等. 柔性直流控制保护系统方案及其工程应用［J］. 电力系统自动化，2016，40（21）：27－33＋46.

［7］ 徐殿国，刘瑜超，武健. 多端直流输电系统控制研究综述［J］. 电工技术学报，2015，30（17）：1－12.

［8］ 吴博，李慧敏，别睿，等. 多端柔性直流输电的发展现状及研究展望［J］. 现代电力，2015，32（02）：9－15.

［9］ 李岩，罗雨，许树楷，等. 柔性直流输电技术：应用、进步与期望［J］. 南方电网技术，2015，9（01）：7－13.

［10］ 董云龙，包海龙，田杰，等. 柔性直流输电控制及保护系统［J］. 电力系统自动化，2011，35（19）：89－92.

［11］ 张文亮，汤涌，曾南超. 多端高压直流输电技术及应用前景［J］. 电网技术，2010，34（09）：1－6.